U0169989

国家科学技术学术著作出版基金资助出版

系统与控制丛书

二维重复控制

吴　敏　佘锦华　著

科学出版社

北　京

内 容 简 介

本书总结作者多年来的研究成果和体会，综合重复控制领域的大量国内外文献资料，系统阐述二维重复控制的研究成果。主要内容包括：重复控制原理、重复控制系统设计方法和二维重复控制基本思想，重复控制的二维特性和重复控制系统的二维混合模型，二维重复控制系统稳定性分析，二维重复控制系统设计，二维重复控制系统鲁棒性分析与设计，二维重复控制系统扰动抑制，以及非线性系统重复控制与扰动抑制。

本书可作为控制科学与工程及相关专业和研究方向的研究生和高年级本科生的教材或参考书，也可供自动控制及相关领域的广大工程技术人员和科研工作者自学或参考使用。

图书在版编目(CIP)数据

二维重复控制/吴敏，佘锦华著. —北京：科学出版社，2022.3
（系统与控制丛书）
ISBN 978-7-03-071776-4

Ⅰ. ①二… Ⅱ. ①吴… ②佘… Ⅲ. ①自动控制理论 Ⅳ. ①TP13

中国版本图书馆 CIP 数据核字（2022）第 038802 号

责任编辑：裴 育 朱英彪 李 娜／责任校对：任苗苗
责任印制：师艳茹／封面设计：蓝正设计

科 学 出 版 社 出版
北京东黄城根北街 16 号
邮政编码：100717
http://www.sciencep.com

北京中科印刷有限公司 印刷
科学出版社发行 各地新华书店经销
*
2022 年 3 月第 一 版 开本：720×1000 1/16
2024 年 1 月第二次印刷 印张：18 1/4
字数：368 000
定价：138.00 元
（如有印装质量问题，我社负责调换）

作 者 简 介

吴敏，1963 年生，广东化州人。中国地质大学(武汉)自动化学院教授，博士生导师。教育部"长江学者"特聘教授(2006 年)，国家杰出青年科学基金获得者(2004 年)，首批"新世纪百千万人才工程"国家级人选(2004 年)，国家政府特殊津贴专家(2006 年)，教育部青年教师奖获得者(2001 年)。IEEE Fellow，中国自动化学会会士。1986 年获中南工业大学工业自动化专业工学硕士学位后留校任教；1989~1990 年在日本东北大学进修；1994 年任教授；1996~1999 年在东京工业大学进行国际合作研究，获东京工业大学控制工程专业博士学位；2001~2002 年得到英国皇家学会资助，在诺丁汉大学从事国际合作研究；2014 年调至中国地质大学(武汉)自动化学院工作至今。获国家自然科学奖二等奖 1 项，国家科技进步奖二等奖 1 项，省部级科技奖励 11 项。2014~2016 年和 2020 年入选科睿维安(汤森路透)全球高被引科学家名单。1999 年与中野道雄教授和佘锦华教授共同获得国际自动控制联合会(IFAC)控制工程实践优秀论文奖，2009 年获中国过程控制学术贡献奖。主要研究领域为过程控制、鲁棒控制和智能系统。

佘锦华，1963 年生，湖南津市人。日本东京工科大学教授。1983 年获中南矿冶学院工矿企业电气化及自动化专业学士学位后分配到冶金自动化研究设计院任助理工程师；1985 年赴日本研修；1987 年在日本东京工业大学工学部进修和学习，分别于 1990 年和 1993 年获控制工程专业硕士和博士学位；1993 年在日本东京工科大学任讲师，2010 年任教授。IEEE Fellow。1999 年与吴敏教授和中野道雄教授共同获国际自动控制联合会(IFAC)控制工程实践优秀论文奖。主要研究领域为重复控制、鲁棒控制、康复机器人和过程控制。

编 者 的 话

我们生活在一个科学技术飞速发展的信息时代，诸如宇宙飞船、机器人、因特网、智能机器及汽车制造等高新技术对自动化提出了更高的要求。系统与控制理论也因此面临着更大的挑战。它必须能够为设计高水平的物理或信息系统提供原理和方法，使得设计出的系统能感知并自动适应快速变化的环境。

为帮助系统控制专业的专家、工程师以及青年学生迎接这些挑战，科学出版社和中国自动化学会控制理论专业委员会合作，设立了《系统与控制丛书》的出版项目。本丛书分中、英文两个系列，目的是出版一些具有创新思想的高质量著作，内容既可以是新的研究方向，也可以是至今仍然活跃的传统方向。研究生是本丛书的主要读者群，因此，我们强调内容的可读性和表述的清晰。我们希望丛书能达到这些目的，为此，期盼着大家的支持和奉献！

《系统与控制丛书》编委会

2007 年 4 月 1 日

前　言

在工业应用中，很多伺服系统都要处理周期性信号，对周期性外激励信号进行高精度跟踪或抑制。重复控制 (repetitive control, RC) 是一种新的控制方式，不仅结构简单，而且能很好地解决实际系统周期性信号的高精度跟踪或抑制问题。重复控制一经提出就获得了广泛关注，在产业界得到了成功应用。

重复控制具有自学习的功能。从控制理论的观点来看，这种自学习机制实际上是将周期信号的内部模型植入系统的控制器，从理论上保证了对任意周期输入信号的高精度跟踪或抑制。通过深入分析这一过程，发现它既包含每个周期的连续控制行为，也包含相邻两个周期之间的离散学习行为，具有二维特性，这是重复控制器与传统控制器之间的本质差异。

对重复控制的二维特性进行深入研究不仅具有重要的实际应用价值，而且具有十分重要的理论价值。本书综合重复控制领域的大量国内外文献资料，并结合作者多年来的研究成果，系统阐述二维重复控制的研究成果。全书由 7 章构成。第 1 章绪论，主要说明重复控制原理、重复控制系统，回顾重复控制系统设计方法，介绍二维重复控制基本思想。第 2 章介绍重复控制的二维特性、二维系统理论和重复控制系统的二维混合模型。第 3 章叙述重复控制系统稳定性分析、重复控制系统的二维混合模型特性分析、重复控制与迭代学习控制和典型二维重复控制系统的稳定性分析。第 4 章给出二维重复控制系统设计问题，阐述二维重复控制系统设计方法。第 5 章研究二维重复控制系统鲁棒性分析与设计问题，并进行二维重复控制系统的鲁棒稳定性分析与镇定和鲁棒性设计。第 6 章论述重复控制系统扰动抑制问题，介绍等价输入干扰方法、等价输入干扰估计器结构及其在重复控制系统扰动抑制中的应用。第 7 章研究非线性系统的重复控制和扰动抑制问题，探讨基于估计与补偿的非线性重复控制、基于 T-S 模糊模型的重复控制和基于 T-S 模糊模型的重复控制系统扰动抑制。

在本书撰写过程中，日本东京工业大学中野道雄教授、秋田县立大学徐粒教授、东京工科大学大山恭弘教授和福岛 E. 文彦教授、名古屋工业大学岩崎诚教授、千叶大学刘康志教授、早稻田大学横山隆一教授和中西要祐教授、产业技术大学院大学川田诚一教授和桥本洋志教授，加拿大阿尔伯塔大学 Witold Pedrycz 教授和陈通文教授，波兰绿山大学 Krzysztof Galkowski 教授，给予了支持和帮助，特别是秋田县立大学徐粒教授为我们提供了多维系统控制的相关资料；湖南科技大学周兰教授、湘潭大学兰永红教授、临沂大学张安彩教授、厦门理工学院刘瑞娟博士、安徽师范大学方明星教授和高芳博士、北京工业大学余攀博士提供了多方面协助；中国地质大学 (武汉) 何勇教授、曹卫华教授、陈鑫教授和陈略峰副教授给予了大力支持；中国地质大学（武汉）研究生张曼丽、田盛楠和王怡冰承担了本书的文字整理、录入与校对工作，在此深表感谢。

　　本书撰写的内容得益于国家自然科学基金重点项目 (61733016)、国家自然科学基金面上项目 (61873348)、国家重点研发计划项目 (2018YFC0603405)、教育部高等学校学科创新引智计划项目 (B17040)、湖北省技术创新专项重大项目 (2018AAA035) 和中央高校基本科研业务费专项资金项目 (CUG160705, CUGCJ1812) 的研究成果，感谢有关专家对本书的推荐和鼓励，并向书中所有参考文献的作者表示感谢。

　　由于作者水平有限，书中难免存在不妥之处，诚恳地希望广大专家和读者批评指正，对此不胜感激。

作　者

2021 年 11 月

目　　录

符 号 说 明

符号	含义
$\rightarrow$	趋近于
s.t.	约束于
$\in$	属于
$\forall$	任意
$\sum$	求和
$\prod$	连乘
$\equiv$	恒等于
$\square$	证明结束
$\mathbb{R}$	实数域
$\mathbb{C}$	复数域
$\mathbb{Z}$	整数域
$\mathbb{R}_+$	非负实数集
$\mathbb{Z}_+(\mathbb{Z}_-)$	非负 (负) 整数集
$\mathbb{R}^n$	n 维实向量空间
$\mathbb{C}^n$	n 维复向量空间
$\mathbb{R}^{n \times m}$	$n \times m$ 实矩阵集合
$\mathrm{Re}(s)$	取 s 的实部
$+\infty \ (-\infty)$	正 (负) 无穷
$I \ (I_n)$	具有合适维数 (n 维) 的单位矩阵
$0 \ (0_n)$	具有合适维数 (n 维) 的零矩阵
$\aleph$	区间 $[0, T]$ 上的线性函数空间
$\mathcal{L}_{\mathcal{C}}$	等距同构映射
sup	上确界
max (min)	最大 (小) 值
$\mathrm{diag}\{\cdot\}$	对角矩阵
$\sigma_{\max}(P)$	矩阵 P 的最大奇异值
$P > 0 \ (P \geqslant 0)$	P 为正定 (半正定) 矩阵
P^*	矩阵 P 的共轭转置

P^{-1}	矩阵 P 的逆
P^{T}	矩阵 P 的转置
$P^{-\mathrm{T}}$	矩阵 P 的逆的转置
$\det(P)$ $(\lvert P\rvert)$	矩阵 P 的行列式
$\mathrm{rank}(P)$	矩阵 P 的秩
$\mathrm{tr}(P)$	矩阵 P 的迹
$\lambda(P)$	矩阵 P 的特征值
$\lVert P\rVert$	矩阵 P 的范数
$\lVert P\rVert_{\infty}$	矩阵 P 的无穷范数，$\displaystyle\sup_{0\leqslant\omega<\infty}\sigma_{\max}\left[P(\mathrm{j}\omega)\right]$
B^{+}	矩阵 B 的 Moore-Penrose 广义逆，$(B^{\mathrm{T}}B)^{-1}B^{\mathrm{T}}$
$\displaystyle\lim_{t\to\infty}f(t)$	$t\to\infty$ 时函数 $f(t)$ 的极限
$L_2\left[0,\infty\right)$	在 $[0,\infty)$ 平方可积
$\mathscr{L}^{-1}\left[F(s)\right]$	取 $F(s)$ 的拉普拉斯逆变换
$\displaystyle\int_a^b f(t)\mathrm{d}t$	函数 $f(t)$ 在 a 到 b 上的积分
$\nabla f(t)$ $(\dot f(t)\text{ 或 }\Delta f(t))$	函数 $f(t)$ 的增量
$\begin{bmatrix} X & Y \\ \star & Z \end{bmatrix}$	$\begin{bmatrix} X & Y \\ Y^{\mathrm{T}} & Z \end{bmatrix}$
$\lVert f(t)\rVert$	$f^{\mathrm{T}}(t)f(t)$
$\lVert f\rVert_2$	$\displaystyle\sqrt{\int_0^{\infty}f^{\mathrm{T}}(t)f(t)\mathrm{d}t}$，$f(t)$ 为一维变量
	$\displaystyle\sqrt{\sum_{k=0}^{\infty}\int_{kT}^{(k+1)T}f^{\mathrm{T}}(k,\tau)f(k,\tau)\mathrm{d}\tau}$，$f(k,\tau)$ 为二维变量

第 1 章 绪 论

在电力系统[1,2]、机械手[3,4]、非圆形切削[5] 等实际工程控制系统中，常常需要跟踪周期性参考信号和抑制周期性扰动信号。为了满足工程需求，重复控制应运而生。随着现代工业生产对控制精度要求的不断提高和重复控制在实际系统中的成功应用，重复控制获得广泛关注，并取得丰硕的理论和应用成果。本章主要论述重复控制的发展和目前研究存在的问题。

1.1 重复控制原理

重复控制[6-8] 是 20 世纪 80 年代由日本东京工业大学中野道雄教授研究室根据实际工程需要提出的一种新型控制系统设计方法，实践证明它能很好地解决实际控制问题。重复控制最初应用于质子同步加速器主环电源的控制，利用其自学习的特点，实现了主环电源周期电压和电流的高精度跟踪，使电流控制的相对精度达到 10^{-4} 的数量级，远远高于其他控制策略的控制精度。

1.1.1 重复控制问题

在实际工业生产中，很多控制系统都要考虑周期性参考输入的跟踪和 (或) 扰动信号的抑制问题。例如，微电网作为电源网络的重要形式，为负载提供稳定可靠的正弦电压至关重要，这要求电力电子逆变器实现高效稳定运行。但是，实际应用中负载的非线性特性会产生谐波电流，引起逆变器输出电压的变形。因此，抑制系统中逆变器的电压谐波，提高输出电压的稳定性，是亟须解决的关键性技术问题[9]。在工业机器人中，许多控制任务是按照给定的轨迹进行重复运动的，如搬运、喷漆等。机器人运动的位置可以看成一个周期性的重复控制信号，设计一种简单易行、精密快速的方法来跟踪这种周期性变化的信号，能够提高机器人的运动精度[10,11]；在机械制造中，金属切削是金属成形工艺中的重要步骤，分析金属切削的周期运动过程和金属与刀具的周期相互作用，进行金属元件的精密加工，对于保证加工质量、提高生产率具有重要意义[12]。此外，磁悬浮系统中产生的周期振荡[13,14]、脉宽调制逆变器或不间断电源的输出波形畸变[15]、介质流打印系统中的定位误差[16] 和神经疾病患者的震颤[17] 都需要控制系统对周期性外激励信号进行高精度跟踪或抑制。重复控制是处理上述周期性控制任务或周期性信号的有效方法。

重复控制理论是一种控制系统设计理论，其目的是设计一种控制器，使系统能无稳态误差地跟踪任意周期参考信号。重复控制理论在上述周期性参考信号的跟踪控制或抑制中得到了广泛应用。随着工业技术水平和控制精度要求的不断提高，研究这类系统的高精度控制具有重要的理论意义与实用价值。

1.1.2 内模原理与重复控制

重复控制的理论基础是 Francis 和 Wonham 提出的内模原理[18,19]：如果某一信号可视为一个自治系统的输出，将这一信号的模型放入稳定的闭环系统中，则这个反馈系统可实现对此信号的完全跟踪或抑制。基于内模原理，中野道雄教授研究室的 Inoue 等通过在控制器中引入一个时滞正反馈环节，利用时滞环节的记忆特性不断累积误差信息进行反复学习，最终使系统能够无稳态误差地跟踪或抑制周期已知的任意周期信号[6]。

1. 内模原理

在图 1.1 所示的反馈控制系统中，$C_R(s)$ 为参考输入 $r(t)$ 的发生器，$C(s)$ 为反馈补偿器，$P(s)$ 为被控对象，$d(t)$ 为外界扰动，内模原理描述如下。

引理 1.1（内模原理）[18] 假设图 1.1 所示反馈控制系统是内部稳定的，则系统输出 $y(t)$ 能无稳态误差地跟踪参考输入 $r(t)$ 的充要条件是系统闭环回路内开环传递函数 $G(s)$ $[= P(s)C(s)]$ 包含参考输入 $r(t)$ 的信号发生器 $C_R(s)$ 的极点。

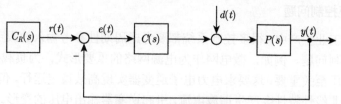

图 1.1 反馈控制系统

参考输入 $r(t)$ 的发生器是指在一定初始条件下，输出为 $r(t)$ 的自治线性系统。例如，阶跃信号 $r(t) = 1$ 的发生器为 $1/s$，即积分环节；正弦输入信号 $r(t) = \sin \omega t$ 的发生器为 $1/(s^2 + \omega^2)$。在此基础上，将置于闭环回路内的信号发生器称为外部激励信号 (参考输入 $r(t)$ 或外界扰动 $d(t)$) 的内部模型，简称内模。

引理 1.2[8] 存在反馈补偿器 $C(s)$ 使图 1.1 所示控制系统内部稳定，并且能够实现对参考输入 $r(t)$ 完全跟踪的充要条件是被控对象 $P(s)$ 与 $C_R(s)$ 不存在零极点对消。

2. 重复控制原理

反馈控制系统中包含该内模并镇定该系统，以实现周期信号的完全跟踪或抑制。

对周期为 T 的信号 $r(t)$ 进行傅里叶变换，它可能包含无限次谐波分量，因此它的傅里叶级数为

$$r(t) = \sum_{k=-\infty}^{\infty} a_k \mathrm{e}^{\mathrm{j}k\omega t}, \ t \geqslant 0 \tag{1.1}$$

其中

$$\omega = \frac{2\pi}{T} \tag{1.2}$$

为基波信号的频率。

由式 (1.1) 可知，为了完全跟踪参考输入 $r(t)$，系统闭环回路内需要包含信号内模[20]

$$C_R(s) = \cdots \frac{-\mathrm{j}\dfrac{2\pi}{T}}{s - \mathrm{j}\dfrac{2\pi}{T}} \frac{1}{s} \frac{\mathrm{j}\dfrac{2\pi}{T}}{s + \mathrm{j}\dfrac{2\pi}{T}} \cdots = \frac{1}{s} \prod_{k=1}^{\infty} \frac{(k\omega)^2}{s^2 + (k\omega)^2} \tag{1.3}$$

进一步，根据等式

$$\sinh \pi s = \pi s \prod_{k=1}^{\infty} \left(1 + \frac{s^2}{k^2} \right) \tag{1.4}$$

可将式 (1.3) 转化为

$$C_R(s) = \frac{1}{s \displaystyle\prod_{k=1}^{\infty} \left(\dfrac{s^2}{k^2\omega^2} + 1 \right)} = \frac{\dfrac{\pi}{\omega}}{\dfrac{\pi s}{\omega} \displaystyle\prod_{k=1}^{\infty} \left(1 + \dfrac{s^2}{k^2\omega^2} \right)} = \frac{\dfrac{\pi}{\omega}}{\sinh \dfrac{\pi s}{\omega}} \tag{1.5}$$

即

$$C_R(s) = \frac{T}{\mathrm{e}^{\frac{Ts}{2}} - \mathrm{e}^{\frac{-Ts}{2}}} = T\mathrm{e}^{\frac{-Ts}{2}} \frac{1}{1 - \mathrm{e}^{-Ts}} \tag{1.6}$$

由于 $T\mathrm{e}^{\frac{-Ts}{2}}$ 只是一个时滞项，可以省略，进而取周期信号内模为

$$C_R(s) = \frac{1}{1 - \mathrm{e}^{-Ts}} \tag{1.7}$$

周期为 T 的周期信号发生器如图 1.2 所示，在周期为 T 的基频与谐波频率上，重复控制器的增益为无穷大，即

$$|C_R(\mathrm{j}\omega_k)| = \left| \frac{1}{1 - \mathrm{e}^{\frac{-\mathrm{j}2\pi\omega_k}{\omega}}} \right| = \left| \frac{1}{1 - \cos\dfrac{2\pi\omega_k}{\omega} + \mathrm{j}\sin\dfrac{2\pi\omega_k}{\omega}} \right| = \left| \frac{1}{0} \right| \to \infty \tag{1.8}$$

其中，$\omega_k (= k\omega)$ 是 k 次谐波的频率，$k \in \mathbb{Z}_+$。可以推出，只要把这个发生器作为内部模型放在闭环内，所构成的控制系统就可以实现对周期为 T 的基波信号及其谐波信号的完全跟踪或抑制。

在式 (1.7) 中，周期信号内模是无限维的，因此包含它的重复控制系统也是无限维的。Yamamoto 证明了基于有限维内模提出来的内模原理对式 (1.7) 的无限维内模也是适用的[21]。

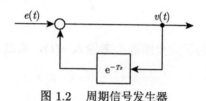

图 1.2　周期信号发生器

1.2　重复控制系统

周期信号发生器也称为重复控制器 (或重复补偿器)，而包含重复控制器的系统称为重复控制系统，重复控制系统包括基本重复控制系统和改进型重复控制系统。

1.2.1　基本重复控制系统

一个简单的基本重复控制系统如图 1.3 所示。在基本重复控制系统中，参考输入到跟踪误差的传递函数为

$$G(s) = \frac{E(s)}{R(s)} = \frac{1}{1 + P(s)C_R(s)} \tag{1.9}$$

其中，$E(s)$ 和 $R(s)$ 分别为跟踪误差 $e(t)$ 和参考输入 $r(t)$ 的拉普拉斯变换。式 (1.9) 表明，当系统稳定时，基本重复控制系统不仅能够无稳态误差地跟踪周期信号的各次谐波成分，还能够完全抑制包含各次谐波成分的扰动。

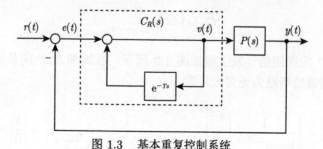

图 1.3　基本重复控制系统

对于严格正则的被控对象 (传递函数中分母的阶数大于分子的阶数, 即其状态空间方程 $\dot{x} = Ax + Bu$, $y = Cx + Du$ 中的 $D = 0$, 这里 x 为状态变量, u 为控制输入, y 为控制输出; A、B、C 和 D 为具有合适维数的实数矩阵), 基本重复控制系统不可能实现指数渐近稳定。这是由于构成的重复控制内部模型保证系统能跟踪任意的高频成分, 结果对系统的稳定性提出了非常高的要求; 另外, 基本重复控制器引入了一个纯时滞正反馈的环节, 使系统包含了虚轴上无限个不稳定的极点, 为一个中立型时滞系统, 系统的稳定性条件难以满足。

1.2.2 改进型重复控制系统

基本重复控制系统只能稳定有输入输出直达项的被控对象, 但是这种约束太强。在实际系统中, 大多数控制系统是严格正则的。为了扩大重复控制器的应用范围, 通过在时滞环节前设置低通滤波器, 牺牲对高频信号的跟踪性能, 将中立型时滞系统转变为迟后型时滞系统, 以保证系统的稳定性, 这就是改进型重复控制系统的思想。

根据上述思想, 在时滞部分中设置了传递函数为 $q(s)$ 的任意低通滤波器, $q(s)$ 必须是稳定的。这时对应的重复控制系统结构如图 1.4 所示, 这种重复控制系统称为改进型重复控制系统[22]。

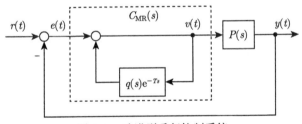

图 1.4 改进型重复控制系统

不失一般性地, 低通滤波器为

$$q(s) = \frac{\omega_c}{s + \omega_c} \tag{1.10}$$

其中, ω_c 为低通滤波器的截止频率。

图 1.4 中改进型重复控制器 (modifed repetitive controller, MRC) 的传递函数为

$$C_{\mathrm{MR}}(s) = \frac{1}{1 - q(s)\mathrm{e}^{-Ts}} \tag{1.11}$$

引入的一阶低通滤波器 $q(s)$ 使系统的极点偏向左半复平面并接近虚轴, 即使被控对象是严格正则的, 系统也能稳定。改进型重复控制系统通过牺牲高频分量

的控制性能来改善系统的稳定条件，消除了被控对象必须是正则 (传递函数中分母的阶数大于或等于分子的阶数) 的限制，因此改进型重复控制系统在实际系统中获得了广泛应用。

工程上 $q(s)$ 的设计满足幅频特性

$$\begin{cases} |q(\mathrm{j}\omega)| \approx 1, & \omega \leqslant \omega_r \\ |q(\mathrm{j}\omega)| < 1, & \omega > \omega_r \end{cases} \tag{1.12}$$

其中，ω_r 为所需要跟踪或抑制周期信号的最高频率。

1.3　重复控制系统设计方法

重复控制方法提出以来,大量工作致力于重复控制的理论研究和实际应用,出现了多种重复控制系统结构和设计方法。1.2 节主要介绍了两种常见的重复控制系统结构,虽然重复控制器的设计和综合方法随着系统结构的不同而不同,但进行重复控制系统设计的主要目标是一致的:使整个闭环系统稳定并获得满意的控制性能。这里主要概述几种典型的重复控制系统设计方法。

1.3.1　设计问题

重复控制通过时滞正反馈环节将上一个周期的控制输入添加到本周期的控制输入中,从而逐渐地消除跟踪误差,使系统获得满意的控制性能。基本重复控制系统中包含周期信号的精确内模,能无稳态误差地跟踪或抑制周期已知的周期信号。但是,由于重复控制器的时滞比较长,而且具有无限个不稳定极点,所以重复控制系统难以稳定 [6],如何镇定控制系统成为重复控制首先必须要解决的问题。

改进型重复控制系统中低通滤波器的设置构造了一个近似的周期信号模型。该结构通过牺牲控制系统对高频信号的跟踪性能,极大地改善了重复控制系统的稳定性,在一定程度上解决了重复控制系统难以稳定的问题。但是,这种结构引入了控制系统稳定性和跟踪性能的折中,如何选择重复控制器与低通滤波器的参数是改进型重复控制系统设计方法的关键。

1.3.2　设计方法

重复控制方法自提出以来,已发明了多种改进型重复控制系统结构和设计方法。对于不同的重复控制系统结构,所使用的方法也有所差别。这里主要从重复控制系统结构和分析方法来介绍不同的设计方法。

下面首先给出常见的重复控制系统结构,然后列举几种重复控制系统分析和设计方法,最后阐述非线性重复控制系统设计方法。

1. 基于插入式结构的重复控制设计

图 1.5 为插入式改进型重复控制系统，其中 $C(s)$ 为反馈补偿器，$q(s)$ 为低通滤波器，$P(s)$ 为被控对象。重复控制器作为误差补偿环节插入到稳定的闭环系统构成了插入式重复控制系统，它是目前应用最广的一种重复控制系统结构，其特点是分步进行镇定控制器和重复控制器的设计。$C(s)$ 和 $q(s)$ 的参数同时影响系统的稳态性能、动态性能和鲁棒性，因此该设计方法的关键在于如何选择适当的反馈补偿器 $C(s)$ 和低通滤波器 $q(s)$。

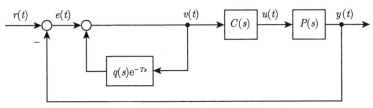

图 1.5　插入式改进型重复控制系统

为了提高系统的动态性能，镇定控制器的选取和设计也非常重要，常用的设计方法是引入比例环节 [23,24]。需要指出的是，用传统控制器充当前馈补偿器的重复控制系统结构，在一定程度上提高了系统的跟踪速度和稳定性能，但控制器结构和参数的选取具有一定的试凑性，需要反复调整才能获得比较理想的参数。镇定控制器和低通滤波器的参数选择都涉及系统稳态性能、动态性能和鲁棒性的折中 [25,26]，任何一种独立或者分步设计镇定控制器和低通滤波器的方法都难以妥善地解决这个问题。

重复控制的早期研究主要集中在频域空间，频域分析方法侧重于重复控制系统镇定控制器的设计，通过极点配置使重复控制系统获得良好的稳定性。随后一些研究逐渐在时域空间上展开，开始分析重复控制系统的其他性能要求，如动态性能和鲁棒性，通过李雅普诺夫稳定性定理获得了系统稳定性条件。

2. 基于频域空间的重复控制设计

基于频域空间的设计方法主要针对单输入单输出的控制系统，闭环系统稳定性分析或判定主要基于小增益定理，这导致该方法存在一定的保守性。但是，由于可直接指定系统的各项频域性能指标，如带宽、相位裕度等，所以可为工程师提供参数调节等方面的指导。

插入式重复控制系统由于结构简单，广泛应用于重复控制系统设计中。Srini-vasan 等定义了重构谱的概念并利用重构谱函数检测插入式重复控制系统的绝对稳定性和相对稳定性 [27]。随后有学者利用系统结构奇异值对含范数有界不确定性的插入式控制系统进行了鲁棒稳定性和鲁棒性能分析 [28,29]。插入式重复控制系统的设计通常是首先设计一个控制器使得单位负反馈控制系统内部稳定，然后将重复控制器直接插入已稳定的闭环控制系统，设计镇定控制器以实现系统稳定和对周期信号的控制性能。为提高插入式重复控制系统的带宽以降低跟踪误差或抑制误差，一般引入相位超前补偿器[30]，其中低通滤波器和超前补偿器的设计涉及鲁棒稳定性和跟踪性能的折中[31]。

在设计重复控制器时，运用灵敏度函数和性能权函数，将频域性能特性映射到控制器参数空间，实现重复控制器的设计。在设计过程中，往往与优化控制相结合，转化为关于性能指标的最优化问题。然而通常存在参数需要反复试凑的问题，设计方法难以应用于实际的控制系统[32-34]。

基于反馈控制系统理论[35]，Doh 等将鲁棒重复控制系统的设计转化为含有不确定性系统的反馈控制问题[36]，即将低通滤波器传递函数设置为性能权函数，利用反馈控制系统满足鲁棒性能的充要条件进行改进型重复控制器的设计。高阶重复控制器能够提高系统对周期不确定性系统的鲁棒性，但降低了系统对非周期参考输入的灵敏度[37-39]。Pipeleers 等提出了优化鲁棒周期性能和非周期性能的高阶离散改进型重复控制器设计方法[40]，应用灵敏度函数表示鲁棒周期性能指标和非周期性能指标，并且利用补灵敏度函数的逆函数进行改进型重复控制器前馈控制增益的设计，通过引入平衡参数，将折中问题转化为关于性能指标的最优化问题。

控制器参数化的基本思想是将性能指标映射到控制器的参数空间来实现重复控制器的设计，以上结果主要是在频域空间上，也可以变换为时域空间形式。

3. 基于时域空间的重复控制设计

随着 MATLAB 中线性矩阵不等式 (linear matrix inequality, LMI) 工具箱的推出，线性矩阵不等式技术越来越受到重视，被广泛用于控制系统的分析与设计[41]。Doh 等针对时变参数不确定线性被控对象，利用时滞系统李雅普诺夫稳定性条件，获得了用代数黎卡提 (Ricatti) 不等式或线性矩阵不等式表示的重复控制系统稳定充分条件，从而将重复控制器的设计问题转化为由线性矩阵不等式约束的优化问题[42,43]。基于状态空间分析的重复控制系统设计方法已应用于电机齿轮传动控制系统[44]。Flores 等考虑了执行机构输入饱和的改进型重复控制系统，构造了一个准线性矩阵不等式条件，设计了状态反馈增益和抗饱和增益[45,46]。

随着各种线性矩阵不等式工具箱的开发和普及，基于线性矩阵不等式技术的设计方法求解方便并能够完成多目标设计，受到越来越多的关注。但是，利用线性矩阵不等式技术得到的控制参数与系统性能指标参数往往没有直接的关系或者关系复杂，这导致系统性能设计存在一些不明朗的地方，因此需要结合一些参数调节方法或性能优化算法。

改进型重复控制系统的低通滤波器和状态反馈控制器的参数相互影响，使得重复控制系统的稳定性和稳态性能之间存在折中。系统的控制精度与低通滤波器的截止频率直接相关，因此低通滤波器设计的关键是在保证系统鲁棒稳定的条件下，寻求低通滤波器的最大截止频率。而对于固定的静态反馈控制增益，可以通过转化为求解线性矩阵不等式组的问题，从而方便地求取低通滤波器的最大截止频率，获得保证系统鲁棒稳定且具有较高跟踪精度的最优参数组合。这在一定程度上解决了改进型重复控制系统中的稳定性和稳态性能的折中[47]。

4. H_∞ 鲁棒重复控制设计

由于工况变动和建模误差存在，很难得到实际工业过程的精确模型，而系统的各种故障也将导致模型的变化，所以在控制系统中一般都存在模型的不确定性。如何设计一个固定的控制器，使具有不确定性的对象获得高控制品质，是需要考虑的鲁棒控制问题。

H_∞ 控制作为一种系统鲁棒性分析和综合的常用方法[48,49]，广泛用于解决重复控制系统的鲁棒性设计和优化问题[50]。H_∞ 鲁棒重复控制通过引入状态反馈，把重复控制器设计问题转化为 H_∞ 状态反馈增益的设计问题。但在实际物理过程中，有时无法直接获得被控对象的状态，而 H_∞ 镇定控制器和重复控制器无法独立设计，这在一定程度上影响了系统鲁棒稳定性与鲁棒稳态性能之间的折中。

Weiss 等针对多输入多输出被控对象，利用 H_∞ 状态反馈控制方法，基于正则线性系统理论给出了重复控制系统的鲁棒稳定性分析和稳态跟踪误差估计，并将设计方法应用到输电线路的 DC-AC (直流-交流) 逆变控制中[51]。Chen 等提出了频域空间 H_∞ 重复控制最优设计方法[52]，但所得结果只适用于最小相位系统。该方法首先利用 H_∞ 控制理论设计系统的镇定控制器，然后利用 Inoue 等的稳定性分析方法[7] 设计重复控制器。Wang 等基于 H_∞ 控制研究了线性时变和周期可变的重复控制系统鲁棒稳定性问题[53,54]。Liang 等将 H_∞ 重复控制应用到电力系统的稳压控制[55]。吴敏等提出了一种线性不确定系统的 H_∞ 状态反馈鲁棒重复控制方法[56]，引入状态反馈，把重复控制器设计问题转化为 H_∞ 状态反馈增益的设计问题，并进一步把低通滤波器的设计转化为线性矩阵不等式的凸优化问题，最后提出了同时计算低通滤波器截止频率和 H_∞ 状态反馈增益的迭代算法。

在利用"提升"(lifting) 方法进行 H_∞ 采样控制设计的基础上[57,58]，Langari 研究了线性周期系统的 H_∞ 鲁棒采样重复控制设计，通过引入度量稳态跟踪误差的诱导范数，并研究与原重复控制系统拓扑同胚的等价系统的稳定性关系，将满足一定扰动抑制 H_∞ 性能的鲁棒重复控制系统设计问题转化为两个最优问题的求解[59]。

5. 反馈线性化重复控制设计

反馈线性化的基本思想是：首先把一个非线性系统，通过状态反馈及变量变换，代数地转化为一个全部或部分的线性系统，然后利用线性控制方法来设计控制器。反馈线性化和近似线性化最主要的区别是，反馈线性化不是通过系统的线性逼近，而是通过状态变换和反馈得到的。

随着微分几何理论的发展，非线性重复控制的研究取得了一定进展。将微分几何理论与内模原理结合，提出基于反馈线性化的非线性重复控制系统设计方法，实现周期性信号的跟踪控制。对于可以完全反馈线性化的非线性系统，首先对系统进行反馈线性化，然后设计线性有限维重复控制器；对于不能完全反馈线性化的非线性系统，通过部分反馈线性化，将残留非线性项视为扰动，从而将系统视为受扰动影响的线性系统，采用有限维重复控制器实现对周期信号的跟踪控制[60,61]。

这类方法通过反馈线性化将非线性系统的动态特性变换为线性系统的动态特性，直接应用已有的线性重复控制设计方法进行系统设计。它设计简单，避免了同时处理非线性特性和时滞正反馈。但是，实际工业过程中往往难以获得非线性系统的精确模型，同时一些机械系统本身固有的强非线性特性也使得系统很难进行反馈线性化，因而限制了这类方法的应用。

6. 滑模变结构重复控制设计

滑模变结构重复控制是 20 世纪 50 年代末由苏联学者 Emelyanov 等最先提出[62]，经 Utkin 进一步研究而发展起来的一类非线性控制系统的综合设计方法[63]，它是一种变结构控制策略。这种控制策略与常规控制的根本区别在于控制的不连续性，即一种使系统"结构"随时间变化的开关特性。该控制特性可以迫使系统在一定特性下沿规定的状态轨迹做小幅度、高频率的上下运动，即滑动模态或滑模运动。这种滑动模态是可以设计的，而且与系统的参数及扰动无关，因此处于滑模运动的系统具有很好的鲁棒性。

由于滑模变结构控制具有对模型精度要求不高以及鲁棒性较强的特点，所以广泛应用于非线性重复控制系统的设计中。针对非线性系统，通过滑模控制方法消除非线性对系统的影响，实现系统的输入-输出线性化，从而将非线性系统的重复控制设计问题转化为线性系统的重复控制设计问题，应用传统方法实现系统的设计[64]。

在设计滑模面和滑模控制器时，趋近律不能保证系统状态轨迹最终停留在滑模面上产生理想的滑动模态，只能进入一个以滑模面为中心的边界层做等幅振动，即存在抖振现象，抖振的存在使系统的收敛速度受到限制，同时会对机械系统造成不良影响。

7. 基于等价输入干扰的重复控制设计

等价输入干扰 (equivalent input disturbance, EID) 方法是 She 等提出的扰动抑制方法[65,66]。等价输入干扰方法可以在不需要任何扰动信息的情况下抑制任意形式的外界扰动，与干扰观测器方法相比，由于其不需要利用被控对象的逆模型，避免了不稳定零点或极点的对消，控制系统的结构比较简单，参数容易设计。该方法被应用于驱动系统[67]和机械系统[68]控制中。

与传统滑模控制方法相比，该方法对不匹配扰动具有更好的抑制效果。Wu 等将通用型全维状态观测器引入等价输入干扰估计器的设计中[69,70]，处理非最小相位系统的扰动抑制问题，提高了参数设计的灵活性。等价输入干扰方法被应用于重复控制系统的扰动抑制中，仿真与实验验证取得了较好的控制效果[71-73]。

8. 基于 T-S 模糊模型的重复控制设计

T-S(Takagi-Sugeno) 模糊模型[74]应用局部线性化的方法，实现对复杂非线性系统动态特性的有效逼近。它最大的优点是将一个复杂非线性系统表示为一组简单线性子系统的加权和形式[75,76]，为非线性系统的重复控制研究提供了有效途径。

由于并行分布式补偿 (parallel distributed compensation, PDC) 策略结构简单，设计方便，广泛应用于基于 T-S 模糊模型的重复控制设计。Sakthivel 等研究了非线性时滞系统周期信号的扰动抑制和跟踪控制，采用模糊李雅普诺夫泛函和自由权矩阵技术，降低了稳定性条件的保守性[77]；Selvaraj 等针对具有执行器饱和与外界扰动的非线性系统，研究了重复控制问题[78]；Wang 等在模糊李雅普诺夫泛函中引入了附加参数，实现模糊控制器和模糊观测器的分离设计，从而提高了设计的灵活性，并且降低了计算复杂度[79]。

1.3.3 存在的问题

重复控制自提出以来，大量工作致力于其理论研究和实际应用。针对不同环境和控制性能的要求，提出了不同重复控制系统结构和设计方法，取得了很多研究成果。由内模原理可知，重复控制系统可以实现周期信号的高精度控制。但是，重复控制发生器中的纯时滞正反馈环节，使得重复控制系统难以稳定。迄今，大部分重复控制系统设计方法都主要着眼于系统的稳定性，侧重如何设计镇定控制器，在改善系统的跟踪性能和动态性能方面的研究却相对较少。因此，从以上国内外研究现状来看，重复控制存在以下问题：

(1) 重复控制是一种闭环学习控制方法。在每一个周期之内是连续的控制行为，而把上一个周期的跟踪误差应用于当前的控制则是离散的学习行为。它的信息传递既出现在连续空间中，也出现在离散空间中。重复控制系统的稳定性是系统设计的难点，历来所提出的各种设计方法都主要着眼于系统的稳定性，而对跟踪误差的收敛速度研究很少，同时没有对重复控制过程中存在的控制和学习这种特性进行精确描述和深入研究，仅在时域中考虑了控制和学习行为的综合作用效果，因此在改善系统的动态性能方面还有较大的空间。解决这一问题的关键是找到准确的数学模型，分别描述控制和学习行为。

(2) 当前研究学习控制的相关文献和论著较多，如迭代学习控制的稳定性理论与应用研究，并且有不少学者提出了基于二维模型的迭代学习控制系统设计方法。重复控制和迭代学习控制是学习控制的两大分支，有着学习机制上的相似之处，但每个重复周期所具有的边界条件不同而导致两者在稳定性理论及系统设计方面存在本质的不同，然而当前诸多文献未能从时域和二维空间上正确描述这些区别。如何利用重复控制的连续性和通过时滞环节自动更新来实现学习机能的这种结构特点，并有效地借鉴迭代学习控制的前沿研究方法进行重复控制稳定性分析和综合是亟须解决的研究问题。

(3) 基本重复控制系统可以认为是在一般控制系统的偏差端加入前一个周期的信息，这也是当前普遍适用的插入式重复控制系统结构设计的基本思想。于是，一般控制系统的特性越好，对应的重复控制系统特性也越好。反馈控制是改善系统动态响应的一种有效方法，同时多数控制系统都采用基于反馈控制的闭环结构。重复控制器参数和镇定控制器参数之间相互影响，很多研究文献所采用的系统设计方法中都存在参数反复试凑的痕迹，导致控制器设计不简便、直观，难以达到同时优化重复控制器参数和镇定控制器参数的效果，从而不能从整体上改善系统性能。

(4) 在多数重复控制系统的鲁棒稳定性分析以及优化控制设计研究中，还存在对被控对象要求过严、鲁棒稳定性条件难于在实际控制系统中得到验证、控制性能的提升受到限制，以及镇定控制器难以在物理过程中实现等问题，亟须提出直观、实用的鲁棒重复控制方法。

(5) 重复控制可以有效抑制周期性扰动对系统性能的影响，对于其他扰动，重复控制甚至可能放大它们的影响。此外，工业实践中还不可避免地存在参数时变、建模误差和时滞等因素，它们都可以看作一种外界扰动。如何消除这些外界扰动对系统输出的影响是保证重复控制系统高精度跟踪控制的关键。

(6) 非线性重复控制系统的设计难点是如何同时处理重复控制的时滞正反馈和非线性特性。系统的非线性特性不仅会降低系统的控制性能，而且可能使得系统不稳定。处理非线性系统重复控制的一种方法是将非线性视为扰动，采用扰动抑制方法消除其对系统性能的影响，但往往存在跟踪性能和扰动抑制性能的折中。

1.4 二维重复控制基本思想

重复控制包含了存在于一般设计方法的连续控制行为和重复控制特有的离散学习行为。在重复控制系统设计与综合中，大多数研究都是在一维时间轴上同时考虑这两种行为，无法对这两种行为进行独立分析和设计，使系统性能的提高受到限制，存在一定的局限性。重复控制的信息传递既出现在连续空间，也出现在离散空间，具有二维特性。由此可见，重复控制过程本质上是一个二维的动态过程，从二维角度研究重复控制过程更加凸显重复控制的学习特性。

为体现重复控制的二维本质特性，引入二维空间方法，深入研究重复控制系统中的控制和学习行为，建立准确描述这两种完全不同行为的数学模型，即重复控制系统的连续/离散二维混合模型，对二维混合模型的基本特征进行全面的分析。二维混合模型为调节控制和学习行为提供了一种有效的方法，基于该模型，可以建立调节控制和学习行为的二维控制律。如果二维控制律中调节控制和学习行为的增益互不影响、相互独立，则该二维控制律可以实现这两种行为的独立调节；如果二维控制律中的调节增益相互影响，即两者耦合在一起，则不能实现控制和学习行为的独立调节，只能通过引入调节参数优先调节这两种行为。后面将结合具体的实例，在建立重复控制系统的二维混合模型和进行二维重复控制系统设计的过程中详细描述这两种情况。

重复控制系统的二维混合模型可以实现控制和学习行为的独立或优先调节，从本质上提高系统的控制性能，这就是二维重复控制的基本思想，由此形成一类基于连续/离散二维混合模型的重复控制系统和鲁棒重复控制系统分析与设计方法。其主要包括以下几个方面的内容。

1. 重复控制系统的连续/离散二维混合模型

深入分析控制和学习行为与系统输入、输出和状态变量之间的关系，引入一个连续变量算子和一个离散变量算子，得到反映控制和学习行为的具体描述形式。在此基础上，以状态空间模型形式给出重复控制系统的连续/离散二维混合模型，为后面控制和学习行为的独立或优先调节提供基础[80,81]。

2. 基于连续/离散二维混合模型的重复控制系统设计

基于重复控制的二维连续/离散混合模型，建立对应的二维控制律，对两种行为进行独立或优先调节，为重复控制系统的研究提供新的设计思路，将重复控制器设计问题转化为一类二维连续/离散系统的镇定控制器设计问题，然后应用二维系统理论和李雅普诺夫方法，提出镇定控制器和重复控制器参数的求解方法[82-84]。

3. 基于连续/离散二维混合模型的重复控制系统鲁棒稳定性和鲁棒性研究

实际系统中普遍存在的不确定性会影响重复控制系统的性能，在控制系统设计时需要考虑不确定性带来的影响。为扩大二维重复控制方法的应用范围，针对一类不确定性系统，基于重复控制的二维混合模型，利用鲁棒控制理论和二维李雅普诺夫泛函方法推导出重复控制系统鲁棒稳定的充分条件，将鲁棒重复控制器设计问题转化为一类二维连续/离散系统的鲁棒镇定控制器设计问题 [80,85]。

4. 基于连续/离散二维混合模型的非线性重复控制系统设计

系统非线性会使得重复控制系统出现较大的跟踪误差及振动等现象。由于重复控制系统的稳定性条件比较严格，非线性特性的存在会使得系统的稳定性分析和控制器变得复杂。在非线性重复控制系统设计中，主要思想是消除系统非线性对系统性能的影响：一方面将非线性视为外界扰动，结合扰动抑制方法和二维重复控制理论进行非线性重复控制系统分析和设计 [73]；另一方面利用线性化方法，将非线性系统转化为线性系统，用二维重复控制理论进行重复控制器分析和设计，使非线性系统具有满意的控制性能 [86-89]。

1.5　本书构成

重复控制既包含每个周期内的连续控制行为，也包含相邻两个周期之间的离散学习行为，具有二维特性。如果能够设计一种可以分别独立或优先调节控制和学习行为的控制律，就可以通过调节这两种行为来改善系统的动态特性，提高系统跟踪速度和稳定收敛能力。基于这种思想，本书对重复控制的二维特性进行深入研究，提出一种基于连续/离散二维混合模型的重复控制系统设计方法。本书共 7 章：

第 1 章，绪论。首先从工程实践中出发，由实际控制需求提出重复控制；然后介绍重复控制的基本原理和系统结构；随后根据不同的重复控制结构和分析方法，概述重复控制系统的设计方法，并且总结现有方法存在的问题；最后结合重复控制自学习的特点，阐明二维重复控制的基本思想。

第 2 章，重复控制系统的连续/离散二维混合模型。首先分析重复控制的二维特性：周期内连续的控制行为和周期间离散的学习行为；然后结合二维系统理论，建立重复控制系统的二维混合模型；最后针对不同的控制系统结构，介绍几种典型重复控制系统的二维混合模型，为后面二维重复控制系统的稳定性分析和设计奠定基础。

第 3 章，二维重复控制系统稳定性分析。首先叙述重复控制系统的稳定性分析方法；然后分析重复控制系统的二维混合模型特性，包括二维混合模型的传递函数、零极点、能控性、稳定条件和稳定边界；随后论述重复控制与迭代学习控制的不同；最后给出几种典型的二维重复控制系统稳定性分析方法。

第 4 章，二维重复控制系统设计方法。首先分析二维重复控制系统的设计问题；然后针对不同的重复控制器和反馈控制器结构，其中反馈控制器包括状态反馈、输出反馈和基于状态观测器重构的状态反馈，阐述二维基本重复控制系统和二维改进型重复控制系统设计方法。

第 5 章，二维重复控制系统鲁棒性分析与设计。首先针对具有不确定性的重复控制系统，说明鲁棒性分析与设计问题；然后针对不同的反馈控制器结构，进行二维重复控制系统的鲁棒稳定性和镇定设计；最后给出二维重复控制系统的鲁棒性设计方法。

第 6 章，二维重复控制系统扰动抑制。首先将外界扰动分为匹配扰动和不匹配扰动，阐述重复控制系统的扰动抑制问题；然后介绍等价输入干扰方法，分析引入该方法后系统的扰动抑制性能、跟踪性能以及鲁棒稳定性和鲁棒性；随后介绍几种常用的等价输入干扰估计器结构；最后陈述基于等价输入干扰的重复控制系统扰动抑制方法。

第 7 章，非线性系统重复控制与扰动抑制。首先阐述非线性系统的重复控制和扰动抑制问题；然后针对非线性重复控制系统，给出两种设计方法：基于估计与补偿的重复控制系统设计和基于 T-S 模糊模型的重复控制系统设计；最后针对非周期扰动，论述基于 T-S 模糊模型的重复控制系统扰动抑制方法。

参 考 文 献

[1] Astrada J, Angelo C D. Implementation of output impedance in single-phase inverters with repetitive control and droop control. IET Power Electronics, 2020, 13(14): 3138-3145

[2] Neto R C, Neves F, Souza H. Complex $nk + m$ repetitive controller applied to space vectors: Advantages and stability analysis. IEEE Transactions on Power Electronics, 2021, 36(3): 3573-3590

[3] Panomruttanarug B. Position control of robotic manipulator using repetitive control basedon inverse frequency response design. International Journal of Control, Automation and Systems, 2020, 18(11): 2830-2841

[4] Biagiotti L, Moriello L, Melchiorri C. Improving the accuracy of industrial robots via iterative reference trajectory modification. IEEE Transactions on Control Systems Technology, 2020, 28(3): 831-843

[5] Zhou L, She J H, Zhang X, et al. Performance enhancement of RCS and application to tracking control of chuck-workpiece systems. IEEE Transactions on Industrial Electronics, 2020, 67(5): 4056-4065

[6]　Inoue T, Iwai S, Nakano M. High accuracy control of a proton synchrotron magnet power supply. IFAC Proceedings Volumes, 1981, 14(2): 3137-3142

[7]　Inoue T, Nakano M, Iwai S. High accuracy control of servomechanism for repeated contouring. Proceedings of the 10th Annual Symposium on Incremental Motion Control Systems and Devices, Urbana-Champaign, 1981: 285-292

[8]　中野道雄, 井上惠, 山本裕, 等. 重复控制. 吴敏, 译. 长沙: 中南工业大学出版社, 1994

[9]　Ma W J, Sen O Y. Control strategy for inverters in microgrid based on repetitive and state feedback control. International Journal of Electrical Power & Energy Systems, 2019, 111: 447-458

[10]　Biagiotti L, Califano F, Melchiorri C. Repetitive control meets continuous zero phase error tracking controller for precise tracking of b-spline trajectories. IEEE Transactions on Industrial Electronics, 2020, 67(9): 7808-7818

[11]　Biagiotti L, Moriello L, Melchiorri C. A repetitive control scheme for industrial robots based on b-spline trajectories. Proceedings of the IEEE/RSJ International Conference on Intelligent Robots and Systems, Hamburg, 2015: 5417-5422

[12]　Omata T, Hara T, Nakano M. Repetitive control for linear periodic systems. Electrical Engineering in Japan, 1985, 105(3): 131-138

[13]　Cui P L, Wang Q R, Zhang G X, et al. Hybrid fractional repetitive control for magnetically suspended rotor systems. IEEE Transactions on Industrial Electronics, 2018, 65(4): 3491-3498

[14]　Cui P L, Zhang G X, Liu Z Y, et al. A second-order dual mode repetitive control for magnetically suspended rotor. IEEE Transactions on Industrial Electronics, 2019, 67(6): 4946-4956

[15]　Pandove G, Trivedi A, Singh M. Repetitive control-based single-phase bidirectional rectifier with enhanced performance. IET Power Electronics, 2016, 9(5): 1029-1036

[16]　Blanken L, Koekebakker S, Oomen T. Multivariable repetitive control: Decentralized designs with application to continuous media flow printing. IEEE/ASME Transactions on Mechatronics, 2020, 25(1): 294-304

[17]　Copur E H, Freeman C T, Chu B, et al. Repetitive control of electrical stimulation for tremor suppression. IEEE Transactions on Control Systems Technology, 2019, 27(2): 540-552

[18]　Francis B A, Wonham W M. The internal model principle for linear multivariable regulators. Applied Mathematics and Optimization, 1975, 2(2): 170-194

[19]　Francis B A, Wonham W M. The internal model principle of control theory. Automatica, 1976, 12: 457-465

[20]　Hara S, Yamamoto Y, Omata T, et al. Repetitive control system: A new type servo system for periodic exogenous signals. IEEE Transactions on Automatic Control, 1988, 33(7): 659-668

[21]　Yamamoto Y. Learning control and related problems in infinite-dimensional systems. Proceedings of the European Control Conference, Groningen, 1993: 191-222

[22] Hara S, Omata T, Nakano M. Synthesis of repetitive control systems and its applications. Proceedings of the 24th IEEE Conference on Decision and Control, Fort Lauderdale, 1985: 1387-1392

[23] 王常虹, 谢升, 陈兴林. 一种重复控制律的设计与实现. 中国惯性技术学报, 1997, 5(4): 52-56

[24] 丛爽. 一种改进的重复控制系统及其应用. 中国科学技术大学学报, 1998, 28(3): 292-297

[25] 李翠艳, 张东纯, 庄显义. 重复控制综述. 电机与控制学报, 2005, 9(1): 37-44

[26] Li C Y, Zhang D C, Zhuang X Y. Theory and applications of the repetitive control. Proceedings of the SICE Annual Conference in Sapporo, Hokkaido, 2004: 27-35

[27] Srinivasan K, Shaw F R. Analysis and design of repetitive control systems using regeneration spectrum. Proceedings of the American Control Conference, San Diego, 1990: 1150-1155

[28] Güvenc L. Stability and performance robustness analysis of repetitive control systems using structured singular values. IEEE/ASME Journal of Dynamic Systems, Measurement, and Control, 1996, 118(3): 593-597

[29] Li J, Tsao T C. Robust performance repetitive control systems. IEEE/ASME Journal of Dynamic Systems, Measurement, and Control, 2001, 123(3): 330-337

[30] Tsai M C, Yao W S. Design of a plug-in type repetitive controller for periodic inputs. IEEE Transactions on Control Systems Technology, 2002, 10(4): 547-555

[31] Yao W S, Tsai M C. Analysis and estimation of tracking errors of plug-in type repetitive control systems. IEEE Transactions on Automatic Control, 2005, 50(8): 1190-1195

[32] Li J W, Tsao T C. A two parameter robust repetitive control design using structured singular values. Proceedings of the 37th IEEE Conference on Decision and Control, Tampa, 1998: 1230-1235

[33] Güvenc L. Repetitive controller design in parameter space. IEEE/ASME Journal of Dynamic Systems, Measurement, and Control, 2003, 125(1): 134-138

[34] Inoue T. Practical repetitive control system design. Proceedings of the 29th IEEE Conference on Decision and Control, Honolulu, 1990: 1673-1678

[35] Doyle J C, Francis B A, Tannenbaum A R. Feedback Control Theory. New York: MacMillan Publishing Company, 1992

[36] Doh T Y, Ryoo J R. Robust stability condition of repetitive control systems and analysis on steady-state tracking errors. Proceedings of the SICE-ICASE International Joint Conference, Busan, 2006: 5169-5174

[37] Chang W S, Suh I H, Kim T W. Analysis and design of two types of digital repetitive control systems. Automatica, 1995, 31(5): 741-746

[38] Steinbuch M. Repetitive control for systems with uncertain period-time. Automatica, 2002, 38(12): 2103-2109

[39] Steinbuch M, Weiland S, Singh T. Design of noise and period-time robust high or-
      der repetitive control, with application to optical storage. Automatica, 2007, 43(12):
      2086-2095

[40] Pipeleers G, Demeulenaere B, Schutter J D, et al. Robust high-order repetitive control.
      Proceedings of the American Control Conference, Seattle, 2008: 1080-1085

[41] 俞立. 鲁棒控制: 线性矩阵不等式处理方法. 北京: 清华大学出版社, 2002

[42] Doh T Y, Chung M J. Repetitive control design for linear systems with time-varying
      uncertainties. IEE Proceedings - Control Theory Applications, 2003, 150(4): 427-432

[43] Doh T Y, Ryoo J R, Chung M. Repetitive controller design for track-following servo
      system of an optical disk drive. Proceedings of the 7th International Workshop on
      Advanced Motion Control, Maribor, 2002: 176-181

[44] Sangeetha G, Jacob J. Repetitive controller for periodic disturbance rejection motor-
      gear transmission system. Proceedings of the Annual IEEE India Conference, Kanpur,
      2008: 559-564

[45] Flores J V, Gomes da Silva J M, Pereira L F A, et al. Robust repetitive control
      with saturating actuators: An LMI approach. Proceedings of the American Control
      Conference, Baltimore, 2010: 4259-4264

[46] Flores J V, Gomes da Silva J M, Pereira L F A, et al. Repetitive control design for
      MIMO systems with saturating actuators. IEEE Transactions on Automatic Control,
      2012, 57(1): 192-198

[47] She J H, Wu M, Lan Y H, et al. Simultaneous optimisation of the low-pass filter and
      state-feedback controller in a robust repetitive-control system. IET Control Theory
      & Applications, 2010, 4(8): 1366-1376

[48] 吴敏, 何勇, 余锦华. 鲁棒控制理论. 北京: 高等教育出版社, 2010

[49] 郭雷, 冯纯伯. 基于 LMI 方法的鲁棒 H_∞ 性能问题. 控制与决策, 1999, 4(1): 61-64

[50] Weiss G, Häfele M. Repetitive control of MIMO systems using H_∞ design. Automa-
      tica, 1999, 35(7): 1185-1199

[51] Weiss G, Zhong Q C, Green T C. H_∞ repetitive control of DC-AC converters in
      microgrids. IEEE Transactions on Power Electronics, 2004, 19(1): 219-229

[52] Chen J W, Liu T S. H_∞ repetitive control for pickup head flying height in near-field
      disk drives. IEEE Transactions on Magnetics, 2005, 41(2): 1067-1070

[53] Wang J Q, Tsao T C. Laser beam raster scan under variable process speed—An
      application of time varying model reference repetitive control system. Proceedings
      of the IEEE/ASME International Conference on Advanced Intelligent Mechatronics,
      Monterey, 2005: 1233-1239

[54] Wang J Q, Tsao T C. Repetitive control of linear time varying systems with applica-
      tion to electronic cam motion control. Proceedings of the American Control Confer-
      ence, Boston, 2004: 3794-3799

[55] Liang J, Green T C, Weiss G, et al. Repetitive control of power conversion system from a distributed generator to the utility grid. Proceedings of the IEEE International Conference on Control and Applications, Glasgow, 2002: 13-19

[56] 吴敏, 兰永红, 佘锦华. 线性不确定系统的 H_∞ 状态反馈鲁棒重复控制. 控制理论与应用, 2008, 25(3): 427-433

[57] Bamieh B A, Pearson J B. A general framework for linear periodic systems with applications to H_∞ sampled-data control. IEEE Transaction on Automatic Control, 1992, 37(4): 418-435

[58] Yamamoto Y. A function space approach to sampled data control systems and tracking problems. IEEE Transactions on Automatic Control, 1994, 39(4): 703-713

[59] Langari A. Sampled-data Repetitive Control Systems. Toronto: University of Toronto, 1997

[60] Alleyne A, Pomykalski M. Control of a class of nonlinear systems subject to periodic exogenous signals. IEEE Transactions on Control Systems Technology, 2000, 8(2): 279-284

[61] Ghosh J, Paden B. Nonlinear repetitive control. IEEE Transactions on Automatic Control, 2000, 45(5): 949-954

[62] Emelyanov S V, Fedotov A I. Design of a static tracking system with variable structure. Automation and Remote Control, 1962, 10: 1223-1235

[63] Utkin V I. Sliding Modes in Control and Optimization. Berlin: Springer, 1992

[64] Cao W J, Xu J X. Robust and almost perfect periodic tracking of nonlinear systems using repetitive VSC. Proceedings of the American Control Conference, Arlington, 2001: 3830-3835

[65] She J H, Kobayashi H, Ohyama Y, et al. Disturbance estimation and rejection—An equivalent input disturbance estimator approach. Proceedings of the IEEE Conference on Decision and Control, Atlantis, 2004: 1736-1741

[66] She J H, Fang M X, Ohyama Y, et al. Improving disturbance-rejection performance based on an equivalent-input-disturbance approach. IEEE Transactions on Industrial Electronics, 2008, 55(1): 380-389

[67] She J H, Xin X, Pan Y. Equivalent-input-disturbance approach—Analysis and application to disturbance rejection in dual-stage feed drive control system. IEEE/ASME Transactions on Mechatronics, 2011, 16(2): 330-340

[68] She J H, Zhang A C, Lai X Z, et al. Global stabilization of 2-DOF underactuated mechanical systems—An equivalent-input-disturbance approach. Nonlinear Dynamics, 2012, 69(1): 495-509

[69] Liu R J, Wu M, Liu G P, et al. Active disturbance rejection control based on an improved equivalent-input-disturbance approach. IEEE/ASME Transactions on Mechatronics, 2013, 18(4): 1410-1413

[70] Wu M, Lou K P, Xiao F C, et al. Design of equivalent-input-disturbance estimator using a generalized state observer. Journal of Control Theory and Applications, 2013, 11(1): 74-79

[71] Liu R J, Liu G P, Wu M, et al. Robust disturbance rejection in modified repetitive control system. Systems & Control Letters, 2014, 70: 100-108

[72] Yu P, Wu M, She J H, et al. An improved equivalent-input-disturbance approach for repetitive control system with state delay and disturbance. IEEE Transactions on Industrial Electronics, 2018, 65(1): 521-531

[73] Yu P, Liu K Z, She J H, et al. Robust disturbance rejection for repetitive control systems with time-varying nonlinearities. International Journal of Robust and Nonlinear Control, 2019, 29(5): 1597-1612

[74] Takagi T, Sugeno M. Fuzzy identification of systems and its applications to modeling and control. IEEE Transactions on Systems, Man, and Cybernetics, 1985, 15 (1): 116-132

[75] Sugeno M, Kang G T. Structure identification of fuzzy model. Fuzzy Sets and Systems, 1988, 28(1): 15-33

[76] Tanaka K, Sugeno M. Stability analysis and design of fuzzy control systems. Fuzzy Sets and Systems, 1992, 45: 135-156

[77] Sakthivel R, Selvaraj P, Kaviarasan B. Modified repetitive control design for nonlinear systems with time delay based on T-S fuzzy model. IEEE Transactions on Systems Man & Cybernetics: Systems, 2020, 50(2): 646-655

[78] Selvaraj P, Sakthivel R, Karimi R H. Equivalent-input-disturbance-based repetitive tracking control for Takagi-Sugeno fuzzy systems with saturating actuator. IET Control Theory & Applications, 2016, 10(15): 1916-1927

[79] Wang Y C, Zheng L F, Zhang H G, et al. Fuzzy observer-based repetitive tracking control for nonlinear systems. IEEE Transactions on Fuzzy Systems, 2020, 28(10): 2401-2415

[80] Wu M, Zhou L, She J H. Design of observer-based H_∞ robust repetitive-control system. IEEE Transactions on Automatic Control, 2011, 56(6): 1452-1457

[81] She J H, Zhou L, Wu M, et al. Design of a modified repetitive-control system based on a continuous-discrete 2D model. Automatica, 2012, 48(5): 844-850

[82] Zhou L, She J H, Wu M, et al. Design of robust modified repetitive-control system for linear periodic plants. IEEE/ASME Journal of Dynamic Systems, Measurement, and Control, 2012, 134(1): 011023

[83] Zhou L, She J H, Wu M, et al. Design of a robust observer-based modified repetitive-control system. ISA Transactions, 2013, 52: 375-382

[84] Zhou L, She J H, Wu M. A one-step method of designing an observer-based modified repetitive-control system. International Journal of Systems Science, 2015, 46(14): 2617-2627

[85] Yu P, Wu M, She J H, et al. Robust repetitive control and disturbance rejection based on two-dimensional model and equivalent-input-disturbance approach. Asian Journal of Control, 2016, 18(6): 2325-2335

[86] Wang Y C, Wang R, Xie X P, et al. Observer-based H_∞ fuzzy control for modified repetitive control systems. Neurocomputing, 2018, 286: 141-149

[87] Zhang M L, Wu M, Chen L F, et al. Design of modified repetitive controller for T-S fuzzy systems. Journal of Advanced Computational Intelligence and Intelligent Informatics, 2019, 23(3): 602-610

[88] Zhang M L, Wu M, Chen L F, et al. Optimization of control and learning actions for repetitive-control system based on Takagi-Sugeno fuzzy model. International Journal of Systems Science, 2020, 51(15): 3030-3043

[89] Wang Y B, Zhang M L, Wu M, et al. Repetitive control based on multi-stage PSO algorithm with variable intervals for T-S fuzzy systems. Journal of Advanced Computational Intelligence and Intelligent Informatics, 2021, 25(2): 162-169

第 2 章　重复控制系统的连续/离散二维混合模型

重复控制是一种具有学习能力的控制方法，它通过学习前一周期的控制经验来调节当前周期的控制行为，随着过程的重复，不断地改善系统的控制性能。与线性重复过程或迭代学习控制 [1,2] 不同，重复控制的整个过程是连续的，即前一周期的控制终点是后一周期的控制起点。本章通过分析重复控制过程的特点，揭示重复控制中同时存在连续控制行为和离散学习行为，从而建立重复控制系统的连续/离散二维混合模型。本章是本书二维重复控制分析与设计的基础部分。

2.1　重复控制的二维特性

基本重复控制器如图 2.1 所示。

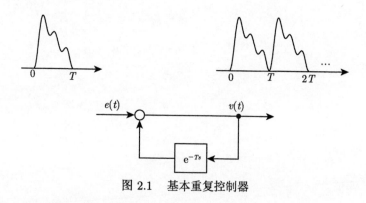

图 2.1　基本重复控制器

重复控制器的输出表达式为

$$v(t) = \begin{cases} e(t), & 0 \leqslant t \leqslant T \\ e(t) + v(t-T), & t > T \end{cases} \tag{2.1}$$

式 (2.1) 表明，对于周期信号的跟踪，重复控制实际上是将上一个周期的控制结果 $v(t-T)$ 应用到当前周期的控制 $v(t)$ 中，以提高系统的控制性能。因此，重复控制系统不同于一般的控制系统，它在控制过程中具体表现出两种不同的动态行为：一个周期之内的连续控制行为和各个周期之间的离散学习行为。一个周期之内的连续控制行为受前一周期学习行为的影响，而跟踪精度是通过离散的学习行为来逐渐提高的。这里信息的传递既出现在连续空间中，也出现在离散空间中，具有二维特性。如果能够在二维空间建立一个合理的数学模型来准确描述重复控制过程的控制和学习行为，充分利用重复控制的学习行为以及控制和学习之间的相互作用来进行控制规律的设计，则可以从本质上改善系统的动态性能和稳态跟踪性能，因此将二维系统理论应用于重复控制研究中具有重要的意义。

2.2 二 维 系 统

如果系统的动态过程依赖两个独立的变量，也就是说其信息和能量沿两个方向传输，称为二维系统，它在系统科学、数字信号处理和图像处理等领域具有广泛的应用 [3,4]。在控制理论与方法研究中，二维系统理论有两种方法，即基于传递函数的方法和基于状态空间的方法。二维系统理论被应用到许多实际系统，这些系统可分为二维连续系统、二维离散系统和二维连续/离散系统 [5,6]。

2.2.1 二维连续系统

采用时间和空间这两个独立变量，可以用二维连续系统描述化学反应器、热交换器、管道熔炉等热过程。此外，电路系统中的电流和电压随时间和空间的演化过程也可以采用二维连续系统来描述。下面简单介绍常用的二维连续 Roesser 模型 [7]，其状态空间模型为

$$
\begin{cases}
\begin{bmatrix} \dfrac{\partial}{\partial t_1} x^h(t_1, t_2) \\ \dfrac{\partial}{\partial t_2} x^v(t_1, t_2) \end{bmatrix} = \begin{bmatrix} A_{11} & A_{12} \\ A_{21} & A_{22} \end{bmatrix} \begin{bmatrix} x^h(t_1, t_2) \\ x^v(t_1, t_2) \end{bmatrix} + \begin{bmatrix} B_1 \\ B_2 \end{bmatrix} u(t_1, t_2) \\
y(t_1, t_2) = \begin{bmatrix} C_1 & C_2 \end{bmatrix} \begin{bmatrix} x^h(t_1, t_2) \\ x^v(t_1, t_2) \end{bmatrix} + D u(t_1, t_2)
\end{cases}
\tag{2.2}
$$

其中，t_1 和 t_2 分别为两个独立的连续变量；$x^h(t_1, t_2) \in \mathbb{R}^{n_1}$ 和 $x^v(t_1, t_2) \in \mathbb{R}^{n_2}$ 分别为水平状态和垂直状态；$u(t_1, t_2) \in \mathbb{R}^p$ 为控制输入；$y(t_1, t_2) \in \mathbb{R}^q$ 为控制输出；A_{11}、A_{12}、A_{21}、A_{22}、B_1、B_2、C_1、C_2 和 D 为具有合适维数的实数矩阵。假设初始状态 $x^h(0, t_2) = g(t_2)$，$x^v(t_1, 0) = f(t_1)$，其中 $g(t_2) \in \mathbb{R}^n$ 和 $f(t_1) \in \mathbb{R}^m$ 分别为关于 t_2 和 t_1 的已知向量函数。上述二维连续系统的传递函数矩阵定义为

$$
\mathcal{T}(s_1, s_2) = \begin{bmatrix} C_1 & C_2 \end{bmatrix} \begin{bmatrix} s_1 I - A_{11} & -A_{12} \\ -A_{21} & s_2 I - A_{22} \end{bmatrix}^{-1} \begin{bmatrix} B_1 \\ B_2 \end{bmatrix} + D
\tag{2.3}
$$

下面的引理给出二维连续系统的性质。

引理 2.1[8]　如果系统 (2.2) 的特征多项式

$$\mathcal{C}(s_1, s_2) \neq 0, \quad \forall (s_1, s_2) \in \bar{\bar{D}}^2 \tag{2.4}$$

在双平面 (s_1, s_2) 的闭右半平面 (包含无穷远处) 不存在零点，其中

$$\mathcal{C}(s_1, s_2) = \det\left(\begin{bmatrix} s_1 I - A_{11} & -A_{12} \\ -A_{21} & s_2 I - A_{22} \end{bmatrix}\right)$$

$$\bar{\bar{D}}^2 = \left\{(s_1, s_2) : \mathrm{Re}(s_1) \geqslant 0, \ \mathrm{Re}(s_2) \geqslant 0, \ |s_1| \leqslant \infty, \ |s_2| \leqslant \infty\right\} \tag{2.5}$$

则系统 (2.2) 在控制输入 $u(t_1, t_2) = 0$ 作用下渐近稳定。

将 Piekarski 提出的连续多维系统稳定性定理 [9] 应用于上述二维连续系统，下面的引理给出系统 (2.2) 渐近稳定的充分条件。

引理 2.2[10]　如果存在正定对称矩阵 W_h 和 W_v，使得

$$A^{\mathrm{T}} W + W A < 0 \tag{2.6}$$

成立，其中

$$A = \begin{bmatrix} A_{11} & A_{12} \\ A_{21} & A_{22} \end{bmatrix}, \quad W = \mathrm{diag}\{W_h, W_v\} \tag{2.7}$$

则系统 (2.2) 在控制输入 $u(t_1, t_2) = 0$ 作用下渐近稳定。

2.2.2　二维离散系统

二维离散模型与数字信号处理密切相关，存在多种二维离散系统模型，如 Roesser 模型 [11,12]、第二类 Fornasini-Marchesini (FM) 模型 [13,14]、Attasi 模型 [15] 和 Kurek 模型 [16]。这里主要介绍广泛应用的 Roesser 模型和第二类 FM 模型。

来源于多维线性滤波网络的 Roesser 模型因为具有一般性且相对简单，所以得到广泛应用，其状态空间模型为

$$\begin{cases} \begin{bmatrix} x^h(i+1, j) \\ x^v(i, j+1) \end{bmatrix} = \begin{bmatrix} A_{11} & A_{12} \\ A_{21} & A_{22} \end{bmatrix} \begin{bmatrix} x^h(i, j) \\ x^v(i, j) \end{bmatrix} + \begin{bmatrix} B_1 \\ B_2 \end{bmatrix} u(i, j) \\ y(i, j) = \begin{bmatrix} C_1 & C_2 \end{bmatrix} \begin{bmatrix} x^h(i, j) \\ x^v(i, j) \end{bmatrix} + D u(i, j) \end{cases} \tag{2.8}$$

其中，i 和 j 分别为水平和垂直的整数值变量；$x^h(i, j) \in \mathbb{R}^{n_1}$ 为水平状态；$x^v(i, j) \in \mathbb{R}^{n_2}$ 为垂直状态；$u(i, j) \in \mathbb{R}^p$ 为控制输入；$y(i, j) \in \mathbb{R}^q$ 为控制输出；A_{11}、A_{12}、A_{21}、A_{22}、B_1、B_2、C_1、C_2 和 D 为具有合适维数的实数矩阵。边界条件为

$$X^h(0) = \begin{bmatrix} x^h(0,0) \\ x^h(0,1) \\ x^h(0,2) \\ \vdots \end{bmatrix}, \quad X^v(0) = \begin{bmatrix} x^v(0,0) \\ x^v(1,0) \\ x^v(2,0) \\ \vdots \end{bmatrix} \tag{2.9}$$

上述二维离散系统的传递函数矩阵定义为

$$\mathcal{T}(z_1, z_2) = \begin{bmatrix} C_1 & C_2 \end{bmatrix} \begin{bmatrix} z_1 I - A_{11} & -A_{12} \\ -A_{21} & z_2 I - A_{22} \end{bmatrix}^{-1} \begin{bmatrix} B_1 \\ B_2 \end{bmatrix} + D \tag{2.10}$$

下面的引理给出二维离散系统的性质。

引理 2.3[17] 如果系统 (2.8) 的特征多项式

$$\mathcal{C}(z_1, z_2) \neq 0, \quad \forall |z_1| \geqslant 1, \ |z_2| \geqslant 1 \tag{2.11}$$

在双平面 (z_1, z_2) 的单位圆上及圆外不存在零点，其中

$$\mathcal{C}(z_1, z_2) = \det\left(\begin{bmatrix} z_1 I - A_{11} & -A_{12} \\ -A_{21} & z_2 I - A_{22} \end{bmatrix} \right) \tag{2.12}$$

则系统 (2.8) 在控制输入 $u(i,j) = 0$ 作用下渐近稳定。

定义

$$x_{i,j} = \begin{bmatrix} x^h(i,j) \\ x^v(i,j) \end{bmatrix} \tag{2.13}$$

下面给出渐近稳定性的定义。

定义 2.1[18] 在输入向量 $u(i,j) = 0$ 及初始条件满足有界性

$$\lim_{N \to \infty} \sum_{k=0}^{N} \left(\left|x_{0,k}^h\right|^2 + \left|x_{k,0}^v\right|^2 \right) < \infty \tag{2.14}$$

时，如果 $\sup_{i,j} |x_{i,j}| < \infty$ 且 $\lim_{i,j \to \infty} x_{i,j} = 0$ 成立，则由 Roesser 模型描述的二维离散系统 (2.8) 渐近稳定。

下面的引理给出系统 (2.8) 渐近稳定的充分条件。

引理 2.4[18] 如果存在正定对称矩阵 P_h 和 P_v 使得

$$A^{\mathrm{T}} P A - P < 0 \tag{2.15}$$

成立，其中

$$A = \begin{bmatrix} A_{11} & A_{12} \\ A_{21} & A_{22} \end{bmatrix}, \quad P = \mathrm{diag}\{P_h, P_v\} \tag{2.16}$$

则二维离散系统 (2.8) 在控制输入 $u(i,j) = 0$ 作用下渐近稳定。

另一个广泛应用的二维离散模型是第二类 FM 模型，其状态空间模型为

$$\begin{cases} x(i+1,j+1) = A_1 x(i,j+1) + A_2 x(i+1,j) + B_1 u(i,j+1) + B_2 u(i,j+1) \\ y(i,j) = Cx(i,j) + Du(i,j) \end{cases}$$

(2.17)

其中，i 和 j 分别为水平的和垂直的整数值变量；$x(i,j) \in \mathbb{R}^n$ 为状态变量；$u(i,j) \in \mathbb{R}^p$ 为控制输入；$y(i,j) \in \mathbb{R}^q$ 为控制输出；A_1、A_2、B_1、B_2、C 和 D 为具有合适维数的实数矩阵。边界条件为

$$X^h(0) = \begin{bmatrix} x(0,1) \\ x(0,2) \\ x(0,3) \\ \vdots \end{bmatrix}, \quad X^v(0) = \begin{bmatrix} x(1,0) \\ x(2,0) \\ x(3,0) \\ \vdots \end{bmatrix}$$

(2.18)

上述系统传递函数定义为

$$\mathcal{T}(z_1,z_2) = C(z_1 z_2 I - z_1 A_2 - z_2 A_1)^{-1}(z_1 B_2 + z_2 B_1) + D$$

(2.19)

特征多项式为

$$\mathcal{C}(z_1,z_2) = \det(z_1 z_2 I - z_1 A_2 - z_2 A_1)$$

(2.20)

令

$$X_r = \sup\{\|x\| : i+j = r, \ i,j \in \mathbb{Z}_+\}$$

(2.21)

下面给出渐近稳定性的定义。

定义 2.2 [18]　如果输入向量 $u(i,j)=0$ 及初始条件满足有界性，即

$$\lim_{N\to\infty} \sum_{k=1}^{N} \left(|x_{0,k}^h|^2 + |x_{k,0}^v|^2 \right) < \infty$$

(2.22)

且 $\lim_{r\to\infty} X_r = 0$ 成立，则二维离散系统 (2.17) 渐近稳定。

下述两个引理给出了二维离散系统 (2.17) 线性矩阵不等式形式的渐近稳定条件。

引理 2.5 [19]　如果存在正定对称矩阵 P，正调节参数 α 和 β，使得不等式

$$A^T P A - Q < 0$$

(2.23)

成立，其中

$$A = \begin{bmatrix} A_1 & A_2 \end{bmatrix}, \quad Q = \text{diag}\{\alpha P, \beta P\}, \quad \alpha + \beta = 1$$

则二维离散系统 (2.17) 在控制输入 $u(i,j)=0$ 作用下渐近稳定。

引理 2.6[20]   如果存在正定对称矩阵 P、W_{01} 和 W_{10}，使得不等式

$$\begin{cases} A^T P A - \begin{bmatrix} P^{1/2} W_{01} P^{1/2} & 0 \\ 0 & P^{1/2} W_{10} P^{1/2} \end{bmatrix} < 0 \\ I_n - W_{01} - W_{10} \geqslant 0 \end{cases} \tag{2.24}$$

成立，则二维离散系统 (2.17) 在控制输入 $u(i,j) = 0$ 作用下渐近稳定。

2.2.3 二维连续/离散系统

二维连续/离散系统具有很强的工程背景，特别是在工业过程和轨迹跟踪方面具有极大的应用价值。常见的一个连续/离散二维混合模型是第一类 FM 模型，其状态空间模型为

$$\begin{cases} \dfrac{\partial}{\partial t} x(n+1, \tau) = A_0 x(n, \tau) + A_1 \dfrac{\partial}{\partial t} x(n, \tau) + A_2 x(n+1, \tau) + Bu(n, \tau) \\ y(n, \tau) = Cx(n, \tau) + Du(n, \tau) \end{cases} \tag{2.25}$$

其中，$x(n, \tau) \in \mathbb{R}^n$ 为状态变量；$u(n, \tau) \in \mathbb{R}^p$ 为控制输入；$y(n, \tau) \in \mathbb{R}^q$ 为控制输出；A_0、A_1、A_2、B、C 和 D 为具有合适维数的实数矩阵。

对式 (2.25) 进行二维 s-z 变换，可得系统状态空间模型为

$$\begin{cases} sX(s, z) = A_0 X(s, z) + A_1 s X(s, z) + A_2 z X(s, z) + BU(s, z) \\ Y(s, z) = CX(s, z) + DU(s, z) \end{cases} \tag{2.26}$$

定义 2.3[6,21,22]   如果对于输入 $u(n, \tau) = 0$ 和 $\sup_n \|x(n, 0)\|$ 及 $\sup_\tau \|x(0, \tau)\|$，存在 $\sup_{n, \tau} \|x(n, \tau)\| < \infty$ 和 $\lim_{n, \tau \to \infty} \|x(n, \tau)\| = 0$，则二维连续/离散系统 (2.25) 渐近稳定。

下面的引理给出二维连续/离散系统 (2.25) 渐近稳定的充要条件。

引理 2.7[6,21,22]   如果二维连续/离散系统 (2.25) 的特征多项式

$$\mathcal{C}(s, z) = \det([szI - sA_1 - zA_2 - A_0]) \neq 0, \quad \forall \mathrm{Re}(s) \geqslant 0, \ \forall |z| \geqslant 1 \tag{2.27}$$

成立，则二维连续/离散系统 (2.25) 在 $u(n, \tau) = 0$ 作用下渐近稳定。

不同于二维连续系统或二维离散系统，二维连续/离散系统的渐近稳定性取决于其特征多项式的 Hurwitz-Schur 稳定性。式 (2.27) 与如下条件等价[22]：

(1) $\mathcal{C}(s, 0) \neq 0, \ \forall \ \mathrm{Re}(s) \geqslant 0$；

(2) $\mathcal{C}(\mathrm{j}\omega, z) \neq 0, \ \forall \omega \in \mathbb{R}, \ |z| \geqslant 1$。

二维连续/离散系统模型的另一个重要应用是线性重复过程[23,24]，它在注塑、焊接、喷涂、金属轧制、长壁煤切割等重复作业中有着广泛的应用[25]。这种过程的特性在于它由一系列的重复动作构成，每一个过程称为一个通道，而在每一个通道上具有一个动态，该动态运行的时间称为该通道的长度。在每一个通道上产生一个输出，称为通道剖面向量。线性重复过程在连续情况下的状态空间模型为

$$
\begin{cases}
\dot{x}_{k+1}(t) = Ax_{k+1}(t) + B_0 y_k(t) + Bu_{k+1}(t) \\
y_{k+1}(t) = Cx_{k+1}(t) + D_0 y_k(t) + Du_{k+1}(t)
\end{cases}
\tag{2.28}
$$

其中，$x_{k+1}(t) \in \mathbb{R}^n$ 为过程状态变量；$y_k(t) \in \mathbb{R}^p$ 为通道剖面变量；$u_{k+1}(t) \in \mathbb{R}^q$ 为过程控制输入；A、B_0、B、C、D_0 和 D 为具有合适维数的实数矩阵。通道长度设为 α_k，$t \in [0, \alpha_k]$，通道个数设为 k。系统状态的初始条件为

$$
\begin{cases}
x_{k+1}(0) = d_{k+1}, & k \geqslant 0 \\
y_0(t) = f(t), & 0 \leqslant t \leqslant \alpha_0
\end{cases}
\tag{2.29}
$$

其中，$d_{k+1} \in \mathbb{R}^n$ 表示元素已知的常值向量；$f(t) \in \mathbb{R}^p$ 表示元素已知的函数值向量。

式 (2.28) 的特征多项式为

$$
\mathcal{C}(s,z) = \det\left(\begin{bmatrix} sI - A & B_0 \\ -zC & I - zD \end{bmatrix}\right)
\tag{2.30}
$$

下面的引理给出二维连续/离散系统 (2.28) 沿通道稳定的充要条件。

引理 2.8[25]　如果特征多项式

$$
\mathcal{C}(s,z) \neq 0, \quad \forall \mathrm{Re}(s) \geqslant 0, |z| \leqslant 1
\tag{2.31}
$$

成立，则二维连续/离散系统 (2.28) 沿通道稳定。

下面的引理为引理 2.8 的一个等价描述。

引理 2.9[25]　如果

(1) $\rho(D_0) < 1$；

(2) $\mathrm{Re}[\lambda_i(A)] < 0$，$i = 1, 2, \cdots, n$；

(3) $\lambda[\mathcal{T}(\mathrm{j}\omega)] < 1$，$\forall \omega \geqslant 0$

成立，其中 $\mathcal{T}(s) = C(sI - A)^{-1}B_0 + D_0$ 为系统的传递函数，则二维连续/离散系统 (2.28) 沿通道稳定。

2.3 重复控制系统的二维混合模型

由 2.1 节分析可知,重复控制具有二维特性,传统重复控制的一个主要困难是难以找到一个合理的数学模型同时表达控制系统中连续的控制行为和离散的学习行为。在连续/离散二维混合模型中,存在两个相互独立的动态过程。因此,可用其反映重复控制一个周期之内连续的控制行为和各个周期之间离散的学习行为。这样,二维混合模型为一种能很好地反映重复控制二维特性的数学模型。下面利用等距同构线性变换"提升"建立重复控制系统的二维混合模型。

线性变换"提升"的描述[26] 如图 2.2 所示,它作为一种数学方法,可以形象地理解为是对连续曲线的"切片":通过把时间轴分成等长度的无数个区间,将连续变量值信号 $\xi(t)$ 转化为离散的函数值信号序列

$$\{\xi(k,\tau) \mid k \in \mathbb{Z}_+,\ \tau \in [0,\ T]\} \tag{2.32}$$

其中的每个元素都满足边界条件

$$\xi(k,0) = \xi(k-1,T),\quad k \in \mathbb{Z}_+ \tag{2.33}$$

"提升"的数学定义为

$$\begin{aligned}
&\mathcal{L}_{\mathcal{C}} : L_2(\mathbb{R}_+, \mathbb{C}^p) \to \ell_2(\mathbb{Z}_+, \aleph) \\
&\xi(k,\tau) = \mathcal{L}_{\mathcal{C}}[\xi(t)],\quad t = kT + \tau,\ \tau \in [0,\ T],\ k \in \mathbb{Z}_+
\end{aligned} \tag{2.34}$$

其中,$\mathcal{L}_{\mathcal{C}}$ 为连续函数线性空间 $L_2(\mathbb{R}_+, \mathbb{C}^p)$ 与离散线性空间 $\ell_2(\mathbb{Z}_+, \aleph)$ 之间的等距同构映射,其逆映射为

$$\begin{aligned}
&\mathcal{L}_{\mathcal{C}}^{-1} : \ell_2(\mathbb{Z}_+, \aleph) \to L_2(\mathbb{R}_+, \mathbb{C}^p) \\
&\xi(kT + \tau) = \mathcal{L}_{\mathcal{C}}^{-1}[\xi(k,\tau)],\quad \tau \in [0,\ T],\ k \in \mathbb{Z}_+
\end{aligned} \tag{2.35}$$

通过利用线性变换"提升",将连续时域模型等距同构映射到二维空间,得到与之结构等价的二维混合模型,从而应用二维系统理论进行系统的稳定性分析和综合设计。"提升"起到了在一维系统与二维系统之间进行理论分析的桥梁作用。

对于任意变量 $\xi(t)$,定义

$$\begin{cases}
\xi(t) = 0, & t < 0 \\
\Delta\xi(t) = \xi(t) - \xi(t - T), & t \geqslant 0
\end{cases} \tag{2.36}$$

通过"提升"方法,对应的二维形式为

$$\begin{cases}
\xi(k,\tau) = 0, & \tau \in [0,\ T],\ k \in \mathbb{Z}_- \\
\Delta\xi(k,\tau) = \xi(k,\tau) - \xi(k-1,\tau), & \tau \in [0,\ T],\ k \in \mathbb{Z}_+
\end{cases} \tag{2.37}$$

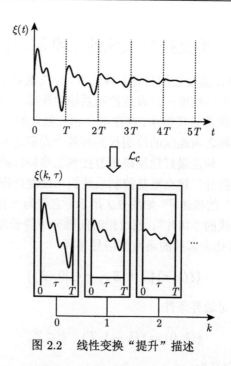

图 2.2　线性变换"提升"描述

2.4　典型重复控制系统的二维混合模型

下面分别给出几种典型的重复控制系统二维混合模型。针对基本重复控制系统，构建基于状态反馈的二维混合模型，当系统状态不可直接获得时，构建基于输出反馈和状态观测器的二维混合模型。针对改进型重复控制系统，由于建立二维混合模型的思路相同，这里只考虑基于状态反馈的情形。

2.4.1　基于状态反馈的基本重复控制系统二维混合模型

考虑如图 2.3 所示的重复控制系统，包括被控对象、基本重复控制器和反馈控制器。被控对象为一类单输入单输出的正则线性系统

$$\begin{cases} \dot{x}_p(t) = Ax_p(t) + Bu(t) \\ y(t) = Cx_p(t) + Du(t) \end{cases} \tag{2.38}$$

其中，$x_p(t) \in \mathbb{R}^n$ 为状态变量；$u(t) \in \mathbb{R}$ 为控制输入；$y(t) \in \mathbb{R}$ 为控制输出；A、B、C 和 D 为具有合适维数的实数矩阵。

基本重复控制器的状态空间模型为

$$v(t) = e(t) + v(t - T) \tag{2.39}$$

其中，$v(t)$ 为重复控制器的输出；$e(t)$ $[= r(t) - y(t)]$ 为重复控制系统的跟踪误差；T 为参考输入的周期。

由式 (2.36)~ 式 (2.38) 可得

$$\begin{cases} \Delta \dot{x}_p(t) = A\Delta x_p(t) + B\Delta u(t) \\ e(t) - e(t-T) = -C\Delta x_p(t) - D\Delta u(t) \end{cases} \tag{2.40}$$

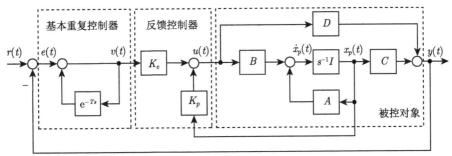

图 2.3 基于状态反馈的基本重复控制系统

基于状态反馈建立线性控制律

$$u(t) = K_e v(t) + K_p x_p(t) \tag{2.41}$$

其中，K_e 为重复控制器的增益；K_p 为状态反馈增益。由式 (2.36)、式 (2.39) 和式 (2.41) 可进一步得到

$$\Delta u(t) = K_e \Delta v(t) + K_p \Delta x_p(t) = K_e e(t) + K_p \Delta x_p(t) \tag{2.42}$$

由式 (2.39) 可知，直接调节控制增益 K_e 或 K_p 都不能单独调节重复控制过程中的控制行为或学习行为。

下面在二维空间上描述图 2.3 所示的重复控制系统。

令 $r(t) = 0$，通过"提升"方法，将图 2.3 所示的重复控制系统等距同构投射到二维空间，得到二维混合模型[27]

$$\begin{cases} \Delta \dot{x}_p(k,\tau) = A\Delta x_p(k,\tau) + B\Delta u(k,\tau) \\ e(k,\tau) = -C\Delta x_p(k,\tau) + e(k-1,\tau) - D\Delta u(k,\tau) \end{cases} \tag{2.43}$$

以及二维控制律

$$\Delta u(k,\tau) = F_p \Delta x_p(k,\tau) + F_e e(k-1,\tau) \tag{2.44}$$

反馈控制增益与二维控制增益满足

$$F_p = (1 + K_e D)^{-1}(K_p - K_e C), \quad F_e = (1 + K_e D)^{-1} K_e \tag{2.45}$$

由式 (2.44) 可知，F_p 调节控制行为，F_e 调节学习行为，二维控制律增益 F_p 和 F_e 为控制和学习行为的调节提供了可能。由式 (2.45) 可知，F_e 仅由重复控制器增益 K_e 决定，调节 K_e 可单独决定学习行为，而 F_p 与 K_e 和 K_p 相关，一旦完成学习行为的调节，调节 K_p 则可单独决定控制行为，因此可以实现控制和学习行为的独立调节；另外，由式 (2.41) 可知，传统一维时域空间的重复控制系统设计方法无法通过调节反馈控制器增益 K_e 和 K_p 来独立调节控制和学习行为，这正是二维混合模型的优势。

2.4.2　基于输出反馈的基本重复控制系统二维混合模型

考虑如图 2.4 所示的重复控制系统，包括被控对象 (2.38)、基本重复控制器 (2.39) 和反馈控制器。

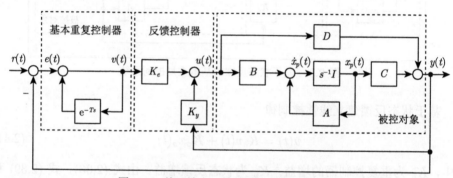

图 2.4　基于输出反馈的基本重复控制系统

基于输出反馈控制建立线性控制律

$$u(t) = K_e v(t) + K_y y(t) \tag{2.46}$$

其中，K_e 为重复控制器的增益；K_y 为输出反馈增益。

由式 (2.38) 和式 (2.46) 可得

$$u(t) = (1 - K_y D)^{-1} K_e v(t) + (1 - K_y D)^{-1} K_y C x_p(t) \tag{2.47}$$

由式 (2.39) 可知，直接调节控制律 (2.47) 中的控制增益 K_e 或 K_y 都不能单独调节控制或学习行为。

下面在二维空间上描述图 2.4 所示的重复控制系统。

令 $r(t) = 0$，通过"提升"方法，将图 2.4 所示的重复控制系统等距同构投射到二维空间，得到二维混合模型[28,29]

$$\begin{cases} \Delta \dot{x}_p(k,\tau) = A\Delta x_p(k,\tau) + B\Delta u(k,\tau) \\ e(k,\tau) = -C\Delta x_p(k,\tau) + e(k-1,\tau) - D\Delta u(k,\tau) \end{cases} \tag{2.48}$$

以及二维控制律

$$\Delta u(k,\tau) = F_p C \Delta x_p(k,\tau) + F_e e(k-1,\tau) \tag{2.49}$$

反馈控制增益与二维控制增益满足

$$F_p = -[1+(K_e-K_y)D]^{-1}(K_e-K_y), \quad F_e = [1+(K_e-K_y)D]^{-1}K_e \tag{2.50}$$

　　与时域空间中的控制律 (2.46) 相比，二维空间中描述的控制律 (2.49) 的特点是能够通过调节增益 F_p 和 F_e 来调节一个周期之内的控制行为 $\Delta x_p(k,\tau)$ 和各个周期之间的学习过程 $e(k-1,\tau)$。由式 (2.49) 可知，F_p 调节控制行为，F_e 调节学习行为，二维控制律增益 F_p 和 F_e 为控制和学习行为的调节提供了可能。由式 (2.50) 可知，F_p 和 F_e 由 K_e 和 K_y 共同决定，这表明二维控制律增益相互影响，也就是说控制和学习行为的调节存在耦合关系，因此不能独立调节这两种行为，只能进行优先调节。

2.4.3　基于状态观测器的基本重复控制系统二维混合模型

　　考虑如图 2.5 所示的重复控制系统，包括被控对象 (2.38)、状态观测器、基本重复控制器 (2.39) 和反馈控制器。

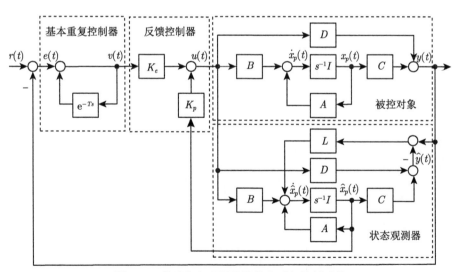

图 2.5　基于状态观测器的基本重复控制系统

　　针对被控对象 (2.38)，构造全维状态观测器

$$\begin{cases} \dot{\hat{x}}_p(t) = A\hat{x}_p(t) + Bu(t) + L\left[y(t) - \hat{y}(t)\right] \\ \hat{y}(t) = C\hat{x}_p(t) + Du(t) \end{cases} \tag{2.51}$$

其中，$\hat{x}_p(t) \in \mathbb{R}^n$ 为观测器的状态变量，用于估计 $x_p(t)$；$\hat{y}(t) \in \mathbb{R}^q$ 为观测器输出；L 为观测器增益。

定义

$$x_\delta(t) = x_p(t) - \hat{x}_p(t) \tag{2.52}$$

为重构状态误差，由式 (2.38)、式 (2.51) 和式 (2.52) 推导出状态误差方程

$$\dot{x}_\delta(t) = (A - LC)x_\delta(t) \tag{2.53}$$

基于状态观测器重构的状态反馈建立线性控制律

$$u(t) = K_e v(t) + K_p \hat{x}_p(t) \tag{2.54}$$

其中，K_e 为重复控制器的增益；K_p 为状态观测器重构的状态反馈增益。由式 (2.39) 可知，直接调节控制增益 K_e 或 K_p 都不能单独调节控制或学习行为。

下面在二维空间上描述图 2.5 所示的重复控制系统。

令 $r(t) = 0$，通过"提升"方法，将图 2.5 所示的重复控制系统等距同构投射到二维空间，得到二维混合模型[30]

$$\begin{cases} \Delta \dot{x}(k,\tau) = \tilde{A}\Delta x(k,\tau) + \tilde{B}\Delta u(k,\tau) \\ e(k,\tau) = \tilde{C}\Delta x(k,\tau) + e(k-1,\tau) + \tilde{D}\Delta u(k,\tau) \end{cases} \tag{2.55}$$

以及二维控制律

$$\Delta u(k,\tau) = F_p \Delta x(k,\tau) + F_e e(k-1,\tau) \tag{2.56}$$

其中

$$\begin{cases} x(k,\tau) = \begin{bmatrix} \hat{x}_p^{\mathrm{T}}(k,\tau) & x_\delta^{\mathrm{T}}(k,\tau) \end{bmatrix}^{\mathrm{T}} \\ \tilde{A} = \begin{bmatrix} A & LC \\ 0 & A-LC \end{bmatrix}, \quad \tilde{B} = \begin{bmatrix} B \\ 0 \end{bmatrix}, \quad \tilde{C} = \begin{bmatrix} -C & -C \end{bmatrix}, \quad \tilde{D} = -D \end{cases} \tag{2.57}$$

反馈控制增益与二维控制增益满足

$$\begin{cases} F_p = \begin{bmatrix} F_{p1} & F_{p2} \end{bmatrix} = \begin{bmatrix} (1+K_eD)^{-1}(K_p-K_eC) & -(1+K_eD)^{-1}K_eC \end{bmatrix} \\ F_e = (1+K_eD)^{-1}K_e \end{cases} \tag{2.58}$$

由式 (2.56) 可知，F_p 调节控制行为，F_e 调节学习行为，二维控制律增益 F_p 和 F_e 为控制和学习行为的调节提供了可能。由式 (2.58) 可知，状态观测器的引入

使得 F_p 由 F_{p1} 和 F_{p2} 共同决定，而 $F_{p2} = -F_eC$，这表明二维控制律增益相互影响，也就是说控制和学习行为的调节存在耦合关系，因此只能优先调节这两种行为。

2.4.4 基于状态反馈的改进型重复控制系统二维混合模型

考虑如图 2.6 所示的改进型重复控制系统，包括被控对象、改进型重复控制器和反馈控制器。被控对象为一类严格正则的线性系统

$$\begin{cases} \dot{x}_p(t) = Ax_p(t) + Bu(t) \\ y(t) = Cx_p(t) \end{cases} \tag{2.59}$$

其中，$x_p(t) \in \mathbb{R}^n$ 为状态变量；$u(t) \in \mathbb{R}^p$ 为控制输入；$y(t) \in \mathbb{R}^q$ 为控制输出；A、B 和 C 为具有合适维数的实数矩阵。

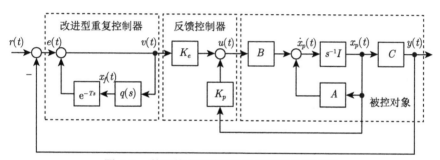

图 2.6 基于状态反馈的改进型重复控制系统

改进型重复控制器的状态空间模型为

$$\begin{cases} \dot{x}_f(t) = -\omega_c x_f(t) + \omega_c x_f(t-T) + \omega_c e(t) \\ v(t) = x_f(t-T) + e(t) \end{cases} \tag{2.60}$$

其中，$x_f(t)$ 为低通滤波器的状态变量；$v(t)$ 为重复控制器的输出；$e(t)$ [$= r(t) - y(t)$] 为重复控制系统的跟踪误差；ω_c 为低通滤波器的截止频率；T 为参考输入的周期。

基于状态反馈建立线性控制律为

$$\begin{aligned} u(t) &= K_e v(t) + K_p x_p(t) \\ &= [K_e r(t) + (K_p - K_e C)x_p(t)] + K_e x_f(t-T) \end{aligned} \tag{2.61}$$

其中，K_e 为改进型重复控制器的增益；K_p 为状态反馈增益。

控制律 (2.61) 中包含两种信息：当前周期的信息 $x_p(t)$，前一个周期的信息 $x_f(t-T)$，将过去周期内的系统状态理解为一种经验，则控制指的是利用本周

期的系统信息作用到当前控制输入，而学习指的是利用前一个周期的系统信息调节当前控制输入。因此，控制律 (2.61) 不能通过调节控制增益 K_e 和 K_p 来分别调节系统中的控制和学习行为。

下面在二维空间上描述图 2.6 所示的重复控制系统。

令 $r(t) = 0$，通过"提升"方法，将图 2.6 所示的重复控制系统等距同构投射到二维空间，得到二维混合模型[31]

$$\begin{cases} \dot{x}(k,\tau) = \tilde{A}x(k,\tau) + \tilde{A}_d x(k-1,\tau) + \tilde{B}u(k,\tau) \\ e(k,\tau) = \tilde{C}x(k,\tau) \end{cases} \tag{2.62}$$

以及二维控制律

$$u(k,\tau) = \begin{bmatrix} F_p & 0 \end{bmatrix} x(k,\tau) + \begin{bmatrix} 0 & F_e \end{bmatrix} x(k-1,\tau) \tag{2.63}$$

其中

$$\begin{cases} x(k,\tau) = \begin{bmatrix} x_p^{\mathrm{T}}(k,\tau) & x_f^{\mathrm{T}}(k,\tau) \end{bmatrix}^{\mathrm{T}} \\ \tilde{A} = \begin{bmatrix} A & 0 \\ -\omega_c C & -\omega_c I \end{bmatrix}, \tilde{A}_d = \begin{bmatrix} 0 & 0 \\ 0 & \omega_c I \end{bmatrix}, \tilde{B} = \begin{bmatrix} B \\ 0 \end{bmatrix}, \tilde{C} = \begin{bmatrix} -C & 0 \end{bmatrix} \end{cases} \tag{2.64}$$

反馈控制增益与二维控制增益满足

$$F_p = K_p - K_e C, \quad F_e = K_e \tag{2.65}$$

由式 (2.62) 可知，改进型重复控制系统中低通滤波器的设置使表示控制和学习行为的状态变量混合在一起，二维混合模型不能分别描述这两种行为，因此无论如何设计二维控制律增益 F_p 和 F_e 都不能独立调节这两种行为，只能进行优先调节。

2.5　本 章 小 结

本章是本书的重要基础部分。首先通过对重复控制过程的深入分析，说明了重复控制的二维本质特性；然后为了将二维系统理论应用于重复控制研究中，介绍了二维系统理论和特点，包括二维连续系统、二维离散系统和二维连续/离散系统；随后引入等距线性变换"提升"方法，将一维连续时间变量等价地转化为二维连续/离散变量，建立了重复控制系统的二维混合模型；最后针对几个典型的重复控制系统结构，建立了对应的二维混合模型，为第 3 章分析二维重复系统特性做好铺垫。

参 考 文 献

[1] Xie H, Wen Y, Shen X, et al. High-speed AFM imaging of nanopositioning stages using H_∞ and iterative learning control. IEEE Transactions on Industrial Electronics, 2020, 67(3): 2430-2439

[2] Chen Y, Chu B, Freeman C T. Generalized iterative learning control using successive projection: Algorithm, convergence, and experimental verification. IEEE Transactions on Control Systems Technology, 2020, 28(6): 2079-2091

[3] Xie L H, Du C L. H_∞ Control and Filter of Two-dimensional System. Berlin: Springer, 2002

[4] Galkowski K, Paszke W, Rogers E, et al. Stability and control of differential linear repetitive processes using an LMI setting. IEEE Transactions on Circuits and Systems II: Analog and Digital Processing, 2003, 50(9): 662-666

[5] Dudgen D E, Merereau R M. Multidimensional Digital Signal Processing. Englewood Cliffs: Prentice Hall, 1984

[6] 肖扬. 多维系统的稳定性分析. 上海: 上海科学技术出版社, 2003: 176-185

[7] El-Amrani A, Boukili B, Hmamed A, et al. Robust H_∞ filtering for 2D continuous systems with finite frequency specifications. International Journal of Systems Science, 2018, 49(1): 43-57

[8] Lam J, Xu S, Zou Y, et al. Robust output feedback stabilization for two-dimensional continuous systems in Roesser form. Applied Mathematics Letters, 2004, 17(12): 1331-1341

[9] Piekarski M. Algebraic characterization of matrices whose multivariable characteristic polynomial is Hermitian. Proceedings of the International Symposium on the Operator Theory of Networks and Systems, Lubbock, 1977: 121-126

[10] Galkowski K. LMI based stability analysis for 2D continuous systems. Proceedings of the 9th International Conference on Electronics, Circuits and Systems, Dubrovnik, 2002: 923-926

[11] Roesser R. A discrete state-space model for linear image processing. IEEE Transactions on Automatic Control, 1975, 20(1): 1-10

[12] Wu L, Gao H. Sliding mode control of two-dimensional systems in Roesser model. IET Control Theory & Applications, 2008, 2(4): 352-364

[13] Fornasini E, Marchesini G. State-space realization theory of two-dimensional filters. IEEE Transactions on Automatic Control, 1976, 21(4): 484-492

[14] Fornasini E, Marchesini G. Doubly-indexed dynamical systems: State-space models and structural properties. Mathematical Systems Theory, 1978, 12(1): 59-72

[15] Attasi S. Systèms Linéaires Homogène Deux Indices. Paris: French Academy of Sciences, 1973

[16] Kurek J E. The general state-space model for a two-dimensional linear digital system. IEEE Transactions on Automatic Control, 1985, 30(6): 600-602

[17]　肖扬. 二维离散系统的频域稳定性检验定理. 电子学报, 1996, 24(1): 105-107

[18]　Kaczorek T. Two-Dimensional Linear Systems. Berlin: Springer, 1985

[19]　Hinamoto T. 2-D Lyapunov equation and filter design based on Fornasini-Marchesini second model. IEEE Transactions on Circuits and Systems I: Fundamental Theory and Applications, 1993, 40(2): 102-110

[20]　Lu W S. On a Lyapunov approach to stability analysis of 2-D digital filters. IEEE Transactions on Circuits and Systems I: Fundamental Theory and Applications, 1994, 41(10): 665-669

[21]　杜锡钰, 肖扬, 裘正定, 等. 多维数字滤波器. 北京: 国防工业出版社, 1995

[22]　Haykin S. Array Signal Processing. Englewood Cliffs: Prentice Hall, 1985

[23]　吴立刚, 胡跃明. 线性连续重复过程的 H_∞ 模型降阶. 控制与决策, 2008, 23(10): 1196-1200

[24]　吴立刚, 胡跃明. 线性连续重复过程的能量-峰值 (L_2-L_∞) 滤波. 控制与决策, 2008, 23(8): 919-923

[25]　Rogers E, Owens D H. Stability analysis for linear repetitive processes. Lecture Notes in Control and Information Sciences Series, 1992, 175: 5-31

[26]　Yamamoto Y. A function space approach to sampled data control systems and tracking problems. IEEE Transactions on Automatic Control, 1994, 39(4): 703-713

[27]　兰永红, 吴敏, 余锦华. 基于二维混合模型的重复控制系统稳定性分析与控制器设计. 自动化学报, 2009, 35(8): 1121-1127

[28]　吴敏, 周兰, 余锦华, 等. 一类不确定线性系统的输出反馈鲁棒重复控制设计. 中国科学: 信息科学, 2010, 40(1): 54-62

[29]　Wu M, Zhou L, She J H, et al. Design of robust output-feedback repetitive controller for class of linear systems with uncertainties. Science China: Information Sciences, 2010, 53(5): 1006-1015

[30]　吴敏, 周兰, 余锦华, 等. 基于二维混合模型和状态观测器的重复控制设计. 自动化学报, 2009, 35(7): 945-952

[31]　She J H, Zhou L, Wu M, et al. Design of a modified repetitive-control system based on a continuous-discrete 2D model. Automatica, 2012, 48(5): 844-850

第 3 章　二维重复控制系统稳定性分析

稳定性是控制系统的一个基本特性，也是控制系统能够正常运行的前提。重复控制利用前一个周期的信息来调整当前的控制输入，而这个过程在整个时间轴上是连续的，即每一个周期的初始状态正好是前一个周期的终止状态，这使得一些二维系统稳定性分析方法不能直接推广到二维重复控制系统的稳定性分析中。本章主要论述目前一些二维重复控制系统稳定性问题的研究成果。

3.1　重复控制系统稳定性分析

考虑如图 3.1 所示的闭环控制系统，$\Delta(s)$ 和 $M(s)$ 的稳定性并不能保证图 3.1 所示闭环控制系统的稳定性。这时，闭环控制系统稳定性由如下的小增益定理来判别。

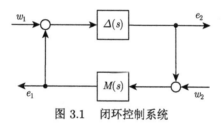

图 3.1　闭环控制系统

定理 3.1 (小增益定理)[1]　设 $\Delta(s)$ 和 $M(s)$ 均为稳定系统，则图 3.1 所示闭环控制系统稳定的充分条件是以下两个条件之一成立：

(1) 当 $\|\Delta\|_\infty \leqslant 1$ 时，$\|M\|_\infty < 1$ 成立；

(2) 当 $\|\Delta\|_\infty < 1$ 时，$\|M\|_\infty \leqslant 1$ 成立。

下面介绍基于小增益定理的重复控制系统稳定性分析方法。

考虑如图 3.2 所示的重复控制系统，其中 $G(s) = P(s)C(s)$ 包含被控对象 $P(s)$ 与前置补偿器 $C(s)$。$P(s)$ 和 $C(s)$ 没有闭右半平面的零极点对消。另外，$R(s)$、$E(s)$、$V(s)$ 和 $Y(s)$ 分别为参考输入 $r(t)$、跟踪误差 $e(t)$、控制输入 $v(t)$ 和控制输出 $y(t)$ 的拉普拉斯变换，$a(s)$ 为稳定且正则的有理函数。

由图 3.2 可得

$$\begin{cases} E(s) = R(s) - Y(s) \\ Y(s) = G(s)V(s) \\ V(s) = a(s)E(s) + W(s) \\ W(s) = \mathrm{e}^{-Ts}\left[W(s) + E(s)\right] \end{cases} \tag{3.1}$$

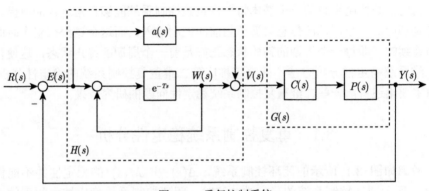

图 3.2　重复控制系统

经过简单的计算可得

$$\left[I + a(s)G(s)\right]E(s) = \mathrm{e}^{-Ts}\left\{I + \left[a(s) - 1\right]G(s)\right\}E(s) + D_e(s) \tag{3.2}$$

即

$$E(s) = \mathrm{e}^{-Ts}\left[I + a(s)G(s)\right]^{-1}\left\{I + \left[a(s) - 1\right]G(s)\right\}E(s) + \left[I + a(s)G(s)\right]^{-1}D_e(s) \tag{3.3}$$

其中

$$D_e(s) = (1 - \mathrm{e}^{-Ts})R(s) \tag{3.4}$$

由此得到与图 3.2 等价的图 3.3，基于小增益定理 3.1，下面的定理给出重复控制系统渐近稳定的条件 [2,3]。

定理 3.2　对于任意的参考输入 $r(t) \in L_2\left[0, \infty\right)$，偏差 $e(t) \in L_2\left[0, \infty\right)$，如果

(1) $\left[I + a(s)G(s)\right]^{-1}G(s)$ 稳定；

(2) $\left\|(I + aG)^{-1}\left[I + (a-1)G\right]\right\|_{\infty} < 1$

成立，则图 3.2 所示的重复控制系统渐近稳定。

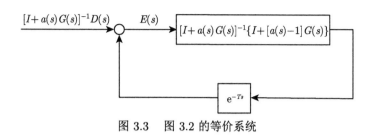

图 3.3 图 3.2 的等价系统

若在时滞正反馈环节前设置低通滤波器，则构成如图 3.4 所示的改进型重复控制系统。

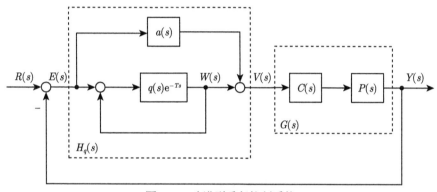

图 3.4 改进型重复控制系统

基于以上分析，下面的定理给出该系统指数渐近稳定的充分条件[2,3]。

定理 3.3 对于任意的参考输入 $r(t) \in L_2[0,\infty)$，偏差 $e(t) \in L_2[0,\infty)$，如果

(1) $[I + a(s)G(s)]^{-1}G(s)$ 稳定；

(2) $\left\| q(I + aG)^{-1}[I + (a-1)G] \right\|_\infty < 1$

成立，则图 3.4 所示的改进型重复控制系统指数渐近稳定。特别地，当 $q(s) = 1$ 成立时，偏差 $e(t)$ 指数收敛于 0。

3.2 重复控制系统的二维混合模型特性分析

第 2 章介绍了一些典型重复控制系统的二维混合模型，经过适当变形，都可以表示为

$$\begin{cases} \dot{x}(k,\tau) = Ax(k,\tau) + B_0 y(k-1,\tau) + Bu(k,\tau) \\ y(k,\tau) = Cx(k,\tau) + D_0 y(k-1,\tau) + Du(k,\tau) \end{cases} \tag{3.5}$$

或

$$\begin{bmatrix} \dot{x}(k,\tau) \\ y(k,\tau) \end{bmatrix} = \begin{bmatrix} A & B_0 \\ C & D_0 \end{bmatrix} \begin{bmatrix} x(k,\tau) \\ y(k-1,\tau) \end{bmatrix} + \begin{bmatrix} B \\ D \end{bmatrix} u(k,\tau) \tag{3.6}$$

对应的时滞形式为

$$\begin{bmatrix} \dot{x}(k,\tau) \\ y(k,\tau) \end{bmatrix} = \begin{bmatrix} A & B_0 \\ C & D_0 \end{bmatrix} \begin{bmatrix} x(k,\tau) \\ y(k-1,\tau) \end{bmatrix}$$

$$+ \begin{bmatrix} A_1 & B_1 \\ C_1 & D_1 \end{bmatrix} \begin{bmatrix} x(k,\tau-d) \\ y(k-l,\tau) \end{bmatrix} + \begin{bmatrix} B \\ D \end{bmatrix} u(k,\tau) \tag{3.7}$$

其中，$\tau \in [0, T]$，$k \in \mathbb{Z}_+$；$x(k,\tau) \in \mathbb{R}^n$ 为状态变量，$u(k,\tau) \in \mathbb{R}^p$ 为控制输入，$y(k,\tau) \in \mathbb{R}^q$ 为控制输出；A、A_1、B、B_1、B_0、C、C_1、D、D_1 和 D_0 为具有合适维数的实数矩阵；$d \in [0, \alpha]$，$l \in \mathbb{Z}_+$ 为时滞常数。

注释 3.1　对于二维混合模型 (3.6)，已有学者在线性重复过程或迭代学习控制中做过一些初步的研究[4-6]。在线性重复控制过程中，通道与通道之间的关系通常是相互独立的，即通常假定二维混合模型 (3.6) 具有初值条件

$$\begin{cases} x(k,0) = 0 \\ y(0,\tau) = f(\tau) \end{cases} \tag{3.8}$$

其中，$f(t)$ 为 $q \times 1$ 维向量，而在重复控制系统中，二维混合模型的初始条件为

$$\begin{cases} x(k,0) = x(k-1,T) \\ y(k,0) = y(k-1,T) \end{cases} \tag{3.9}$$

显然，两者的初始条件不一样。也就是说，无法将线性重复过程的研究结果直接应用于二维重复控制系统的分析与设计中，这一点需要引起特别注意。

下面各小节主要分析二维混合模型 (3.6) 的性质。

3.2.1　二维混合模型的传递函数

结论 3.1　对于二维混合模型 (3.6)，基于系数矩阵的传递函数矩阵 $\mathcal{T}(s,z)$ 有下述基本关系式：

$$\mathcal{T}(s,z) = \begin{bmatrix} 0 & I_q \end{bmatrix} \begin{bmatrix} sI_n - A & -z^{-1}B_0 \\ -C & I_q - z^{-1}D_0 \end{bmatrix}^{-1} \begin{bmatrix} B \\ D \end{bmatrix} \tag{3.10}$$

证明　对二维混合模型 (3.6) 两边同时取 s-z 变换，并令初始状态 $x(0,0) = y(0,0) = 0$，可得

$$\begin{cases} sX(s,z) = AX(s,z) + z^{-1}B_0Y(s,z) + BU(s,z) \\ Y(s,z) = CX(s,z) + z^{-1}D_0Y(s,z) + DU(s,z) \end{cases} \tag{3.11}$$

写成向量的形式为

$$\begin{bmatrix} sI_n - A & -z^{-1}B_0 \\ -C & I_q - z^{-1}D_0 \end{bmatrix} \begin{bmatrix} X(s,z) \\ Y(s,z) \end{bmatrix} = \begin{bmatrix} B \\ D \end{bmatrix} U(s,z) \tag{3.12}$$

由式 (3.12) 解得

$$\begin{bmatrix} X(s,z) \\ Y(s,z) \end{bmatrix} = \begin{bmatrix} sI_n - A & -z^{-1}B_0 \\ -C & I_q - z^{-1}D_0 \end{bmatrix}^{-1} \begin{bmatrix} B \\ D \end{bmatrix} U(s,z) \tag{3.13}$$

由于

$$Y(s,z) = \begin{bmatrix} 0 & I_q \end{bmatrix} \begin{bmatrix} X(s,z) \\ Y(s,z) \end{bmatrix}$$

$$= \begin{bmatrix} 0 & I_q \end{bmatrix} \begin{bmatrix} sI_n - A & -z^{-1}B_0 \\ -C & I_q - z^{-1}D_0 \end{bmatrix}^{-1} \begin{bmatrix} B \\ D \end{bmatrix} U(s,z) \tag{3.14}$$

所以

$$\mathcal{T}(s,z) = \begin{bmatrix} 0 & I_q \end{bmatrix} \begin{bmatrix} sI_n - A & -z^{-1}B_0 \\ -C & I_q - z^{-1}D_0 \end{bmatrix}^{-1} \begin{bmatrix} B \\ D \end{bmatrix} \tag{3.15}$$

$\square$

式 (3.10) 建立了传递函数矩阵 $\mathcal{T}(s,z)$ 与系数矩阵之间的显式关系, 为分析和揭示二维混合模型的能控性、零极点和稳定性等问题提供了基础。

3.2.2 传递函数在坐标变换下的特性

坐标变换即线性非奇异变换, 是状态空间方法分析与综合中广为采用的一种手段。下面讨论二维混合模型 (3.6) 在坐标变换下的一些特性。

结论 3.2 对于二维混合模型 (3.6), 引入坐标变换

$$\bar{x}(k,\tau) = P^{-1}x(k,\tau), \quad \bar{y}(k,\tau) = y(k,\tau) \tag{3.16}$$

则变换后系统的状态空间模型为

$$\begin{bmatrix} \dot{\bar{x}}(k,\tau) \\ \bar{y}(k,\tau) \end{bmatrix} = \begin{bmatrix} P^{-1}AP & P^{-1}B_0 \\ CP & D_0 \end{bmatrix} \begin{bmatrix} \bar{x}(k,\tau) \\ \bar{y}(k-1,\tau) \end{bmatrix} + \begin{bmatrix} P^{-1}B \\ D \end{bmatrix} u(k,\tau) \tag{3.17}$$

证明 由线性非奇异变换 (3.16) 可得

$$\dot{\bar{x}}(k,\tau) = P^{-1}\dot{x}(k,\tau)$$

$$= P^{-1}A\left[x(k,\tau) + B_0 y(k-1,\tau) + Bu(k,\tau)\right]$$

$$= P^{-1}A\left[P\bar{x}(k,\tau) + B_0\bar{y}(k-1,\tau) + Bu(k,\tau)\right]$$

$$= P^{-1}AP\bar{x}(k,\tau) + P^{-1}B_0\bar{y}(k-1,\tau) + P^{-1}Bu(k,\tau) \tag{3.18a}$$

$$\bar{y}(k,\tau) = Cx(k,\tau) + D_0y(k-1,\tau) + Du(k,\tau)$$

$$= CP\bar{x}(k,\tau) + D_0\bar{y}(k-1,\tau) + Du(k,\tau) \tag{3.18b}$$

在此基础上，即可得到式 (3.17)。　　　　　　　　　　　　　　□

在说明坐标变换与系统传递函数的关系之前，首先介绍如下引理。

引理 3.1[7]　记方阵 A 为

$$A = \begin{bmatrix} A_{11} & A_{12} \\ A_{21} & A_{22} \end{bmatrix} \tag{3.19}$$

并假设 A_{11} 为非奇异矩阵，则

$$\begin{bmatrix} A_{11} & A_{12} \\ A_{21} & A_{22} \end{bmatrix}^{-1} = \begin{bmatrix} A_{11}^{-1} + A_{11}^{-1}A_{12}\Psi^{-1}A_{21}A_{11}^{-1} & -A_{11}^{-1}A_{12}\Psi^{-1} \\ -\Psi^{-1}A_{21}A_{11}^{-1} & \Psi^{-1} \end{bmatrix} \tag{3.20}$$

其中

$$\Psi = A_{22} - A_{21}A_{11}^{-1}A_{12} \tag{3.21}$$

结论 3.3　对于二维混合模型 (3.6)，引入坐标变换 (3.16) 并设 $\mathcal{T}(s,z)$ 和 $\bar{\mathcal{T}}(s,z)$ 分别为变换前后系统的传递函数矩阵，则 $\mathcal{T}(s,z) = \bar{\mathcal{T}}(s,z)$。

证明　由矩阵求逆引理 3.1 可得

$$\mathcal{T}(s,z) = \begin{bmatrix} 0 & I_q \end{bmatrix} \begin{bmatrix} sI_n - A & -z^{-1}B_0 \\ -C & I_q - z^{-1}D_0 \end{bmatrix}^{-1} \begin{bmatrix} B \\ D \end{bmatrix}$$

$$= \Omega^{-1}C(sI_n - A)^{-1}B + \Omega^{-1}D \tag{3.22}$$

其中

$$\Omega = (I_q - z^{-1}D_0) - C(sI_n - A)^{-1}z^{-1}B_0 \tag{3.23}$$

因此

$$\bar{\Omega} = (I_q - z^{-1}D_0) - CP(sI_n - P^{-1}AP)^{-1}P^{-1}B_0$$

$$= (I_q - z^{-1}D_0) - C[P(sI_n - P^{-1}AP)P^{-1}]^{-1}z^{-1}B_0$$

$$= (I_q - z^{-1}D_0) - C(sI_n - A)^{-1}z^{-1}B_0$$

$$= \Omega \tag{3.24}$$

从而得到

$$
\begin{aligned}
\bar{\mathcal{T}}(s,z) &= \begin{bmatrix} 0 & I_q \end{bmatrix} \begin{bmatrix} sI_n - P^{-1}AP & -z^{-1}P^{-1}B_0 \\ -CP & I_q - z^{-1}D_0 \end{bmatrix}^{-1} \begin{bmatrix} P^{-1}B \\ D \end{bmatrix} \\
&= \bar{\Omega}^{-1}CP(sI_n - P^{-1}AP)^{-1}P^{-1}B + \bar{\Omega}^{-1}D \\
&= \bar{\Omega}^{-1}C[P(sI_n - P^{-1}AP)P^{-1}]^{-1}B + \bar{\Omega}^{-1}D \\
&= \bar{\Omega}^{-1}C(sI_n - A)^{-1}B + \bar{\Omega}^{-1}D \\
&= \mathcal{T}(s,z)
\end{aligned} \tag{3.25}
$$

$\square$

3.2.3 二维混合模型传递函数的零极点

为定义二维混合模型 (3.6) 的零点，先给出如下定义。

定义 3.1 对于二维混合模型 (3.6)，定义特征矩阵为

$$
\begin{bmatrix} sI_n - A & -z^{-1}B_0 \\ -C & I_q - z^{-1}D_0 \end{bmatrix} \tag{3.26}
$$

其中，s 为复数变量；z 为离散变量；I_n 和 I_q 为具有合适维数的单位矩阵。

定义 3.2 对于二维混合模型 (3.6)，定义特征多项式

$$
\mathcal{C}(s,z) = \det\left(\begin{bmatrix} sI_n - A & -z^{-1}B_0 \\ -C & I_q - z^{-1}D_0 \end{bmatrix}\right) \tag{3.27}
$$

定义 3.3 对于二维混合模型 (3.6)，系统特征值为使特征方程等于 0 的解，即

$$
\mathcal{C}(s,z) = \det\left(\begin{bmatrix} sI_n - A & -z^{-1}B_0 \\ -C & I_q - z^{-1}D_0 \end{bmatrix}\right) = 0 \tag{3.28}
$$

定义 3.4 对于一个 $p \times q$ 的二元多项式矩阵 (或二维混合模型的传递函数) $Q(s,z)$，如果至少有一组数 (s,z)，其中 $s \in \mathbb{C}$，$z \in \mathbb{Z}$，使 $Q(s,z)$ 达到最大可能的秩，则这个秩称为 $Q(s,z)$ 的正规秩，记为 normalrank $Q(s,z)$。

例 3.1 考虑

$$
Q(s,z) = \begin{bmatrix} s & 0 & 1 \\ 0 & z & 2 \\ 0 & 1 & 0 \end{bmatrix} \tag{3.29}
$$

则 $Q(0,0)$ 的秩为 2，$Q(1,1)$ 的秩为 3，所以 $Q(s,z)$ 的正规秩为 3。

类似于连续系统，下面给出二维混合模型 (3.6) 零点的定义。

定义 3.5　如果二维数组满足

$$\text{rank}\begin{bmatrix} A - s_0 I_n & B_0 & B \\ C & D_0 - z_0 I_q & D \\ 0 & I_q & 0 \end{bmatrix} < \text{normalrank}\begin{bmatrix} A - s_0 I_n & B_0 & B \\ C & D_0 - z_0 I_q & D \\ 0 & I_q & 0 \end{bmatrix} \tag{3.30}$$

则称二维数组 (s_0, z_0) 为 $\mathcal{T}(s, z)$ 的零点。

类似于二维离散系统[8]，下面给出二维混合模型 (3.6) 极点的定义。

定义 3.6　二维混合模型 (3.6) 的极点即为它的特征值，定义极点不变集为

$$V = \left\{ (s, z) \in \mathbb{C} \times \mathbb{Z} \;\middle|\; \mathcal{C}(s, z) = 0 \right\} \tag{3.31}$$

下面给出传递函数 $\mathcal{T}(s, z)$ 零点的结论。

结论 3.4　二维混合模型 (3.6) 的常值状态反馈

$$u(k, \tau) = \begin{bmatrix} K_x & K_y \end{bmatrix} \begin{bmatrix} x(k, \tau) \\ y(k-1, \tau) \end{bmatrix} \tag{3.32}$$

不改变模型 (3.6) 的零点。

证明　由二维混合模型 (3.6) 和状态反馈 (3.32) 可得系统的闭环状态空间模型为

$$\begin{bmatrix} \dot{x}(k, \tau) \\ y(k, \tau) \end{bmatrix} = \begin{bmatrix} A + BK_x & B_0 + BK_y \\ C + DK_x & D_0 + DK_y \end{bmatrix} \begin{bmatrix} x(k, \tau) \\ y(k-1, \tau) \end{bmatrix} \tag{3.33}$$

由于

$$\begin{aligned}
& \text{rank}\begin{bmatrix} A - s_0 I_n + BK_x & B_0 + BK_y & B \\ C + DK_x & D_0 + DK_y - z_0 I_q & D \\ 0 & I_q & 0 \end{bmatrix} \\
&= \text{rank}\begin{bmatrix} A - s_0 I_n & B_0 & B \\ C & D_0 - z_0 I_q & D \\ 0 & I_q & 0 \end{bmatrix} \begin{bmatrix} I_n & 0 & 0 \\ 0 & I_q & 0 \\ K_x & K_y & I_q \end{bmatrix} \\
&= \text{rank}\begin{bmatrix} A - s_0 I_n & B_0 & B \\ C & D_0 - z_0 I_q & D \\ 0 & I_q & 0 \end{bmatrix} \tag{3.34}
\end{aligned}$$

结论 3.4 成立。　　　　　　　　　　　　　　　　　　　　　　　　　　　　□

结论 3.5 对于二维混合模型 (3.6) 的传递函数 $\mathcal{T}(s,z)$，二维数组 (s_0, z_0) 为 $\mathcal{T}(s,z)$ 的零点，则对满足关系式

$$\begin{cases} (A - s_0 I_n)x_0 + B_0 y_0 = -B u_0 \\ C x_0 + (D_0 - z_0 I_q)y_0 = -D u_0 \\ y_0 = 0 \end{cases} \tag{3.35}$$

的所有非零初始状态 x_0 和所有非零初始输入 u_0，系统输出对形如

$$u(k,\tau) = u_0 e^{s_0 \tau} z_0^k \tag{3.36}$$

的一类输入向量函数具有阻塞作用，即其所引起的系统强制输出 $y(k,\tau) \equiv 0$。

证明 如果二维数组 (s_0, z_0) 为 $\mathcal{T}(s,z)$ 的零点，则

$$\text{rank} \begin{bmatrix} A - s_0 I_n & B_0 & B \\ C & D_0 - z_0 I_q & D \\ 0 & I_q & 0 \end{bmatrix} < \text{normalrank} \begin{bmatrix} A - s_0 I_n & B_0 & B \\ C & D_0 - z_0 I_q & D \\ 0 & I_q & 0 \end{bmatrix} \tag{3.37}$$

即 $\mathcal{T}(s,z)$ 在 (s_0, z_0) 降秩，这等价于存在非零向量 $[x_0^{\mathrm{T}} \quad y_0^{\mathrm{T}} \quad u_0^{\mathrm{T}}]^{\mathrm{T}}$，使得

$$\begin{bmatrix} A - s_0 I_n & B_0 & B \\ C & D_0 - z_0 I_q & D \\ 0 & I_q & 0 \end{bmatrix} \begin{bmatrix} x_0 \\ y_0 \\ u_0 \end{bmatrix} = 0 \tag{3.38}$$

成立，即

$$\begin{cases} \begin{bmatrix} A - s_0 I_n & B_0 \\ C & D_0 - z_0 I_q \end{bmatrix} \begin{bmatrix} x_0 \\ y_0 \end{bmatrix} + \begin{bmatrix} B \\ D \end{bmatrix} u_0 = 0 \\ \begin{bmatrix} 0 & I_q \end{bmatrix} \begin{bmatrix} x_0 \\ y_0 \end{bmatrix} = 0 \end{cases} \tag{3.39}$$

显然，式 (3.38) 与式 (3.35) 等价；另外，由 $u(k,\tau) = u_0 e^{s_0 \tau} z_0^k$ 引起的强制输出时域响应为

$$\begin{aligned} y(k,\tau) &= \mathcal{T}(s_0, z_0) u_0 e^{s_0 \tau} z_0^k \\ &= \begin{bmatrix} 0 & I_q \end{bmatrix} \begin{bmatrix} s_0 I_n - A & -B_0 \\ -C & z_0 I_q - D_0 \end{bmatrix}^{-1} \begin{bmatrix} B \\ D \end{bmatrix} u_0 e^{s_0 \tau} z_0^k \\ &= \begin{bmatrix} 0 & I_q \end{bmatrix} \begin{bmatrix} s_0 I_n - A & -B_0 \\ -C & z_0 I_q - D_0 \end{bmatrix}^{-1} \end{aligned}$$

$$
\times \begin{bmatrix} s_0 I_n - A & -B_0 \\ -C & z_0 I_q - D_0 \end{bmatrix} \begin{bmatrix} x_0 \\ y_0 \end{bmatrix} u_0 e^{s_0 \tau} z_0^k
$$

$$
= \begin{bmatrix} 0 & I_q \end{bmatrix} \begin{bmatrix} x_0 \\ y_0 \end{bmatrix} u_0 e^{s_0 \tau} z_0^k
$$

$$
= 0 \tag{3.40}
$$

综上所述，系统零点反映对与零点相关的一类输入函数具有抑制作用。　□

结论 3.6　对于属于极点不变集 V 中的极点 (s_1, z_1)，存在非零向量 (x_0, y_0) 满足

$$
\begin{bmatrix} s_1 I_n - A & -z_1^{-1} B_0 \\ -C & I_q - z_1^{-1} D_0 \end{bmatrix} \begin{bmatrix} x_0 \\ y_0 \end{bmatrix} = 0 \tag{3.41}
$$

证明　由极点的定义可知，(s_1, z_1) 为二维混合模型 (3.6) 的特征值，满足

$$
\mathcal{C}(s_1, z_1) = \det \left(\begin{bmatrix} s_1 I_n - A & -z_1^{-1} B_0 \\ -C & I_q - z_1^{-1} D_0 \end{bmatrix} \right) = 0 \tag{3.42}
$$

则矩阵

$$
\begin{bmatrix} s_1 I_n - A & -z_1^{-1} B_0 \\ -C & I_q - z_1^{-1} D_0 \end{bmatrix} \tag{3.43}
$$

行 (列) 向量线性相关，因此存在非零向量 (x_0, y_0) 满足式 (3.41)。　□

结论 3.7　对属于极点不变集 V 中的极点 (s_1, z_1)，以及满足结论 3.6 中的非零向量 (x_0, y_0)，

$$
\begin{cases} x(k, \tau) = e^{s_1 \tau} z_1^k x_0 \\ y(k, \tau) = e^{s_1 \tau} z_1^k y_0 \\ u(k, \tau) = 0 \end{cases} \tag{3.44}
$$

为二维混合模型 (3.6) 的一个解。

证明　由式 (3.44) 可得

$$
\dot{x}(k, \tau) - A x(k, \tau) = s_1 e^{s_1 \tau} z_1^k x_0 - A e^{s_1 \tau} z_1^k x_0
$$

$$
= (s_1 I_n - A) e^{s_1 \tau} z_1^k x_0 \tag{3.45}
$$

另外，由式 (3.41) 可得

$$
(s_1 I_n - A) x_0 = z_1^{-1} B_0 y_0 \tag{3.46}
$$

因此

$$\begin{aligned}
\dot{x}(k,\tau) - Ax(k,\tau) &= z_1^{-1}B_0 e^{s_1\tau}z_1^k y_0 \\
&= B_0 e^{s_1\tau}z_1^{k-1}y_0 \\
&= B_0 y(k-1,\tau)
\end{aligned}$$ (3.47)

同理

$$\begin{aligned}
y(k,\tau) - D_0 y(k-1,\tau) &= e^{s_1\tau}z_1^k y_0 - D_0 e^{s_1\tau}z_1^{k-1}y_0 \\
&= C e^{s_1\tau}z_1^k x_0 \\
&= Cx(k,\tau)
\end{aligned}$$ (3.48)

$\square$

结论 3.8 二维混合模型 (3.6) 的极点为 $Z(s,z)$，系数矩阵为

$$\begin{bmatrix} \beta_1 A & \beta_2 B_0 \\ \beta_1 C & \beta_2 D_0 \end{bmatrix}$$ (3.49)

形式的二维混合模型极点为 $Z'(s,z)$，则存在等价关系

$$Z'(s,z) = Z(\beta_1^{-1}s, \beta_2 z)$$ (3.50)

证明 由极点的定义可得

$$\begin{aligned}
C'(s,z) &= \det\left(\begin{bmatrix} sI_n - \beta_1 A & -\beta_2 B_0 \\ -z\beta_1 C & I_q - z\beta_2 D_0 \end{bmatrix}\right) \\
&= \beta_1^n \beta_2^q \det\left(\begin{bmatrix} s\beta_1^{-1}I_n - A & -B_0 \\ -zC & \beta_2^{-1}I_q - zD_0 \end{bmatrix}\right) \\
&= \beta_1^n \det\left(\begin{bmatrix} s\beta_1^{-1}I_n - A & -B_0 \\ -z\beta_2 C & I_q - z\beta_2 D_0 \end{bmatrix}\right) \\
&= \beta_1^n C(s\beta_1^{-1}, z\beta_2^{-1})
\end{aligned}$$ (3.51)

则结论 3.8 成立。 $\square$

3.2.4 基于 s-z 域的二维混合模型能控性

能控性是从控制的角度表征系统结构的一个基本特性。与连续线性系统类似，下面给出二维混合模型 (3.6) 能控性的定义。

定义 3.7　对任意的 $x(k_0, \tau_0) \in \mathbb{R}^n$，$y(k_0, \tau_0) \in \mathbb{R}^q$，如果存在 $u(k, \tau)$ 使得系统 (3.6) 在给定时间内到达给定状态 $y(k_1, \tau_1)$，则称二维混合模型 (3.6) 是能控的。

显然，如果二维混合模型 (3.6) 对应的 s-z 变量系统 (3.11) 能控，则二维混合模型 (3.6) 能控。

基于以上分析，下面的定理给出 s-z 变量系统 (3.11) 能控的充分条件[9]。

定理 3.4　给定初值条件 $x(0,0) = y(0,0) = 0$，如果

$$\text{rank} \begin{bmatrix} N(s) & M(s)N(s) & \cdots & M^{n-1}(s)N(s) \end{bmatrix} = q, \ \text{Re}(s) \geqslant 0 \qquad (3.52)$$

其中

$$M(s) = C(sI_n - A)^{-1}B_0 + D_0, \quad N(s) = C(sI_n - A)^{-1}B + D \qquad (3.53)$$

则 s-z 变量系统 (3.11) 是能控的。

证明　对二维混合模型 (3.6) 取 s-z 变换，并令初始状态为

$$x(0,0) = y(0,0) = 0 \qquad (3.54)$$

则

$$\begin{cases} sX(s,z) = AX(s,z) + B_0 Y(s, z-1) + BU(s,z) \\ Y(s,z) = CX(s,z) + D_0 Y(s, z-1) + DU(s,z) \end{cases} \qquad (3.55)$$

从而

$$Y(s,z) = \left[C(sI_n - A)^{-1}B_0 + D_0 \right] Y(s, z-1) + \left[C(sI_n - A)^{-1}B + D \right] U(s,z) \qquad (3.56)$$

即

$$Y(s,z) = M(s)Y(s, z-1) + N(s)U(s,z), \quad z = 1, 2, \cdots, n \qquad (3.57)$$

易知

$$\begin{cases} Y(s,0) = 0 \\ Y(s,1) = M(s) \times 0 + N(s)U(s,1) \\ Y(s,2) = M(s)Y(s,1) + N(s)U(s,2) \\ \qquad = M(s)N(s)U(s,1) + N(s)U(s,2) \\ Y(s,3) = M^2(s)N(s)U(s,1) + M(s)N(s)U(s,2) + N(s)U(s,3) \\ \qquad \vdots \end{cases} \qquad (3.58)$$

所以

$$Y(s,n) = \sum_{k=1}^{n} M^{n-k}(s)N(s)U(s,k) \tag{3.59}$$

从而系统能控性问题转化为: 通过选取合适的控制向量 $U(s,1)$, $U(s,2)$, $\cdots$, $U(s,n)$, 使 $Y(s,n)$ 等于任意给定的向量 $Y(s_1,n_1) \in \mathbb{R}^q$。等价地, 向量 $Y(s,n)$ 可以表示为复向量

$$\begin{bmatrix} N(s) & M(s)N(s) & \cdots & M^{n-1}(s)N(s) \end{bmatrix} \tag{3.60}$$

的一个线性组合。为了使 $Y(s,n)$ 等于任意给定的向量 $Y(s_1,n_1) \in \mathbb{R}^q$,式 (3.60) 必须张成整个 $\mathbb{R}^q$ 空间, 从而必须满足条件 (3.52)。 $\Box$

3.2.5 二维混合模型的稳定性条件

下面给出系统渐近稳定性的定义。

定义 3.8[10]   如果对所有的零控制输入 $u(k,\tau)=0$, 使得

$$\lim_{k\to\infty}\left(\begin{bmatrix} x(k,\tau) \\ y(k,\tau) \end{bmatrix}\right) = 0 \tag{3.61}$$

成立, 则二维混合模型 (3.6) 渐近稳定。

引理 3.2[10]   当且仅当

$$\mathcal{C}(s,z) = \det\left(\begin{bmatrix} sI_n - A & -z^{-1}B_0 \\ -C & I_q - z^{-1}D_0 \end{bmatrix}\right) \neq 0 \tag{3.62}$$

$$\forall (s,z) \in U, \quad U = \{(s,z): \mathrm{Re}(s) \geqslant 0, |z| \geqslant 1\}$$

成立, 二维混合模型 (3.6) 渐近稳定。

事实上, 引理 3.2 可以写成如下等价形式:

定理 3.5   当且仅当

$$\mathcal{C}'(s,z) = \det\left(\begin{bmatrix} sI_n - A & -B_0 \\ -zC & I_q - zD_0 \end{bmatrix}\right) \neq 0 \tag{3.63}$$

$$\forall (s,z) \in U, \quad U = \{(s,z): \mathrm{Re}(s) \geqslant 0, |z| \leqslant 1\}$$

成立, 系统 (3.6) 在控制输入 $u(k,\tau)=0$ 作用下渐近稳定。

证明   由于

$$\mathcal{C}(s,z) = \det\left(\begin{bmatrix} sI_n - A & -z^{-1}B_0 \\ -C & I_q - z^{-1}D_0 \end{bmatrix}\right)$$

$$= z^{-q} \det\left(\begin{bmatrix} sI_n - A & -B_0 \\ -C & zI_q - D_0 \end{bmatrix}\right)$$

$$= \det\left(\begin{bmatrix} sI_n - A & -B_0 \\ -z^{-1}C & I_q - z^{-1}D_0 \end{bmatrix}\right) \tag{3.64}$$

因此

$$\mathcal{C}(s,z) \neq 0, \quad \forall (s,z) \in U, \quad U = \{(s,z) : \mathrm{Re}(s) \geqslant 0, \ |z| \geqslant 1\} \tag{3.65}$$

当且仅当

$$\mathcal{C}'(s,z) \neq 0, \quad \forall (s,z) \in U, \quad U = \{(s,z) : \mathrm{Re}(s) \geqslant 0, \ |z| \leqslant 1\} \tag{3.66}$$

$\square$

基于以上分析，下面的定理给出系统 (3.6) 在控制输入 $u(k,\tau) = 0$ 作用下渐近稳定的条件。

定理 3.6 当且仅当:

(1) A 是 Hurwitz 稳定的;

(2) $C(sI_n - A)^{-1}z^{-1}B_0 + z^{-1}D_0$ 对所有的 $\mathrm{Re}(s) = 0$ 是 Schur 稳定的。

系统 (3.6) 在控制输入 $u(k,\tau) = 0$ 作用下渐近稳定。

证明 令 $u(k,\tau) = 0$, 对二维混合模型 (3.6) 取 s-z 变换可得

$$\begin{cases} sX(s,z) - X(0,z) = AX(s,z) + z^{-1}B_0Y(s,z) \\ Y(s,z) = CX(s,z) + z^{-1}D_0Y(s,z) \end{cases} \tag{3.67}$$

从而

$$X(s,z) = (sI_n - A)^{-1}z^{-1}B_0Y(s,z) + (sI_n - A)^{-1}X(0,z) \tag{3.68}$$

或

$$Y(s,z) = \left[C(sI_n - A)^{-1}z^{-1}B_0 + z^{-1}D_0\right]Y(s,z) + C(sI_n - A)^{-1}X(0,z) \tag{3.69}$$

式 (3.69) 可以看作带有复变量 s 的离散系统，该系统的离散变量 z 并不依赖复变量 s, 易知定理 3.6 成立。 $\square$

下面的引理给出系统 (3.6) 渐近稳定的充分条件。

引理 3.3[11] 如果存在正定对称矩阵 X_1、X_2 和 X_3, 使得矩阵不等式

$$\begin{bmatrix} \tilde{A}_1^{\mathrm{T}}X_{10} + X_{10}\tilde{A}_1 - X_{02} & \tilde{A}_2^{\mathrm{T}}X_{32} \\ \star & -X_{32} \end{bmatrix} < 0 \tag{3.70}$$

成立，其中

$$
\begin{cases}
\tilde{A}_1 = \begin{bmatrix} A & B_0 \\ 0 & 0 \end{bmatrix}, & \tilde{A}_2 = \begin{bmatrix} 0 & 0 \\ C & D_0 \end{bmatrix} \\
X_{02} = \begin{bmatrix} 0 & 0 \\ 0 & X_2 \end{bmatrix}, & X_{10} = \begin{bmatrix} X_1 & 0 \\ 0 & 0 \end{bmatrix}, \quad X_{32} = \begin{bmatrix} X_3 & 0 \\ 0 & X_2 \end{bmatrix}
\end{cases}
\tag{3.71}
$$

则二维混合模型 (3.6) 渐近稳定。

注释 3.2 式 (3.70) 展开可得

$$
\begin{bmatrix}
A^{\mathrm{T}}X_1 + X_1 A & X_1 B_0 & 0 & C^{\mathrm{T}}X_2 \\
\star & -X_2 & 0 & D_0^{\mathrm{T}}X_2 \\
\star & \star & -X_3 & 0 \\
\star & \star & 0 & -X_2
\end{bmatrix} < 0
\tag{3.72}
$$

由于移除矩阵不等式 (3.72) 中第三行和第三列不改变其负定性，所以矩阵不等式 (3.72) 等价为

$$
\begin{bmatrix}
A^{\mathrm{T}}X_1 + X_1 A & X_1 B_0 & C^{\mathrm{T}}X_2 \\
\star & -X_2 & D_0^{\mathrm{T}}X_2 \\
\star & \star & -X_2
\end{bmatrix} < 0
\tag{3.73}
$$

基于二维李雅普诺夫泛函方法和自由权矩阵技术 [12-15]，下面的定理给出系统 (3.6) 渐近稳定的充分条件。

定理 3.7 如果存在正定对称矩阵 X_1 和 X_2，以及具有合适维数的矩阵 W_1、W_2、W_3 和 W_4，使得线性矩阵不等式

$$
\begin{bmatrix}
\varPhi_{11} & \varPhi_{12} & X_1 + W_1 - A^{\mathrm{T}}W_2^{\mathrm{T}} & -C^{\mathrm{T}}W_3^{\mathrm{T}} \\
\star & \varPhi_{22} & -B_0^{\mathrm{T}}W_2^{\mathrm{T}} & W_4 - D_0^{\mathrm{T}}W_3^{\mathrm{T}} \\
\star & \star & W_2^{\mathrm{T}} + W_2 & 0 \\
\star & \star & \star & X_2 + W_3^{\mathrm{T}} + W_3
\end{bmatrix} < 0
\tag{3.74}
$$

成立，其中

$$
\begin{cases}
\varPhi_{11} = -A^{\mathrm{T}}W_1^{\mathrm{T}} - W_1 A \\
\varPhi_{12} = -W_1 B_0 - C^{\mathrm{T}}W_4^{\mathrm{T}} \\
\varPhi_{22} = -X_2 - D_0^{\mathrm{T}}W_4^{\mathrm{T}} - W_4 D_0
\end{cases}
\tag{3.75}
$$

则二维混合模型 (3.6) 渐近稳定。

证明 构造二维李雅普诺夫泛函

$$V(k,\tau) = V_1(k,\tau) + V_2(k,\tau) \tag{3.76}$$

其中

$$\begin{cases} V_1(k,\tau) = x^{\mathrm{T}}(k,\tau)X_1 x(k,\tau), & X_1 > 0 \\ V_2(k,\tau) = y^{\mathrm{T}}(k-1,\tau)X_2 y(k-1,\tau), & X_2 > 0 \end{cases} \tag{3.77}$$

考虑闭环系统 (3.6)，其泛函增量为

$$\nabla V(k,\tau) = \frac{\mathrm{d}V_1(k,\tau)}{\mathrm{d}\tau} + \Delta V_2(k,\tau) \tag{3.78}$$

其中

$$\begin{cases} \dfrac{\mathrm{d}V_1(k,\tau)}{\mathrm{d}\tau} = 2x^{\mathrm{T}}(k,\tau)X_1\dot{x}(k,\tau) \\ \Delta V_2(k,\tau) = y^{\mathrm{T}}(k,\tau)X_2 y(k,\tau) - y^{\mathrm{T}}(k-1,\tau)X_2 y(k-1,\tau) \end{cases} \tag{3.79}$$

根据自由权矩阵方法，对具有任意合适维数的矩阵 W_1、W_2、W_3 和 W_4，满足

$$2\left[x^{\mathrm{T}}(k,\tau)W_1 + \dot{x}^{\mathrm{T}}(k,\tau)W_2\right]$$
$$\times \left[\dot{x}(k,\tau) - Ax(k,\tau) - B_0 y(k-1,\tau) - Bu(k,\tau)\right] = 0 \tag{3.80a}$$
$$2\left[y^{\mathrm{T}}(k,\tau)W_3 + y^{\mathrm{T}}(k-1,\tau)W_4\right]$$
$$\times \left[y(k,\tau) - Cx(k,\tau) - D_0 y(k-1,\tau) - Du(k,\tau)\right] = 0 \tag{3.80b}$$

进一步得到

$$\begin{aligned} \nabla V(k,\tau) = {}& 2x^{\mathrm{T}}(k,\tau)X_1\dot{x}(k,\tau) + y^{\mathrm{T}}(k,\tau)X_2 y(k,\tau) - y^{\mathrm{T}}(k-1,\tau)X_2 y(k-1,\tau) \\ & + 2\left[x^{\mathrm{T}}(k,\tau)W_1 + \dot{x}^{\mathrm{T}}(k,\tau)W_2\right] \\ & \times \left[\dot{x}(k,\tau) - Ax(k,\tau) - B_0 y(k-1,\tau) - Bu(k,\tau)\right] \\ & + 2\left[y^{\mathrm{T}}(k,\tau)W_3 + y^{\mathrm{T}}(k-1,\tau)W_4\right] \\ & \times \left[y(k,\tau) - Cx(k,\tau) - D_0 y(k-1,\tau) - Du(k,\tau)\right] \\ = {}& \eta^{\mathrm{T}}(k,\tau)\Pi\eta(k,\tau) \end{aligned}$$

$$\tag{3.81}$$

其中

$$\eta(k,\tau) = \begin{bmatrix} x^{\mathrm{T}}(k,\tau) & y^{\mathrm{T}}(k-1,\tau) & \dot{x}^{\mathrm{T}}(k,\tau) & y^{\mathrm{T}}(k,\tau) \end{bmatrix}^{\mathrm{T}} \tag{3.82}$$

并且 Π 由式 (3.74) 给出。 $\qquad\qquad\qquad\qquad\qquad\qquad\qquad\qquad\qquad\qquad\square$

注释 3.3 如果定义 $W_1 = -X_1$, $W_3 = -X_2$, 则

$$\Pi = \begin{bmatrix} A^\mathrm{T}X_1 + X_1A & X_1B_0 - C^\mathrm{T}W_4^\mathrm{T} & -A^\mathrm{T}W_2^\mathrm{T} & C^\mathrm{T}X_2 \\ \star & -X_2 - D_0^\mathrm{T}W_4^\mathrm{T} - W_4D_0 & -B_0^\mathrm{T}W_2^\mathrm{T} & W_4 + D_0^\mathrm{T}X_2 \\ \star & \star & W_2^\mathrm{T} + W_2 & 0 \\ \star & \star & \star & -X_2 \end{bmatrix}$$

$$\tag{3.83}$$

进一步取 $W_2 = -\rho I_n$, $W_4 = -\rho I_q$, 其中 ρ 为充分小的正数。如果 X_1 和 X_2 是线性矩阵不等式 (3.73) 的一个可行解, 则其也是线性矩阵不等式 (3.83) 的一个可行解。由此可见, 引理 3.3 是定理 3.7 的一种特殊形式。具有自由权矩阵参数的定理 3.7 把 X_1 和 X_2 从系数矩阵 A、B_0、C 和 D_0 的乘积中分离出来, 即不含有系数矩阵与 X_1 或者 X_2 的乘积项[12]。

3.2.6　二维混合模型的稳定边界

类似于二维离散系统, 二维混合模型稳定边界的定义如下。

定义 3.9　二维混合模型的稳定边界定义为使

$$\mathcal{C}(s', z') = \det\left(\begin{bmatrix} s'I_n - A & -B_0 \\ -z'C & I_q - z'D_0 \end{bmatrix}\right) \neq 0 \tag{3.84}$$

$$\forall (s', z') \in \hat{U}, \quad \hat{U} = \{(s, z) : \mathrm{Re}(s') \geqslant -\sigma_1, \ |z'| \leqslant 1 + \sigma_2\}$$

成立的最大值 σ_1 和 σ_2。

给定 $0 \leqslant \eta \leqslant 1$, 并定义

$$\sigma_1 = \eta\sigma, \quad \sigma_2 = (1 - \eta)\sigma \tag{3.85}$$

则二维混合模型 (3.6) 的稳定边界问题可以转化为寻找 σ 最大值的问题。

基于以上分析, 下面的定理给出线性矩阵不等式形式的稳定性条件, 用于寻找 σ 的最大值。

定理 3.8　给定 $0 \leqslant \eta \leqslant 1$, 寻找 σ 的最大值, 使得

$$\begin{bmatrix} \Phi_{11} & \Phi_{12} \\ \star & -X_{32} \end{bmatrix} < 0 \tag{3.86}$$

成立, 其中

$$\begin{cases} \Phi_{11} = 2\eta\sigma X_{10} - X_{02} + \tilde{A}_1^\mathrm{T}X_{10} + X_{10}\tilde{A}_1 \\ \Phi_{12} = [1 + (1 - \eta)\sigma]\tilde{A}_2^\mathrm{T}X_{32} \end{cases} \tag{3.87}$$

这里 X_{10}、X_{02}、X_{32}、$\tilde{A}_1$ 和 $\tilde{A}_2$ 与引理 3.3 中定义一致, 则求得的 σ 为最大值。

证明　不等式 (3.84) 等价于

$$\mathcal{C}(s_1, z_1) \neq 0, \quad \forall (s_1, z_1) \in U, \quad U = \{(s_1, z_1) : \operatorname{Re}(s_1) \geqslant 0, \ |z_1| \leqslant 1\} \tag{3.88}$$

其中

$$s_1 = s - \sigma_1, \quad z_1 = z - \sigma_2 \tag{3.89}$$

利用式 (3.85)，分别用 $\eta\sigma I_n + A$ 和 $D_0 + (1 - \eta)\sigma D_0$ 代替引理 3.3 中的 A 和 D_0。经过简单的代数运算，可以得到式 (3.86)。　　　　　　　　　　　　　　□

利用定理 3.8，可以方便地计算二维混合模型的稳定边界。

3.3　重复控制与迭代学习控制

迭代学习控制通过周期性的反复迭代过程，最终实现高精度跟踪期望控制输入，它自提出以来受到了广泛的关注 [16-18]。迭代学习控制与重复控制在机制上完全相同，都是利用前一个周期的控制经验或信息来调节本周期的控制输入，并且都能够用二维混合模型描述这一过程。

重复控制和迭代学习控制都适用于周期性的重复操作，但是它们又有着本质的区别。例如，它们在每个周期的初始状态不同。重复控制在整个时间轴上连续，每一个重复周期的初始状态正好是上一个周期的终止状态。在迭代学习控制中，每次运行都限定了初始状态和期望初始状态，分为严格限定和宽松限定两种：严格限定将每个周期设定为相同的初始值，通常为 0；宽松限定将初始值限定在有界的邻域内，当存在初始偏差时，只要求系统误差收敛到有界范围内。这两种限定都能简化迭代学习控制中系统的稳定性分析和算法设计，这使得一些适用于迭代学习控制的稳定性分析与系统设计结果，如 Galkowski 和 Hladowski 等应用的二维系统方法和线性矩阵不等式方法 [11,19]，不能直接应用到二维重复控制中。

重复控制与迭代学习控制的主要差异包括以下三点：

1) 每个周期的初始状态不同

对于重复控制系统，每个周期的起始状态和上一个周期的终止状态相同，然而在迭代学习控制中，参考轨迹定义在有限区间上，每个周期都开始于相同的状态，也就是说，迭代学习控制系统的每个周期的初始状态都可以重新设定。这一方面的不同引发如下几个方面的差异：

(1) 系统的收敛标准不同。在重复控制中，系统状态变量在时间轴上连续变化，如果当时间趋向于无穷大 ($t \to +\infty$) 时，系统状态趋向于一个有界向量，则称系统收敛，也就是说此时系统进入稳定状态；在迭代学习控制中，其收敛问题一般描述为：给定一个期望输出 $y_d(t)$，假设对应的期望输入为 $u_d(t)$，每次运行的初始

状态为 $x_k(0)$。经过多次的反复 $(k \rightarrow +\infty)$ 运行后，在有限时间区间 $[0, T]$ 内，对于给定学习控制律可以使系统控制输入 $u_k(t) \rightarrow u_d(t)$，系统输出 $y_k(t) \rightarrow y_d(t)$。

(2) 系统的镇定性难易程度不同。在重复控制中，学习作用通过图 1.2 所示的时滞环节自动更新来实现，重复控制器包含无数个虚轴极点，整个闭环系统是一个中立型时滞系统，从而只有当被控对象正则时，系统才能稳定。而对于大多数实际控制应用中的严格正则系统，重复控制系统无法稳定。但是，迭代学习控制没有这个约束，可以比较容易地镇定严格正则的被控对象。

(3) 跟踪精度不同。在迭代学习控制中，如果跟踪误差满足

$$\|e_{i+1}\| \leqslant \lambda \|e_i\|, \quad i \in \mathbb{Z}_+, \quad 0 < \lambda < 1 \tag{3.90}$$

则称系统渐近稳定，即跟踪误差按几何级数收敛，当 $i \rightarrow +\infty$ 时，$e_i \rightarrow 0$。在重复控制中，稳态跟踪误差由重复控制器传递函数的逆来决定，在图 1.2 中，重复控制器的传递函数为

$$C_R(s) = \frac{1}{1 - \mathrm{e}^{-Ts}} \tag{3.91}$$

对于频率为 $\omega_k = 2k\pi/T, \ k \in \mathbb{Z}_+$ 的周期信号，得到

$$\frac{1}{C_R(\mathrm{j}\omega_k)} = 0 \tag{3.92}$$

式 (3.92) 表明，系统对周期信号可以实现无偏差的完全稳态跟踪。但是，对于严格正则的被控对象，需要在重复控制器的时滞环节中嵌入低通滤波器 $q(s)$，系统才能稳定，对应的闭环系统为改进型重复控制系统。改进型重复控制器只是近似的周期信号发生器，对于周期为 T 的信号，稳态跟踪误差为

$$\frac{1}{C_{\mathrm{MR}}(\mathrm{j}\omega_k)} = 1 - q\left(\mathrm{j}\frac{2k\pi}{T}\right)\mathrm{e}^{-\mathrm{j}2k\pi} \neq 0 \tag{3.93}$$

也就是说，不同于迭代学习控制，改进型重复控制系统将会存在稳态跟踪误差。为了提高系统跟踪精度，需要寻找尽可能高的低通滤波器截止频率，拓宽跟踪范围。

2) 系统设计问题不同

在改进型重复控制系统中有两类待设计的参数：一类是主要与系统鲁棒稳定性相关的反馈控制器增益；另一类是与系统跟踪精度相关的低通滤波器截止频率。这两类参数相互影响，导致系统在稳定性与稳态跟踪性能之间存在折中，而在迭代学习控制系统中不存在这类问题。

3) 两者的泛化能力和控制系统的结构特点不同

基于内模原理，重复控制通过时滞环节自动更新来实现学习机能，只要系统稳定就能够实现对参考输入信号的跟踪，控制算法不依赖参考轨迹的具体信息仍

然能保证跟踪误差的收敛性。在迭代学习控制中，其迭代算法都是针对某一特定的轨迹来学习的，因而对这一轨迹可以实现良好的跟踪，但是期望轨迹改变时就必须重新进行学习，也就是说缺少泛化能力。

3.4　典型二维重复控制系统的稳定性分析

针对第 2 章几种典型重复控制系统的二维混合模型，综合应用线性矩阵不等式技术和二维系统理论，得到二维重复控制系统的稳定性条件，这里需要用到如下定义和引理。

引理 3.4 (Schur 补) [20]　对给定的对称矩阵 $\Sigma = \Sigma^{\mathrm{T}}$，以下三个条件等价：

(1) $\Sigma = \begin{bmatrix} \Sigma_{11} & \Sigma_{12} \\ \star & \Sigma_{22} \end{bmatrix} < 0$；

(2) $\Sigma_{11} < 0$ 且 $\Sigma_{22} - \Sigma_{12}^{\mathrm{T}} \Sigma_{11}^{-1} \Sigma_{12} < 0$；

(3) $\Sigma_{22} < 0$ 且 $\Sigma_{11} - \Sigma_{12} \Sigma_{22}^{-1} \Sigma_{12}^{\mathrm{T}} < 0$。

定义 3.10[21,22]　行满秩矩阵 $\Pi \in \mathbb{R}^{q \times n}$ [rank$(\Pi) = q$] 的奇异值分解式为

$$\Pi = U [S\ 0] V^{\mathrm{T}} \tag{3.94}$$

其中，$S \in \mathbb{R}^{q \times q}$ 是半正定对角矩阵；$U \in \mathbb{R}^{q \times q}$、$V \in \mathbb{R}^{n \times n}$ 是酉矩阵。

引理 3.5[23]　给定行满秩矩阵 $\Pi \in \mathbb{R}^{q \times n}$ [rank$(\Pi) = q$]，对于任意矩阵 X，存在 $\bar{X} \in \mathbb{R}^{q \times q}$，使得 $\Pi X = \bar{X} \Pi$ 成立的充要条件是 X 可以表示为

$$X = V \begin{bmatrix} \bar{X}_{11} & 0 \\ 0 & \bar{X}_{22} \end{bmatrix} V^{\mathrm{T}} \tag{3.95}$$

其中，V 在式 (3.94) 中定义；$\bar{X}_{11} \in \mathbb{R}^{q \times q}$，$\bar{X}_{22} \in \mathbb{R}^{(n-q) \times (n-q)}$。

注释 3.4　在重复控制中，考虑的是跟踪问题而不是参数选取问题，一般情况下，当系统进入稳定状态时，状态变量趋向于一个非零向量，而不是趋向于 0。因此，在伺服系统中，通常利用稳态跟踪误差进行控制器的设计，例如，用 $\Delta x_p(t) = x_p(t) - x_p(\infty)$ 讨论步进式伺服系统的稳定性。类似地，这里用相邻两个周期的状态变化，如 $\Delta x_p(t) = x_p(t) - x_p(t-T)$ 来讨论重复控制系统的稳定性。

命题 3.1　对任意的 $k \in \mathbb{Z}_+$，如果 $\xi(k, \tau)$ 关于 τ 在区间 $[0, T]$ 内单调递减，则对任意固定的 $\tau \in [0, T]$，满足边界条件 $\xi(k, 0) = \xi(k-1, T)$ 的 $\xi(k, \tau)$ 关于 k 单调递减，进而对应的时域变量 $\xi(t)$ 在整个实数轴 $[0, +\infty)$ 上单调递减。

引理 3.6　对于改进型重复控制系统，如果存在半正定连续泛函 $V(k, \tau)$ 在每个重复周期 $[kT, (k+1)T]$，$k \in \mathbb{Z}_+$ 内单调递减，则整个系统渐近稳定。

证明 根据重复控制的连续性，在改进型重复控制系统中，泛函 $V(k,\tau)$ 满足动态边界条件

$$V(k,T) = V(k+1,0) \tag{3.96}$$

如果 $V(k,\tau)$ 在每个重复周期 $[kT,\ (k+1)T]$，$k \in \mathbb{Z}_+$ 内单调递减，则函数

$$V(t) = V(kT+\tau) = V(k,\tau) \tag{3.97}$$

在 $t \in [0,\ \infty)$ 内单调递减，从而整个系统渐近稳定。 □

3.4.1 基于输出反馈的基本重复控制系统稳定性分析

基于输出反馈的基本重复控制系统如图 2.4 所示，得到二维混合模型

$$\begin{cases} \Delta\dot{x}_p(k,\tau) = A\Delta x_p(k,\tau) + B\Delta u(k,\tau) \\ e(k,\tau) = -C\Delta x_p(k,\tau) + e(k-1,\tau) - D\Delta u(k,\tau) \end{cases} \tag{3.98}$$

以及二维控制律

$$\Delta u(k,\tau) = F_p C\Delta x_p(k,\tau) + F_e e(k-1,\tau) \tag{3.99}$$

将二维控制律 (3.99) 代入二维混合模型 (3.98)，得到二维闭环系统

$$\begin{bmatrix} \Delta\dot{x}_p(k,\tau) \\ e(k,\tau) \end{bmatrix} = \begin{bmatrix} A+BF_pC & BF_e \\ -C-DF_pC & 1-DF_e \end{bmatrix} \begin{bmatrix} \Delta x_p(k,\tau) \\ e(k-1,\tau) \end{bmatrix} \tag{3.100}$$

基于以上分析，下面的定理给出系统 (3.100) 渐近稳定的充分条件[24]。

定理 3.9 如果存在正定对称矩阵 X_{11}、X_{22} 和 X_2，以及具有合适维数的矩阵 W_1 和 W_2，使得线性矩阵不等式

$$\begin{bmatrix} \Phi_{11} & BW_2 & \Phi_{13} \\ \star & -X_2 & \Phi_{23} \\ \star & \star & -X_2 \end{bmatrix} < 0 \tag{3.101}$$

成立，其中输出矩阵 C 的结构奇异值分解式为 $C = U[S\ \ 0]V^T$，

$$\begin{cases} X_1 = V\begin{bmatrix} X_{11} & 0 \\ 0 & X_{22} \end{bmatrix} V^T \\ \Phi_{11} = AX_1 + BW_1C + X_1A^T + C^TW_1^TB^T \\ \Phi_{13} = -X_1C^T - C^TW_1^TD^T \\ \Phi_{23} = X_2 - W_2^TD^T \end{cases} \tag{3.102}$$

则系统 (3.100) 渐近稳定，并且二维控制律增益为

$$F_p = W_1 U S X_{11}^{-1} S^{-1} U^T, \quad F_e = W_2 X_2^{-1} \tag{3.103}$$

证明　构造二维李雅普诺夫泛函

$$V(k,\tau) = V_1(k,\tau) + V_2(k,\tau) \tag{3.104}$$

其中

$$\begin{cases} V_1(k,\tau) = \Delta x_p^{\mathrm{T}}(k,\tau)P_1\Delta x_p(k,\tau), & P_1 = X_1^{-1} > 0 \\ V_2(k,\tau) = e^{\mathrm{T}}(k-1,\tau)P_2 e(k-1,\tau), & P_2 = X_2^{-1} > 0 \end{cases} \tag{3.105}$$

考虑闭环系统 (3.100)，其泛函增量为

$$\nabla V(k,\tau) = \frac{\mathrm{d}V_1(k,\tau)}{\mathrm{d}\tau} + \Delta V_2(k,\tau) \tag{3.106}$$

其中

$$\begin{cases} \dfrac{\mathrm{d}V_1(k,\tau)}{\mathrm{d}\tau} = 2\Delta x_p^{\mathrm{T}}(k,\tau)P_1\Delta \dot{x}_p(k,\tau) \\ \Delta V_2(k,\tau) = e^{\mathrm{T}}(k,\tau)P_2 e(k,\tau) - e^{\mathrm{T}}(k-1,\tau)P_2 e(k-1,\tau) \end{cases} \tag{3.107}$$

进一步得到

$$\nabla V(k,\tau) = \eta^{\mathrm{T}}(k,\tau)\Theta\eta(k,\tau) \tag{3.108}$$

其中

$$\begin{cases} \eta(k,\tau) = \left[\begin{array}{cc} \Delta x_p^{\mathrm{T}}(k,\tau) & e^{\mathrm{T}}(k-1,\tau) \end{array}\right]^{\mathrm{T}} \\ \Theta = \Psi_1 + \Psi_2 + \left[\begin{array}{cc} 0 & 0 \\ 0 & -P_2 \end{array}\right] \\ \Psi_1 = \left[\begin{array}{cc} (A^{\mathrm{T}} + C^{\mathrm{T}}F_p^{\mathrm{T}}B^{\mathrm{T}})P_1 + P_1(A + BF_pC) & P_1 BF_e \\ \star & 0 \end{array}\right] \\ \Psi_2 = \left[\begin{array}{c} -C^{\mathrm{T}} - C^{\mathrm{T}}F_p^{\mathrm{T}}D^{\mathrm{T}} \\ 1 - F_e^{\mathrm{T}}D^{\mathrm{T}} \end{array}\right] P_2 \left[\begin{array}{cc} -C - DF_pC & 1 - DF_e \end{array}\right] \end{cases} \tag{3.109}$$

由此可见，如果 $\Theta < 0$，则 $V(k,\tau)$ 在区间 $[kT,\ (k+1)T]$，$k \in \mathbb{Z}_+$ 内单调递减，从而系统 (3.100) 渐近稳定。由于 $\Theta < 0$ 不是线性矩阵不等式，由 Schur 补引理 3.4 可知，$\Theta < 0$ 等价于线性矩阵不等式

$$\left[\begin{array}{ccc} \Theta_{11} & P_1 BF_e & \Theta_{13} \\ \star & -P_2 & \Theta_{23} \\ \star & \star & -P_2 \end{array}\right] < 0 \tag{3.110}$$

其中

$$\begin{cases} \Theta_{11} = (A^{\mathrm{T}} + C^{\mathrm{T}} F_p^{\mathrm{T}} B^{\mathrm{T}}) P_1 + P_1 (A + B F_p C) \\ \Theta_{13} = -C^{\mathrm{T}} P_2 - C^{\mathrm{T}} F_p^{\mathrm{T}} D^{\mathrm{T}} P_2 \\ \Theta_{23} = P_2 - F_e^{\mathrm{T}} D^{\mathrm{T}} P_2 \end{cases} \tag{3.111}$$

在式 (3.110) 的两边分别左乘、右乘对角矩阵 $\mathrm{diag}\{X_1,\ X_2,\ X_2\}$，根据定义 3.10 和引理 3.5，存在

$$\bar{X}_1 = U S X_{11} S^{-1} U^{\mathrm{T}} \tag{3.112}$$

使得

$$C X_1 = \bar{X}_1 C \tag{3.113}$$

并且

$$\bar{X}_1^{-1} = U S X_{11}^{-1} S^{-1} U^{\mathrm{T}} \tag{3.114}$$

定义

$$W_1 = F_p \bar{X}_1, \quad W_2 = F_e X_2 \tag{3.115}$$

得到线性矩阵不等式 (3.101)。 □

注释 3.5 应用二维李雅普诺夫泛函推导出系统 (3.100) 渐近稳定的充分条件，这与连续重复控制系统的稳定性条件是一致的。因为任意时域变量 $t \in [0, +\infty)$ 都可以表示为

$$t = kT + \tau \tag{3.116}$$

并且

$$\Delta x_p(k, \tau) = x_p(k, \tau) - x_p(k-1, \tau) \tag{3.117}$$

则式 (3.104) 的泛函增量为

$$\nabla V(k, \tau) = \frac{\mathrm{d} V_1(k, \tau)}{\mathrm{d}\tau} + \Delta V_2(k, \tau) \tag{3.118}$$

若

$$\nabla V(k, \tau) < 0, \quad k \in \mathbb{Z}_+, \quad \tau \in [0,\ T] \tag{3.119}$$

则对于任意固定的 k，有

$$\nabla V(k, \tau) = \frac{\mathrm{d} V_1(k, \tau)}{\mathrm{d}\tau} < 0, \quad \tau \in [0,\ T] \tag{3.120}$$

即李雅普诺夫函数在每个区间

$$[kT, \ (k+1)T], \quad k \in \mathbb{Z}_+ \tag{3.121}$$

内单调递减，由于在整个实轴上连续，所以 $V_1(t)$ 在 $[0, +\infty)$ 内单调递减，此时由式 (3.104) 可得

$$\Delta x(t) \to 0, \quad t \to +\infty \tag{3.122}$$

同理，对任意固定的 $\tau \in [0, \ T]$，有

$$\nabla V(k, \tau) = \Delta V_2(k, \tau) < 0 \tag{3.123}$$

故

$$V_2(k, \tau) = e^{\mathrm{T}}(k-1, \tau)P_3 e(k-1, \tau) \tag{3.124}$$

关于 $k \in \mathbb{Z}_+$ 单调递减，从而

$$e(kT + \tau) \to 0, \quad k \to +\infty \tag{3.125}$$

综上所述，当 $\nabla V(k, \tau) < 0$ 时，式 (3.122) 和式 (3.125) 成立，则系统渐近稳定，并且跟踪误差逐渐趋向于 0。反过来，若已知系统稳定，则可直接由定理 3.9 推导出二维李雅普诺夫泛函增量 $\nabla V(k, \tau) < 0$。

3.4.2　基于状态观测器的基本重复控制系统稳定性分析

基于状态观测器的基本重复控制系统如图 2.5 所示，得到二维混合模型

$$\begin{cases} \Delta \dot{x}(k, \tau) = \tilde{A}\Delta x(k, \tau) + \tilde{B}\Delta u(k, \tau) \\ e(k, \tau) = \tilde{C}\Delta x(k, \tau) + e(k-1, \tau) + \tilde{D}\Delta u(k, \tau) \end{cases} \tag{3.126}$$

以及二维控制律

$$\Delta u(k, \tau) = F_p \Delta x(k, \tau) + F_e e(k-1, \tau) \tag{3.127}$$

其中

$$\begin{cases} x(k, \tau) = \begin{bmatrix} \hat{x}_p^{\mathrm{T}}(k, \tau) & x_\delta^{\mathrm{T}}(k, \tau) \end{bmatrix}^{\mathrm{T}} \\ \tilde{A} = \begin{bmatrix} A & LC \\ 0 & A - LC \end{bmatrix}, \ \tilde{B} = \begin{bmatrix} B \\ 0 \end{bmatrix}, \ \tilde{C} = \begin{bmatrix} -C & -C \end{bmatrix}, \ \tilde{D} = -D \\ F_p = \begin{bmatrix} F_{p1} & F_{p2} \end{bmatrix} = \begin{bmatrix} (1 + K_e D)^{-1}(K_p - K_e C) & -(1 + K_e D)^{-1}K_e C \end{bmatrix} \\ F_e = (1 + K_e D)^{-1}K_e \end{cases} \tag{3.128}$$

将二维控制律 (3.127) 代入二维混合模型 (3.126)，得到二维闭环系统为

$$\left[\begin{array}{c} \Delta\dot{x}(k,\tau) \\ e(k,\tau) \end{array}\right] = \left[\begin{array}{cc} \bar{A} & \bar{B} \\ \bar{C} & \bar{D} \end{array}\right] \left[\begin{array}{c} \Delta x(k,\tau) \\ e(k-1,\tau) \end{array}\right] \tag{3.129}$$

其中

$$\begin{cases} \bar{A} = \left[\begin{array}{cc} A+BF_{p1} & LC-BF_eC \\ 0 & A-LC \end{array}\right], \quad \bar{B} = \left[\begin{array}{c} BF_e \\ 0 \end{array}\right] \\ \bar{C} = \left[\begin{array}{cc} -C-DF_{p1} & -C+DF_eC \end{array}\right], \quad \bar{D} = 1-DF_e \end{cases} \tag{3.130}$$

基于以上分析，下面的定理给出系统 (3.129) 渐近稳定的充分条件 [25]。

定理 3.10　如果存在正定对称矩阵 X_1、X_{11}、X_{22} 和 X_3，以及具有合适维数的矩阵 W_1、W_2、W_3 和 W_4，使得线性矩阵不等式

$$\left[\begin{array}{cccc} \Phi_{11} & \Phi_{12} & BW_4 & \Phi_{14} \\ \star & \Phi_{22} & 0 & \Phi_{24} \\ \star & \star & -X_3 & \Phi_{34} \\ \star & \star & \star & -X_3 \end{array}\right] < 0 \tag{3.131}$$

成立，其中输出矩阵 C 的结构奇异值分解式为 $C = U[S\ \ 0]V^{\mathrm{T}}$，且

$$\begin{cases} X_2 = V\left[\begin{array}{cc} X_{11} & 0 \\ 0 & X_{22} \end{array}\right]V^{\mathrm{T}} \\ \Phi_{11} = AX_1^{\mathrm{T}} + X_1A + BW_1 + W_1^{\mathrm{T}}B^{\mathrm{T}} \\ \Phi_{12} = W_2C - BW_3C \\ \Phi_{14} = X_1C^{\mathrm{T}} + W_1^{\mathrm{T}}D^{\mathrm{T}} \\ \Phi_{22} = X_2A^{\mathrm{T}} - C^{\mathrm{T}}W_2^{\mathrm{T}} + AX_2 - W_2C \\ \Phi_{24} = X_2C^{\mathrm{T}} - C^{\mathrm{T}}W_3^{\mathrm{T}}D^{\mathrm{T}} \\ \Phi_{34} = W_4^{\mathrm{T}}D^{\mathrm{T}} - X_3 \end{cases} \tag{3.132}$$

则系统 (3.129) 渐近稳定，并且二维控制律增益为

$$F_e = W_4X_3^{-1}, \quad F_{p1} = W_1X_1^{-1} \tag{3.133}$$

以及状态观测器增益为

$$L = W_2USX_{11}^{-1}S^{-1}U^{\mathrm{T}} \tag{3.134}$$

证明　构造二维李雅普诺夫泛函

$$V(k,\tau) = V_1(k,\tau) + V_2(k,\tau) \tag{3.135}$$

其中

$$\begin{cases} V_1(k,\tau) = \Delta x^{\mathrm{T}}(k,\tau)P\Delta x(k,\tau) \\ P = \mathrm{diag}\{P_1,\ P_2\}, \quad P_1 = X_1^{-1} > 0, \quad P_2 = X_2^{-1} > 0 \\ V_2(k,\tau) = e^{\mathrm{T}}(k-1,\tau)P_3 e(k-1,\tau), \quad P_3 = X_3^{-1} > 0 \end{cases} \tag{3.136}$$

考虑闭环系统 (3.129)，其泛函增量为

$$\nabla V(k,\tau) = \frac{\mathrm{d}V_1(k,\tau)}{\mathrm{d}\tau} + \Delta V_2(k,\tau) \tag{3.137}$$

其中

$$\begin{cases} \dfrac{\mathrm{d}V_1(k,\tau)}{\mathrm{d}\tau} = 2\Delta x^{\mathrm{T}}(k,\tau)P\Delta \dot{x}(k,\tau) \\ \Delta V_2(k,\tau) = e^{\mathrm{T}}(k,\tau)P_3 e(k,\tau) - e^{\mathrm{T}}(k-1,\tau)P_3 e(k-1,\tau) \end{cases} \tag{3.138}$$

进一步得到

$$\nabla V(k,\tau) = \eta^{\mathrm{T}}(k,\tau)\Theta\eta(k,\tau) \tag{3.139}$$

其中

$$\begin{cases} \eta(k,\tau) = \begin{bmatrix} \Delta x^{\mathrm{T}}(k,\tau) & e^{\mathrm{T}}(k-1,\tau) \end{bmatrix}^{\mathrm{T}} \\[2mm] \Theta = \begin{bmatrix} \Theta_{11} & \Theta_{12} & P_1 B F_e \\ \star & \Theta_{22} & 0 \\ \star & \star & -P_3 \end{bmatrix} + \Psi^{\mathrm{T}} P_3 \Psi \\[6mm] \Theta_{11} = P_1 A + A^{\mathrm{T}} P_1 + P_1 B F_{p1} + F_{p1}^{\mathrm{T}} B^{\mathrm{T}} P_1 \\ \Theta_{12} = P_1 LC - P_1 B F_e C \\ \Theta_{22} = P_2 A + A^{\mathrm{T}} P_2 - P_2 LC - C^{\mathrm{T}} L^{\mathrm{T}} P_2 \\ \Psi = \begin{bmatrix} -C - D F_{p1} & -C + D F_e C & 1 - D F_e \end{bmatrix} \end{cases} \tag{3.140}$$

由此可见，如果 $\Theta < 0$，则 $V(k,\tau)$ 在区间 $[kT,\ (k+1)T]$，$k \in \mathbb{Z}_+$ 内单调递减，从而系统 (3.129) 渐近稳定。由于 $\Theta < 0$ 不是线性矩阵不等式，由 Schur 补引理 3.4 可知，$\Theta < 0$ 等价于

$$\begin{bmatrix} \Theta_{11} & \Theta_{12} & P_1 B F_e & C^{\mathrm{T}} P_3 + F_{p1}^{\mathrm{T}} D^{\mathrm{T}} P_3 \\ \star & \Theta_{22} & 0 & C^{\mathrm{T}} P_3 - C^{\mathrm{T}} F_e^{\mathrm{T}} C^{\mathrm{T}} D^{\mathrm{T}} P_3 \\ \star & \star & -P_3 & F_e^{\mathrm{T}} D^{\mathrm{T}} P_3 - P_3 \\ \star & \star & \star & -P_3 \end{bmatrix} < 0 \tag{3.141}$$

在式 (3.141) 两边分别左乘、右乘对角矩阵 $\mathrm{diag}\{X_1, X_2, X_3, X_3\}$，根据定义 3.10 和引理 3.5，存在

$$\bar{X}_2 = USX_{11}S^{-1}U^\mathrm{T} \tag{3.142}$$

使得

$$CX_2 = \bar{X}_2 C \tag{3.143}$$

并且

$$\bar{X}_2^{-1} = USX_{11}^{-1}S^{-1}U^\mathrm{T} \tag{3.144}$$

定义

$$W_1 = F_{p1}X_1, \quad W_2 = L\bar{X}_2, \quad W_3 = F_e\bar{X}_2, \quad W_4 = F_eX_3 \tag{3.145}$$

得到线性矩阵不等式 (3.131)。 □

定理 3.10 以线性矩阵不等式的形式给出了基于状态观测器的重复控制系统稳定的充分条件，二维状态反馈增益 F_p 与 F_e 由线性矩阵不等式 (3.131) 中的权重矩阵 W_1、W_4 和 X_1、X_3 确定。

3.4.3 基于状态反馈的改进型重复控制系统稳定性分析

基于状态反馈的改进型重复控制系统如图 2.6 所示，得到二维混合模型

$$\begin{cases} \dot{x}(k,\tau) = \tilde{A}x(k,\tau) + \tilde{A}_dx(k-1,\tau) + \tilde{B}u(k,\tau) \\ e(k,\tau) = \tilde{C}x(k,\tau) \end{cases} \tag{3.146}$$

以及二维控制律

$$u(k,\tau) = \begin{bmatrix} F_p & 0 \end{bmatrix} x(k,\tau) + \begin{bmatrix} 0 & F_e \end{bmatrix} x(k-1,\tau) \tag{3.147}$$

其中

$$\begin{cases} x(k,\tau) = \begin{bmatrix} x_p^\mathrm{T}(k,\tau) & x_f^\mathrm{T}(k,\tau) \end{bmatrix}^\mathrm{T} \\ \tilde{A} = \begin{bmatrix} A & 0 \\ -\omega_cC & -\omega_cI \end{bmatrix}, \ \tilde{A}_d = \begin{bmatrix} 0 & 0 \\ 0 & \omega_cI \end{bmatrix}, \ \tilde{B} = \begin{bmatrix} B \\ 0 \end{bmatrix}, \ \tilde{C} = \begin{bmatrix} -C & 0 \end{bmatrix} \end{cases} \tag{3.148}$$

将二维控制律 (3.147) 代入二维混合模型 (3.146)，得到二维闭环系统为

$$\begin{cases} \dot{x}(k,\tau) = \bar{A}x(k,\tau) + \bar{A}_dx(k-1,\tau) \\ e(k,\tau) = \bar{C}x(k,\tau) \end{cases} \tag{3.149}$$

其中

$$\bar{A} = \begin{bmatrix} A+BF_p & 0 \\ -\omega_c C & -\omega_c I \end{bmatrix}, \quad \bar{A}_d = \begin{bmatrix} 0 & BF_e \\ 0 & \omega_c I \end{bmatrix}, \quad \bar{C} = \begin{bmatrix} -C & 0 \end{bmatrix} \quad (3.150)$$

基于以上分析，下面的定理给出系统 (3.149) 渐近稳定的充分条件 [26]。

定理 3.11　给定截止频率 ω_c，如果存在正定对称矩阵 P_1、P_2、Q_1 和 Q_2，使得矩阵不等式

$$\begin{bmatrix} \Phi_{11} & -\omega_c C^T P_2 & 0 & P_1 BF_e & Q_1 & 0 \\ \star & -2\omega_c P_2 & 0 & \omega_c P_2 & 0 & Q_2 \\ \star & \star & -Q_1 & 0 & 0 & 0 \\ \star & \star & \star & -Q_2 & 0 & 0 \\ \star & \star & \star & \star & -Q_1 & 0 \\ \star & \star & \star & \star & \star & -Q_2 \end{bmatrix} < 0 \quad (3.151)$$

成立，其中

$$\Phi_{11} = (A^T + F_p^T B^T)P_1 + P_1(A+BF_p) \quad (3.152)$$

则系统 (3.149) 渐近稳定。

证明　构造二维李雅普诺夫泛函

$$V(k,\tau) = V_1(k,\tau) + V_2(k,\tau) \quad (3.153)$$

其中

$$\begin{cases} V_1(k,\tau) = x^T(k,\tau)Px(k,\tau) \\ P = \text{diag}\{P_1,\ P_2\}, \quad P_1 > 0, \quad P_2 > 0 \\ V_2(k,\tau) = \displaystyle\int_{\tau-T}^{\tau} x^T(k,s)Qx(k,s)\mathrm{d}s \\ Q = \text{diag}\{Q_1,\ Q_2\}, \quad Q_1 > 0, \quad Q_2 > 0 \end{cases} \quad (3.154)$$

考虑闭环系统 (3.149)，其泛函增量为

$$\nabla V(k,\tau) = \frac{\mathrm{d}V_1(k,\tau)}{\mathrm{d}\tau} + \frac{\mathrm{d}V_2(k,\tau)}{\mathrm{d}\tau} \quad (3.155)$$

其中

$$\begin{cases} \dfrac{\mathrm{d}V_1(k,\tau)}{\mathrm{d}\tau} = 2x^T(k,\tau)P\dot{x}(k,\tau) \\ \dfrac{\mathrm{d}V_2(k,\tau)}{\mathrm{d}\tau} = x^T(k,\tau)Qx(k,\tau) - x^T(k-1,\tau)Qx(k-1,\tau) \end{cases} \quad (3.156)$$

进一步得到

$$\nabla V(k,\tau) = \eta^{\mathrm{T}}(k,\tau)\Theta\eta(k,\tau) \tag{3.157}$$

其中

$$
\begin{cases}
\eta(k,\tau) = \begin{bmatrix} x^{\mathrm{T}}(k,\tau) & x^{\mathrm{T}}(k-1,\tau) \end{bmatrix}^{\mathrm{T}} \\[2mm]
\Theta = \begin{bmatrix}
\Theta_{11} & -\omega_c C^{\mathrm{T}} P_2 & 0 & P_1 B F_e \\
\star & -2\omega_c P_2 + Q_2 & 0 & \omega_c P_2 \\
\star & \star & -Q_1 & 0 \\
\star & \star & \star & -Q_2
\end{bmatrix} \\[8mm]
\Theta_{11} = (A^{\mathrm{T}} + F_p^{\mathrm{T}} B^{\mathrm{T}}) P_1 + P_1 (A + B F_p) + Q_1
\end{cases} \tag{3.158}
$$

由此可见，如果 $\Theta < 0$，则 $V(k,\tau)$ 在区间 $[kT,\ (k+1)T]$，$k \in \mathbb{Z}_+$ 内单调递减，从而系统 (3.149) 渐近稳定。由 Schur 补引理 3.4 可知，$\Theta < 0$ 等价于矩阵不等式 (3.151)。 □

注释 3.6 根据重复控制的连续性，定理 3.11 给出了改进型重复控制系统渐近稳定的充分条件。定理证明中所选取的李雅普诺夫泛函 (3.154) 在表达形式上与 3.4.1 节的二维李雅普诺夫泛函不同，但它们的实质其实是一样的。因为将式 (3.146) 中的跟踪误差

$$e(k,\tau) = \begin{bmatrix} -C & 0 \end{bmatrix} x(k,\tau) \tag{3.159}$$

代入式 (3.154)，式 (3.154) 的第二部分等价于 3.4.1 节中的泛函差分项 $\Delta V_2(k,\tau)$。

定理 3.11 的稳定性条件不是线性矩阵不等式的形式，难以求解。下面的定理给出系统 (3.149) 线性矩阵不等式形式的渐近稳定条件，它与引入的调节参数 α 和 β 相关。

定理 3.12 给定截止频率 ω_c，正调节参数 α 和 β，如果存在正定对称矩阵 X_1、X_2、Y_1 和 Y_2，以及具有合适维数的矩阵 W_1 和 W_2，使得线性矩阵不等式

$$
\begin{bmatrix}
\Phi_{11} & -\alpha\omega_c X_1 C^{\mathrm{T}} & 0 & \beta B W_2 & \alpha X_1 & 0 \\
\star & -2\omega_c X_2 & 0 & \beta\omega_c Y_2 & 0 & X_2 \\
\star & \star & -Y_1 & 0 & 0 & 0 \\
\star & \star & \star & -\beta Y_2 & 0 & 0 \\
\star & \star & \star & \star & -Y_1 & 0 \\
\star & \star & \star & \star & \star & -\beta Y_2
\end{bmatrix} < 0 \tag{3.160}
$$

成立，其中

$$\Phi_{11} = \alpha X_1 A^{\mathrm{T}} + \alpha A X_1 + \alpha W_1^{\mathrm{T}} B^{\mathrm{T}} + \alpha B W_1 \tag{3.161}$$

则系统 (3.149) 渐近稳定，并且二维控制律增益为

$$F_p = W_1 X_1^{-1}, \quad F_e = W_2 Y_2^{-1} \tag{3.162}$$

证明　在式 (3.154) 中的二维李雅普诺夫泛函中引入正调节参数 α 和 β，取正定矩阵为

$$P = \mathrm{diag}\left\{\frac{1}{\alpha}P_1, \ P_2\right\}, \quad Q = \mathrm{diag}\left\{Q_1, \ \frac{1}{\beta}Q_2\right\} \tag{3.163}$$

其中

$$P_1 = X_1^{-1} > 0, \quad P_2 = X_2^{-1} > 0, \quad Q_1 = Y_1^{-1} > 0, \quad Q_2 = Y_2^{-1} > 0 \tag{3.164}$$

将式 (3.163) 代入定理 3.11 的证明，则矩阵不等式 (3.151) 转化为

$$\begin{bmatrix} \Theta_{11} & -\omega_c C^{\mathrm{T}} P_2 & 0 & \dfrac{1}{\alpha} P_1 B F_e & Q_1 & 0 \\ \star & -2\omega_c P_2 & 0 & \omega_c P_2 & 0 & \dfrac{1}{\beta} Q_2 \\ \star & \star & -Q_1 & 0 & 0 & 0 \\ \star & \star & \star & -\dfrac{1}{\beta} Q_2 & 0 & 0 \\ \star & \star & \star & \star & -Q_1 & 0 \\ \star & \star & \star & \star & \star & -\dfrac{1}{\beta} Q_2 \end{bmatrix} < 0 \tag{3.165}$$

其中

$$\Theta_{11} = \frac{1}{\alpha}(A^{\mathrm{T}} + F_p^{\mathrm{T}} B^{\mathrm{T}}) P_1 + \frac{1}{\alpha} P_1 (A + B F_p) \tag{3.166}$$

定义

$$W_1 = F_p X_1, \quad W_2 = F_e Y_2 \tag{3.167}$$

在式 (3.165) 的两边分别左乘、右乘对角矩阵 $\mathrm{diag}\{\alpha X_1, \ X_2, \ Y_1, \ \beta Y_2, \ Y_1, \ \beta Y_2\}$，得到线性矩阵不等式 (3.160)。　　　　　　　　　　　　　　　□

3.5　本章小结

本章首先给出小增益定理，简单介绍基于小增益定理的重复控制系统稳定性分析方法；然后阐述了二维混合模型的传递函数及其变换特性、特征多项式和零极点的相关定义与定理，并且定义了二维混合模型的稳定边界，给出了基于线性矩阵不等式的稳定边界计算方法；随后详细阐述了重复控制与迭代学习控制在控制问题上的差异；最后应用二维系统理论和李雅普诺夫稳定性定理，研究了典型二维重复控制系统的稳定性，并给出了系统稳定的几个充分条件。

参 考 文 献

[1] 吴敏, 何勇, 佘锦华. 鲁棒控制理论. 北京: 高等教育出版社, 2010

[2] 中野道雄, 井上惠, 山本裕, 等. 重复控制. 吴敏, 译. 长沙: 中南工业大学出版社, 1994

[3] Hara S, Yamamoto Y, Omata T, et al. Repetitive control system: A new type servo system for periodic exogenous signals. IEEE Transactions on Automatic Control, 1988, 33(7): 659-668

[4] Du C L, Xie L H. H_∞ Control and Filtering of Two-Dimensional Systems. Berlin: Springer-Verlag, 2002

[5] 杨成梧, 邹云. 2D 线性离散系统. 北京: 国防工业出版社, 1995

[6] 杜春玲, 杨成梧. 2D 线性离散系统一般模型的最优状态估计. 控制理论与应用, 1998, 15(3): 432-437

[7] 杨明, 刘先忠. 矩阵论. 武汉: 华中科技大学出版社, 2005

[8] Rogers E, Wood J, Owens D H. On the poles of a class of 2D discrete linear systems. Proceedings of the 39th IEEE Conference on Decision and Control, Sydney, 2000: 5002-5006

[9] 兰永红. 基于二维模型的重复控制系统分析与设计. 长沙: 中南大学, 2010

[10] Rogers E, Owens D H. Stability analysis for linear repetitive processes. Lecture Notes in Control and Information Sciences Series, 1992, 175: 5-31

[11] Galkowski K, Paszke W, Rogers E, et al. Stability and control of differential linear repetitive processes using an LMI seting. IEEE Transactions on Circuits and Systems II: Analog and Dignal Signal Processing, 2003, 50: 662-669

[12] Wu M, He Y, She J H. New delay-dependent robust stability criteria for uncertain neutral systems. IEEE Transactions on Automatic Control, 2004, 49(12): 828-832

[13] Wu M, He Y, She J H, et al. Delay-dependent criteria for robust stability of time-varying delay systems. Automatica, 2004, 40(8): 1435-1439

[14] He Y, Wu M, She J H, et al. Delay-dependent robust stability criteria for uncertain neutral systems with mixed delays. Systems & Control Letters, 2004, 51(1): 57-65

[15] He Y, Wu M, She J H. Improved bounded-real-lemma representation and control of systems with polytopic uncertainties. IEEE Transactions on Circuits and Systems II: Express Briefs, 2005, 52(7): 380-383

[16] Yu X, Hou Z, Polycarpou M M, et al. Data-driven iterative learning control for nonlinear discrete-time MIMO systems. IEEE Transactions on Neural Networks and Learning Systems, 2021, 32(3): 1136-1148

[17] Hui Y, Chi R, Huang B, et al. Extended state observer-based data-driven iterative learning control for permanent magnet linear motor with initial shifts and disturbances. IEEE Transactions on Systems, Man, and Cybernetics: Systems, 2021, 51(3): 1881-1891

[18] Meng T, He W, He X. Tracking control of a flexible string system based on iterative learning control. IEEE Transactions on Control Systems Technology, 2021, 29(1): 436-443

[19] Hladowski L, Cai Z, Galkowski K, et al. Using 2D systems theory to design output signal based iterative learning control laws with experimental verification. Proceedings of the 47th IEEE Conference on Decision and Control, Cancun, 2008: 3026-3031

[20] Khargonek P P, Petersen I R, Zhou K. Robust stabilization of uncertain linear systems: Quadratic stabilizability and H_∞ control theory. IEEE Transactions on Automatic Control, 1990, 35(3): 356-361

[21] Zhou K M, Doyle J C, Glover K. Robust and Optimal Control. Englewood Cliffs: Prentice Hall, 1996

[22] 周克敏, Doyle J C, Glover K. 鲁棒与最优控制. 毛剑琴, 钟宜生, 林岩, 等译. 北京: 国防工业出版社, 2006

[23] Ho D W C, Lu G. Robust stabilization for a class of discrete-time nonlinear system via output feedback: The unified LMI approach. International Journal of Control, 2003, 76(7): 105-115

[24] 吴敏, 周兰, 佘锦华, 等. 一类不确定线性系统的输出反馈鲁棒重复控制设计. 中国科学: 信息科学, 2010, 40(1): 54-62

[25] 周兰, 吴敏, 佘锦华, 等. 具有状态观测器的鲁棒重复控制系统设计. 控制理论与应用, 2009, 26(9): 942-948

[26] Zhou L, She J H, Wu M, et al. Design of robust modified repetitive-control system for linear periodic plants. IEEE/ASME Journal of Dynamic Systems, Measurement, and Control, 2012, 134(1): 011023

第 4 章　二维重复控制系统设计

重复控制是一种无限区间上的闭环学习控制，既包含每个周期的连续控制行为，也包含相邻两个周期之间的离散学习行为，表现出二维特性。二维重复控制采用二维混合模型来描述这两种完全不同的行为，设计对应的二维控制律，实现控制和学习行为的独立或优先调节，使系统具有满意的控制和学习性能，从本质上提高控制系统精度。本章在第 2 章重复控制系统的连续/离散二维混合模型和第 3 章二维重复控制系统稳定性分析的基础上，系统地阐述二维重复控制系统设计方法。

4.1　二维重复控制系统设计问题描述

二维重复控制是利用重复控制的二维特性，建立二维混合模型，在连续空间和离散空间中分别描述控制和学习行为，对这两种行为进行准确描述和深入研究，寻找调节控制和学习行为的方法以及相应控制器设计算法，进而提高系统的控制和学习性能。

4.1.1　重复控制系统设计问题

由第 1 章可知，重复控制系统有两种常见的结构：基本重复控制系统和改进型重复控制系统，虽然有很多研究为了方便进行控制系统设计和实现不同的控制目标，在这两种结构的基础上进行变换与改进，提出了不同的重复控制系统结构[1,2]，但是都是基于内模原理的基本思想。这里仅针对两种常见的重复控制器结构，深入分析相应的控制系统设计问题。

基本重复控制器的内模由一个纯时滞正反馈环节构成，是精确的周期信号内模。由内模原理可知，该系统可以无稳态误差地跟踪任意周期信号，因此其跟踪性能得以保证。然而这样的纯时滞正反馈环节使重复控制系统为一个中立型时滞系统，系统的稳定性难以保证。因而，在进行基本重复控制系统设计时，需要结合反馈控制来改善控制系统的稳定性和动态性能。

反馈控制是改善系统动态响应性能的一种有效方法。状态反馈可以基于系统的实际状态及时进行精确控制，因此基于状态反馈的重复控制系统能获得最好的性能。但是，在实际控制系统中，被控对象的状态往往难以直接获取，或者由于在经济上或安装上对测量设备的限制，无法获得系统的全部状态，从而使该方法难以应用于实际的控制系统。当状态反馈无法实现时，为了扩大重复控制方法的应用范围，常常采用更容易获取的输出反馈信息或者基于状态观测器重构的状态反馈。

在改进型重复控制系统中，低通滤波器的设置使重复控制内模为一个近似的周期信号内模，控制系统存在稳定性能和跟踪性能的折中。从理论上说，希望低通滤波器的增益在关注的低频成分上接近于 1，并尽量抑制在截止频率以上的高频成分，即在高频区域低通滤波器的增益应趋近于 0。但是，这种理想的低通滤波器在实践中难以实现。一方面，为扩大系统跟踪范围，需要提高低通滤波器的截止频率，并提高重复控制器在周期信号基频与谐波频率处的增益，从而提高系统跟踪精度；另一方面，为使系统具有鲁棒稳定性，需要控制系统抑制高频信号的补灵敏度。如何选择重复控制器与低通滤波器参数，是设计改进型重复控制系统的关键 [3]。

综上所述，重复控制系统设计的基本问题是在保证系统稳定的基础上，设计反馈控制器，改善控制系统的动态特性和稳态跟踪误差。

4.1.2　二维重复控制系统设计问题

由第 2 章的重复控制系统二维混合模型建立过程可知，在基于状态反馈的基本重复控制系统二维混合模型中，微分方程和差分方程可以分别描述控制和学习行为，而且在二维控制律中调节控制和学习行为的增益是相互独立的，因此能实现控制和学习行为的独立调节，设计问题相对简单。基于输出反馈和状态观测器的基本重复控制系统二维混合模型虽然可以分别描述控制和学习行为，但是，在二维控制律中调节控制和学习行为的增益相互影响，因而只能优先调节控制和学习行为。

改进型重复控制系统中低通滤波器的设置使表示控制和学习行为的状态变量混合在一起，无论如何选择反馈控制器，都不能设计独立调节控制和学习行为的二维控制律，在设计过程中需要引入调节参数实现这两种行为的优先调节。基于以上分析，一方面，低通滤波器混合了控制和学习行为，基本重复控制系统的二维混合模型建立方法不能简单地推广到改进型重复控制系统中，需要结合改进型重复控制系统的特点，利用二维系统理论，构建改进型重复控制系统的二维混合模型，设计二维控制律优先调节控制和学习行为；另一方面，与基本重复控制系统相比，低通滤波器使得改进型重复控制系统中存在稳定性能和跟踪性能的折中，设计问题相对复杂。在进行二维改进型重复控制系统设计时，需要同时考虑以上两个方面。

二维混合模型在二维空间上对控制和学习行为进行准确描述，设计合适的二维控制律，可以独立或者优先调节这两种行为，利用重复控制的学习特性，从本质上提高系统动态性能。解决这一问题的有效方法是在构建二维李雅普诺夫泛函时引入调节参数，分析调节参数与控制和学习行为的关系，建立二维控制器参数设计算法。二维重复控制系统设计问题是如何深入分析李雅普诺夫泛函中调节参数与控制和学习行为的关系，设计合适的调节参数，优先调节控制和学习行为，从本质上提高系统控制和学习性能。

4.2 二维基本重复控制系统设计方法

基本重复控制系统可以无稳态跟踪误差地跟踪任意周期参考输入，为了保证系统的稳定性和改善系统的动态特性，通常需要在控制系统中引入反馈控制器。当系统状态易直接测量时，采用状态反馈进行镇定控制器设计；当状态难以测得或者受经济上的限制时，利用观测器来重构状态进行反馈设计。本节针对不同的反馈控制器结构，提出相应的二维基本重复控制系统设计方法。

4.2.1 基于状态反馈的基本重复控制系统设计

针对一类正则的线性系统，首先提出一种基于状态反馈的基本重复控制系统结构并描述系统设计问题；然后利用"提升"方法，建立重复控制系统的二维混合模型和二维控制律，对控制和学习行为进行准确描述，将重复控制系统的设计问题转化为一类二维系统的状态反馈控制器设计问题；随后采用二维李雅普诺夫泛函分析闭环系统的稳定性，得到基于线性矩阵不等式的稳定性条件；最后基于该条件给出控制器设计算法，通过调节稳定性条件中的两个调节参数，实现控制和学习行为的独立调节，从而提高系统的瞬态响应和稳态跟踪性能。

1. 问题描述

考虑如图 4.1 所示的重复控制系统，包括被控对象、基本重复控制器和反馈控制器。被控对象为一类单输入单输出的正则线性系统

$$\begin{cases} \dot{x}_p(t) = Ax_p(t) + Bu(t) \\ y(t) = Cx_p(t) + Du(t) \end{cases} \tag{4.1}$$

其中，$x_p(t) \in \mathbb{R}^n$ 为状态变量；$u(t) \in \mathbb{R}$ 为控制输入；$y(t) \in \mathbb{R}$ 为控制输出；A、B、C 和 D 为具有合适维数的实数矩阵。

被控对象 (A, B, C, D) 满足如下假设。

假设 4.1 (A, B, C, D) 能控和能观。

假设 4.2 (A, B, C, D) 在虚轴上没有零点。

注释 4.1 假设 4.1 比较简单。要想使用一个控制输入来提高系统的跟踪性能，如果被控对象不能控和 (或) 不能观，则只需要考虑它的一个能控和能观的子系统。

注释 4.2　假设 4.2 是必要的。它用以保证系统内部稳定，并且允许被控对象的输出无稳态误差地跟踪参考输入。

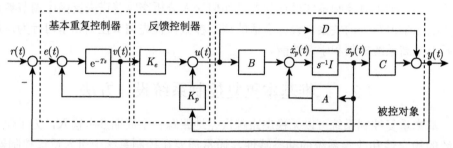

图 4.1　基于状态反馈的基本重复控制系统

重复控制内模的时滞环节在前向通道时的状态空间模型为

$$v(t) = e(t - T) + v(t - T) \tag{4.2}$$

其中，$v(t)$ 为重复控制器的输出；$e(t)$ $[= r(t) - y(t)]$ 为重复控制系统的跟踪误差；T 为参考输入的周期。

注释 4.3　这里的重复控制内模将时滞环节放在前向通道是为了方便建立系统的二维混合模型，与图 1.3 所示的重复控制内模相比，由于时滞环节的直接连接，系统的响应慢 1 个周期，但是没有改变重复控制内模的极点，所以内部模型所起的作用是相同的。

基于状态反馈建立线性控制律

$$u(t) = K_e v(t) + K_p x_p(t) \tag{4.3}$$

其中，K_e 为重复控制器增益；K_p 为状态反馈增益。那么，图 4.1 所示的重复控制系统设计问题如下：设计反馈控制器增益 K_e 和 K_p，使系统在控制律 (4.3) 的作用下稳定，同时稳态跟踪误差趋向于 0。

2. 二维混合模型

外部输入与线性系统的内部稳定性无关，令 $r(t) = 0$。通过第 2 章的"提升"方法，将图 4.1 所示的重复控制系统等距同构投射到二维空间，得到二维混合模型和二维控制律

$$\begin{cases} \Delta \dot{x}_p(k, \tau) = A \Delta x_p(k, \tau) + B \Delta u(k, \tau) \\ e(k, \tau) = -C \Delta x_p(k, \tau) + e(k-1, \tau) - D \Delta u(k, \tau) \end{cases} \tag{4.4a}$$

$$\Delta u(k, \tau) = F_p \Delta x_p(k, \tau) + F_e e(k-1, \tau) \tag{4.4b}$$

反馈控制增益与二维控制增益满足

$$F_p = K_p, \quad F_e = K_e \tag{4.5}$$

由此可见，图 4.1 所示的重复控制系统设计问题等价为：设计二维控制律增益 F_p 和 F_e 使二维混合系统 (4.4) 稳定，同时具有满意的控制和学习性能。

3. 稳定性分析

将二维控制律 (4.4b) 代入二维混合模型 (4.4a)，得到二维闭环系统

$$\begin{bmatrix} \Delta \dot{x}_p(k,\tau) \\ e(k,\tau) \end{bmatrix} = \begin{bmatrix} A + BF_p & BF_e \\ -C - DF_p & 1 - DF_e \end{bmatrix} \begin{bmatrix} \Delta x_p(k,\tau) \\ e(k-1,\tau) \end{bmatrix} \tag{4.6}$$

基于引理 3.3，下面的定理给出系统 (4.6) 渐近稳定的充分条件[4,5]。

定理 4.1 如果存在正定对称矩阵 X_1、X_2 和 X_3，使得矩阵不等式

$$\begin{bmatrix} \Phi_{11} & X_1 BF_e + (C + DF_p)^{\mathrm{T}} X_2 (DF_e - 1) \\ \star & (1 - DF_e)^{\mathrm{T}} X_2 (1 - DF_e) - X_2 \end{bmatrix} < 0 \tag{4.7}$$

成立，其中

$$\Phi_{11} = X_1(A + BF_p) + (A + BF_p)^{\mathrm{T}} X_1 + (C + DF_p)^{\mathrm{T}} X_2 (C + DF_p) - X_3 \tag{4.8}$$

则系统 (4.6) 渐近稳定。

证明 将

$$\begin{cases} \tilde{A}_1 = \begin{bmatrix} A + BF_p & BF_e \\ 0 & 0 \end{bmatrix}, & \tilde{A}_2 = \begin{bmatrix} 0 & 0 \\ -C - DF_p & 1 - DF_e \end{bmatrix} \\ X_{02} = \begin{bmatrix} 0 & 0 \\ 0 & X_2 \end{bmatrix}, & X_{10} = \begin{bmatrix} X_1 & 0 \\ 0 & 0 \end{bmatrix}, \quad X_{32} = \begin{bmatrix} X_3 & 0 \\ 0 & X_2 \end{bmatrix} \end{cases} \tag{4.9}$$

代入引理 3.3 中的矩阵不等式，由 Schur 补引理 3.4 可得矩阵不等式 (4.7)。 □

基于定理 3.7，下面的定理给出系统 (4.6) 渐近稳定的充分条件[6]。

定理 4.2 如果存在正定对称矩阵 X_1 和 X_2，以及具有合适维数的矩阵 W_1、W_2、W_3 和 W_4，使得矩阵不等式

$$\begin{bmatrix} \Phi_{11} & \Phi_{12} & X_1 + W_1 - (A + BF_p)^{\mathrm{T}} W_2^{\mathrm{T}} & (C + DF_p)^{\mathrm{T}} W_3^{\mathrm{T}} \\ \star & \Phi_{22} & -F_e^{\mathrm{T}} B^{\mathrm{T}} W_2^{\mathrm{T}} & W_4 - (1 - DF_e)^{\mathrm{T}} W_3^{\mathrm{T}} \\ \star & \star & W_2^{\mathrm{T}} + W_2 & 0 \\ \star & \star & \star & X_2 + W_3^{\mathrm{T}} + W_3 \end{bmatrix} < 0 \tag{4.10}$$

成立，其中

$$\begin{cases} \Phi_{11} = -(A + BF_p)^{\mathrm{T}}W_1^{\mathrm{T}} - W_1(A + BF_p) \\ \Phi_{12} = -W_1BF_e + (C + DF_p)^{\mathrm{T}}W_4^{\mathrm{T}} \\ \Phi_{22} = -X_2 - (1 - DF_e)^{\mathrm{T}}W_4^{\mathrm{T}} - W_4(1 - DF_e) \end{cases} \tag{4.11}$$

则系统 (4.6) 渐近稳定。

由于矩阵不等式 (4.7) 和 (4.10) 不是线性矩阵不等式的形式，所以难以直接求解二维控制律增益 F_p 和 F_e。通过变量替换方法[7]，下面的定理给出线性矩阵不等式形式的稳定性条件[4]。

定理4.3　如果存在正定对称矩阵 X_1 和 X_2，以及具有合适维数矩阵 W_1 和 W_2，使得线性矩阵不等式

$$\begin{bmatrix} \Phi_{11} & BW_1 & -X_1C^{\mathrm{T}} - W_2^{\mathrm{T}}D^{\mathrm{T}} \\ \star & -X_2 & X_2 - W_1^{\mathrm{T}}D^{\mathrm{T}} \\ \star & \star & -X_2 \end{bmatrix} < 0 \tag{4.12}$$

成立，其中

$$\Phi_{11} = X_1A^{\mathrm{T}} + AX_1 + W_2^{\mathrm{T}}B^{\mathrm{T}} + BW_2 \tag{4.13}$$

则系统 (4.6) 渐近稳定，并且二维控制律增益为

$$F_p = W_2X_1^{-1}, \quad F_e = W_1X_2^{-1} \tag{4.14}$$

下面的定理给出系统 (4.6) 渐近稳定的充分条件，它与引入的调节参数 α 和 β 相关[6]。

定理 4.4　给定正调节参数 α 和 β，如果存在正定对称矩阵 $\tilde{X}_1$ 和 $\tilde{X}_2$，以及具有合适维数的矩阵 $\tilde{W}_1$、$\tilde{W}_2$、$\tilde{W}_3$ 和 $\tilde{W}_4$，使得线性矩阵不等式

$$\begin{bmatrix} \Phi_{11} & \Phi_{12} & \Phi_{13} & \tilde{W}_1C^{\mathrm{T}} + \alpha\tilde{W}_3^{\mathrm{T}}D^{\mathrm{T}} \\ \star & \Phi_{22} & -\alpha\beta\tilde{W}_4^{\mathrm{T}}B^{\mathrm{T}} & \beta\tilde{W}_2^{\mathrm{T}} - \tilde{W}_2 + \beta\tilde{W}_4^{\mathrm{T}}D^{\mathrm{T}} \\ \star & \star & \alpha(\tilde{W}_1^{\mathrm{T}} + \tilde{W}_1) & 0 \\ \star & \star & \star & \tilde{X}_2 + \tilde{W}_2^{\mathrm{T}} + \tilde{W}_2 \end{bmatrix} < 0 \tag{4.15}$$

成立，其中

$$\begin{cases} \Phi_{11} = -A\tilde{W}_1^{\mathrm{T}} - \tilde{W}_1A^{\mathrm{T}} - \alpha B\tilde{W}_3 - \alpha\tilde{W}_3^{\mathrm{T}}B^{\mathrm{T}} \\ \Phi_{12} = -\beta B\tilde{W}_4 + \beta\tilde{W}_1C^{\mathrm{T}} + \alpha\beta\tilde{W}_3^{\mathrm{T}}D^{\mathrm{T}} \\ \Phi_{13} = \tilde{X}_1 + \tilde{W}_1^{\mathrm{T}} - \alpha\tilde{W}_1A^{\mathrm{T}} - \alpha^2\tilde{W}_3^{\mathrm{T}}B^{\mathrm{T}} \\ \Phi_{22} = -\tilde{X}_2 - \beta(\tilde{W}_2^{\mathrm{T}} + \tilde{W}_2) + \beta^2(D\tilde{W}_4 + \tilde{W}_4^{\mathrm{T}}D^{\mathrm{T}}) \end{cases} \tag{4.16}$$

则系统 (4.6) 渐近稳定, 并且二维控制律增益为

$$F_p = \alpha \tilde{W}_3 (\tilde{W}_1^{-1})^{\mathrm{T}}, \quad F_e = \beta \tilde{W}_4 (\tilde{W}_2^{-1})^{\mathrm{T}} \tag{4.17}$$

证明 设定理 4.2 中 $W_1 = W$, $W_2 = \alpha W$, $W_3 = N$, $W_4 = \beta N$, 由于式 (4.10) 中 $W_2^{\mathrm{T}} + W_2$ 以及 $X_2 + W_3^{\mathrm{T}} + W_3$ 负定, 所以 W 和 N 为非奇异矩阵。

定义

$$\begin{cases} \tilde{W}_1 = W^{-1}, \quad \tilde{W}_2 = N^{-1}, \quad \tilde{W}_3 = \alpha^{-1} F_p (W^{-1})^{\mathrm{T}}, \quad \tilde{W}_4 = \beta^{-1} F_e (N^{-1})^{\mathrm{T}} \\ \tilde{X}_1 = W^{-1} X_1 (W^{-1})^{\mathrm{T}}, \quad \tilde{X}_2 = N^{-1} X_2 (N^{-1})^{\mathrm{T}} \end{cases}$$

$$\tag{4.18}$$

在式 (4.10) 的两边左乘对角矩阵 $\mathrm{diag}\{W^{-1},\ N^{-1},\ W^{-1},\ N^{-1}\}$ 和右乘对角矩阵 $\mathrm{diag}\{(W^{-1})^{\mathrm{T}},\ (N^{-1})^{\mathrm{T}},\ (W^{-1})^{\mathrm{T}},\ (N^{-1})^{\mathrm{T}}\}$ 得到线性矩阵不等式 (4.15)。 □

注释 4.4 调节参数 α 和 β 的引入为控制和学习行为的独立调节提供可能。控制和学习行为分别由闭环系统 (4.6) 的两个子系统 $(A + BK_p)$ 和 $(1 - DK_e)$ 的特征值决定。由式 (4.17) 可知, 调节参数 α 和 β 包含在二维控制律的增益矩阵中, 调节参数 α 和 β 可以间接地影响增益矩阵的值。具体地, 如果 $(1 - DK_e)$ 的特征值具有较大的负实部, 则重复控制的学习性能越好; 如果 $(A + BK_p)$ 的特征值具有较大的负实部, 则重复控制的控制性能越好。基于以上分析, 可以通过选择合适的调节参数 α 和 β, 设计二维控制律增益, 从而实现控制和学习行为的独立调节。

4. 控制器设计

根据定理 4.4, 下面给出图 4.1 中反馈控制器参数的设计算法。

算法 4.1 基于状态反馈的基本重复控制系统控制器设计算法。

步骤 1 选择调节参数 α 和 β 使线性矩阵不等式 (4.15) 成立;

步骤 2 由式 (4.17) 计算二维控制律增益 F_p 和 F_e;

步骤 3 由式 (4.5) 计算反馈控制律增益 K_e 和 K_p。

4.2.2 基于状态观测器的基本重复控制系统设计

4.2.1 节的方法要求被控对象的所有状态都可获得, 但是该条件在实际控制系统中往往难以满足。针对一类正则的线性系统, 首先提出一种基于状态观测器的基本重复控制系统结构, 采用系数矩阵待定的状态观测器来重构系统状态, 增大观测器设计的自由度, 并描述系统设计问题; 然后利用 "提升" 方法, 建立重复控制系统的二维混合模型和二维控制律, 对控制和学习行为进行准确描述, 将重复控制系统的设计问题转化为一类二维系统的状态反馈控制设计问题; 随后采用二维李雅普诺夫泛函分析闭环系统的稳定性, 得到基于线性矩阵不等式的稳定性

条件；最后基于该条件给出控制器设计算法，设计反馈控制器增益以及状态观测器的系数矩阵和增益，实现控制和学习行为的优先调节，从而提高系统的瞬态响应和稳态跟踪性能。

1. 问题描述

考虑如图 4.2 所示的重复控制系统，包括被控对象 (4.1)、状态观测器、基本重复控制器和反馈控制器。

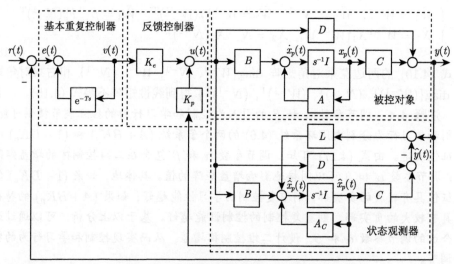

图 4.2　基于状态观测器的基本重复控制系统

针对被控对象 (4.1)，构造同维状态观测器

$$\begin{cases} \dot{\hat{x}}_p(t) = A_c\hat{x}_p(t) + Bu(t) + L[y(t) - \hat{y}(t)] \\ \hat{y}(t) = C\hat{x}_p(t) + Du(t) \end{cases} \tag{4.19}$$

其中，$\hat{x}_p(t) \in \mathbb{R}^n$ 为观测器的状态变量，用于估计 $x_p(t)$；$\hat{y}(t) \in \mathbb{R}$ 为观测器输出；A_c 为与 A 同维的观测器系数矩阵；L 为观测器增益。

定义

$$x_\delta(t) = x_p(t) - \hat{x}_p(t) \tag{4.20}$$

为重构状态误差，由式 (4.1)、式 (4.19) 和式 (4.20) 推导出状态误差方程

$$\dot{x}_\delta(t) = (A - LC)\,x_\delta(t) + (A - A_c)\,\hat{x}_p(t) \tag{4.21}$$

基本重复控制器的状态空间模型为

$$v(t) = e(t) + v(t - T) \tag{4.22}$$

其中，$v(t)$ 为重复控制器的输出；$e(t)\ [= r(t) - y(t)]$ 为重复控制系统的跟踪误差；T 为参考输入的周期。

基于状态观测器重构的状态反馈建立线性控制律

$$u(t) = K_e v(t) + K_p \hat{x}_p(t) \tag{4.23}$$

其中，K_e 为重复控制器的增益；K_p 为状态观测器重构的状态反馈增益。那么，图 4.2 所示重复控制系统的设计问题为：设计反馈控制器增益 K_e 和 K_p，以及状态观测器的系数矩阵 A_c 和增益 L，使系统在控制律 (4.23) 的作用下稳定，同时稳态跟踪误差趋向于 0。

2. 二维混合模型

令 $r(t) = 0$，得到图 4.2 所示的重复控制系统二维混合模型和二维控制律

$$\begin{cases} \Delta \dot{x}(k,\tau) = \tilde{A}\Delta x(k,\tau) + \tilde{B}\Delta u(k,\tau) \\ e(k,\tau) = \tilde{C}\Delta x(k,\tau) + e(k-1,\tau) + \tilde{D}\Delta u(k,\tau) \end{cases} \tag{4.24a}$$

$$\Delta u(k,\tau) = F_p \Delta x(k,\tau) + F_e e(k-1,\tau) \tag{4.24b}$$

其中

$$\begin{cases} x(k,\tau) = \begin{bmatrix} \hat{x}_p^{\mathrm{T}}(k,\tau) & x_\delta^{\mathrm{T}}(k,\tau) \end{bmatrix}^{\mathrm{T}} \\ \tilde{A} = \begin{bmatrix} A_c & LC \\ A - A_c & A - LC \end{bmatrix}, \ \tilde{B} = \begin{bmatrix} B \\ 0 \end{bmatrix}, \ \tilde{C} = \begin{bmatrix} -C & -C \end{bmatrix}, \ \tilde{D} = -D \end{cases} \tag{4.25}$$

反馈控制律增益与二维控制律增益满足

$$\begin{cases} F_p = \begin{bmatrix} F_{p1} & F_{p2} \end{bmatrix} = \begin{bmatrix} (1 + K_e D)^{-1}(K_p - K_e C) & -(1 + K_e D)^{-1} K_e C \end{bmatrix} \\ F_e = (1 + K_e D)^{-1} K_e \end{cases} \tag{4.26}$$

由此可见，图 4.2 所示的重复控制系统设计问题等价为：设计二维控制律增益 F_p 和 F_e 使二维混合系统 (4.24) 稳定，同时具有满意的控制和学习性能。

3. 稳定性分析

将二维控制律 (4.24b) 代入二维混合模型 (4.24a)，得到二维闭环系统

$$\begin{bmatrix} \Delta \dot{x}(k,\tau) \\ e(k,\tau) \end{bmatrix} = \begin{bmatrix} \bar{A} & \bar{B} \\ \bar{C} & \bar{D} \end{bmatrix} \begin{bmatrix} \Delta x(k,\tau) \\ e(k-1,\tau) \end{bmatrix} \tag{4.27}$$

其中

$$
\begin{cases}
\bar{A} = \begin{bmatrix} A_c + BF_{p1} & LC + BF_{p2} \\ A - A_c & A - LC \end{bmatrix}, & \bar{B} = \begin{bmatrix} BF_e \\ 0 \end{bmatrix} \\
\bar{C} = \begin{bmatrix} -C - DF_{p1} & -C - DF_{p2} \end{bmatrix}, & \bar{D} = 1 - DF_e
\end{cases}
\tag{4.28}
$$

基于以上分析, 下面的定理给出系统 (4.27) 渐近稳定的充分条件[8]。

定理 4.5　如果存在正定对称矩阵 X_1、X_{11}、X_{22} 和 X_3, 以及具有合适维数的矩阵 W_1、W_2、W_3、W_4 和 W_5, 使得线性矩阵不等式

$$
\begin{bmatrix}
\Phi_{11} & \Phi_{12} & BW_5 & X_1C^{\mathrm{T}} + W_2^{\mathrm{T}}D^{\mathrm{T}} \\
\star & \Phi_{22} & 0 & X_2C^{\mathrm{T}} - C^{\mathrm{T}}W_4^{\mathrm{T}}D^{\mathrm{T}} \\
\star & \star & -X_3 & W_5^{\mathrm{T}}D^{\mathrm{T}} - X_3 \\
\star & \star & \star & -X_3
\end{bmatrix} < 0
\tag{4.29}
$$

成立, 其中输出矩阵 C 的结构奇异值分解式为 $C = U[S\ \ 0]V^{\mathrm{T}}$, 且

$$
\begin{cases}
X_2 = V \begin{bmatrix} X_{11} & 0 \\ 0 & X_{22} \end{bmatrix} V^{\mathrm{T}} \\
\Phi_{11} = W_1^{\mathrm{T}} + W_1 + W_2^{\mathrm{T}}B^{\mathrm{T}} + BW_2 \\
\Phi_{12} = W_3C - BW_4C + X_1A^{\mathrm{T}} - W_1^{\mathrm{T}} \\
\Phi_{22} = X_2A^{\mathrm{T}} + AX_2 - C^{\mathrm{T}}W_3^{\mathrm{T}} - W_3C
\end{cases}
\tag{4.30}
$$

则系统 (4.27) 渐近稳定, 并且二维控制律增益为

$$
F_p = \begin{bmatrix} F_{p1} & F_{p2} \end{bmatrix} = \begin{bmatrix} W_2X_1^{-1} & -W_5X_3^{-1}C \end{bmatrix}, \quad F_e = W_5X_3^{-1}
\tag{4.31}
$$

以及状态观测器的系数矩阵和增益分别为

$$
A_c = W_1X_1^{-1}, \quad L = W_3USX_{11}^{-1}S^{-1}U^{\mathrm{T}}
\tag{4.32}
$$

证明　构造二维李雅普诺夫泛函

$$
V(k, \tau) = V_1(k, \tau) + V_2(k, \tau)
\tag{4.33}
$$

其中

$$
\begin{cases}
V_1(k, \tau) = \Delta x^{\mathrm{T}}(k, \tau)P\Delta x(k, \tau) \\
P = \mathrm{diag}\{P_1,\ P_2\}, \quad P_1 = X_1^{-1} > 0, \quad P_2 = X_2^{-1} > 0 \\
V_2(k, \tau) = e^{\mathrm{T}}(k-1, \tau)P_3e(k-1, \tau), \quad P_3 = X_3^{-1} > 0
\end{cases}
\tag{4.34}
$$

考虑闭环系统 (4.27)，其泛函增量为

$$\nabla V(k,\tau) = \frac{\mathrm{d}V_1(k,\tau)}{\mathrm{d}\tau} + \Delta V_2(k,\tau) \tag{4.35}$$

其中

$$\begin{cases} \dfrac{\mathrm{d}V_1(k,\tau)}{\mathrm{d}\tau} = 2\Delta x^{\mathrm{T}}(k,\tau)P\Delta \dot{x}(k,\tau) \\ \Delta V_2(k,\tau) = e^{\mathrm{T}}(k,\tau)P_3 e(k,\tau) - e^{\mathrm{T}}(k-1,\tau)P_3 e(k-1,\tau) \end{cases} \tag{4.36}$$

进一步得到

$$\nabla V(k,\tau) = \eta^{\mathrm{T}}(k,\tau)\Theta\eta(k,\tau) \tag{4.37}$$

其中

$$\begin{cases} \eta(k,\tau) = \begin{bmatrix} \Delta x^{\mathrm{T}}(k,\tau) & e^{\mathrm{T}}(k-1,\tau) \end{bmatrix}^{\mathrm{T}} \\ \Theta = \begin{bmatrix} \Theta_{11} & \Theta_{12} & P_1 B F_e \\ \star & \Theta_{22} & 0 \\ \star & \star & -P_3 \end{bmatrix} + \Psi^{\mathrm{T}} P_3 \Psi \\ \Theta_{11} = A_c^{\mathrm{T}} P_1 + P_1 A_c + F_{p1}^{\mathrm{T}} B^{\mathrm{T}} P_1 + P_1 B F_{p1} \\ \Theta_{12} = P_1 LC + P_1 B F_{p2} + A^{\mathrm{T}} P_2 - A_c^{\mathrm{T}} P_2 \\ \Theta_{22} = A^{\mathrm{T}} P_2 + P_2 A - C^{\mathrm{T}} L^{\mathrm{T}} P_2 - P_2 LC \\ \Psi = \begin{bmatrix} -C - D F_{p1} & -C - D F_{p2} & 1 - D F_e \end{bmatrix} \end{cases} \tag{4.38}$$

由此可见，如果 $\Theta < 0$，则 $V(k,\tau)$ 在区间 $[kT,\ (k+1)T]$，$k \in \mathbb{Z}_+$ 内单调递减，从而系统 (4.27) 渐近稳定。$\Theta < 0$ 不是线性矩阵不等式，由 Schur 补引理 3.4 可得 $\Theta < 0$ 等价于

$$\begin{bmatrix} \Theta_{11} & \Theta_{12} & P_1 B F_e & C^{\mathrm{T}} P_3 + F_{p1}^{\mathrm{T}} D^{\mathrm{T}} P_3 \\ \star & \Theta_{22} & 0 & C^{\mathrm{T}} P_3 + F_{p2}^{\mathrm{T}} D^{\mathrm{T}} P_3 \\ \star & \star & -P_3 & F_e^{\mathrm{T}} D^{\mathrm{T}} P_3 - P_3 \\ \star & \star & \star & -P_3 \end{bmatrix} < 0 \tag{4.39}$$

在式 (4.39) 的两边分别左乘、右乘对角矩阵 $\mathrm{diag}\{X_1,\ X_2,\ X_3,\ X_3\}$，根据定义 3.10 和引理 3.5，存在

$$\bar{X}_2 = U S X_{11} S^{-1} U^{\mathrm{T}} \tag{4.40}$$

使得

$$CX_2 = \bar{X}_2 C \tag{4.41}$$

并且

$$\bar{X}_2^{-1} = USX_{11}^{-1}S^{-1}U^{\mathrm{T}} \tag{4.42}$$

定义

$$W_1 = A_c X_1, \ \ W_2 = F_{p1} X_1, \ \ W_3 = L\bar{X}_2, \ \ W_4 = F_e \bar{X}_2, \ \ W_5 = F_e X_3 \tag{4.43}$$

得到线性矩阵不等式 (4.29)。   □

注释 4.5   与文献 [9] 相比，求解控制器时不需要受到矩阵等式的约束。文献 [10] 的设计方法仅能应用于严格正则的标称系统。在文献 [4] 中直接利用被控对象的状态进行了二维重复控制系统设计。这里利用被控对象的输入和输出重构系统状态，再基于重构状态进行重复控制系统设计，不仅能够解决状态反馈在物理实现上的困难，而且适用范围更广。

注释 4.6   在重复控制系统设计中，常常关注控制输入和稳态跟踪误差的收敛性。在定理 4.5 中，状态观测器的系数矩阵 A_c 是线性矩阵不等式 (4.29) 的决策变量，通过权重矩阵 W_1 和 X_1 来确定，增大了观测器设计的自由度，这样有利于提高观测器的估计精度，从而改善系统的稳态跟踪性能，这在后面的数值仿真与分析中可以得到验证。

针对被控对象 (4.1)，构造一般形式的全维状态观测器

$$\begin{cases} \dot{\hat{x}}_p(t) = A\hat{x}_p(t) + Bu(t) + L\left[y(t) - \hat{y}(t)\right] \\ \hat{y}(t) = C\hat{x}_p(t) + Du(t) \end{cases} \tag{4.44}$$

则系统 (4.27) 渐近稳定的充分条件可由定理 3.10 给出。

注释 4.7   定理 3.10 给出了基于全维状态观测器 (4.44) 的重复控制系统稳态跟踪误差收敛的充分条件和状态观测器以及重复控制器参数的求解方法。同时，定理 3.10 包含了定理 4.3 的结果。

4. 控制器设计

根据定理 4.5，下面给出图 4.2 中反馈控制器和状态观测器参数的设计算法。

算法 4.2   基于状态观测器的基本重复控制系统控制器设计算法。

步骤 1   对线性矩阵不等式 (4.29) 进行求解；

步骤 2   由式 (4.31) 计算二维控制律增益 F_p 和 F_e；

步骤 3   由式 (4.32) 计算状态观测器的系数矩阵 A_c 和增益 L；

步骤 4   由式 (4.26) 计算反馈控制律增益 K_e 和 K_p。

5. 数值仿真与分析

这里针对执行机构由质量-弹簧-阻尼器组成的二阶机械位移系统[11]，其转化为状态空间形式后的系数矩阵为

$$A = \begin{bmatrix} -2 & 3 \\ 4 & -5 \end{bmatrix}, \quad B = \begin{bmatrix} 0 \\ 1.5 \end{bmatrix}, \quad C = \begin{bmatrix} 5 & 0 \end{bmatrix}, \quad D = 1 \tag{4.45}$$

考虑对周期参考输入

$$r(t) = \sin 0.2\pi t + 0.5 \sin 0.4\pi t + 0.5 \sin 0.6\pi t \tag{4.46}$$

的跟踪问题。

参考输入周期 $T = 10\text{s}$，由算法 4.2 得到反馈控制器的增益分别为

$$K_e = 1.0191, \quad K_p = \begin{bmatrix} -0.9171 & -1.7721 \end{bmatrix} \tag{4.47}$$

以及状态观测器的系数矩阵和增益分别为

$$A_c = \begin{bmatrix} -7.8706 & 4.6816 \\ 5.0726 & -2.3670 \end{bmatrix}, \quad L = \begin{bmatrix} 1.1562 \\ 0.0599 \end{bmatrix} \tag{4.48}$$

仿真结果如图 4.3 所示，由此可知，经过 3 个周期后，系统输出便进入稳定状态，稳态误差以较快的速度趋于 0。由于被控对象非严格正则，所以文献 [10] 的方法无法实现期望的控制性能。与文献 [12] 相比，在不需要在线调节前馈项来改善系统的快速性和稳定性的情况下，系统便有很好的稳态收敛特性。

定理 3.10 给出了基于一般全维状态观测器的重复控制系统渐近稳定的充分条件，对线性矩阵不等式 (3.131) 求解得到的反馈控制器增益分别为

$$K_e = 0.4444, \quad K_p = \begin{bmatrix} -4.6242 & 1.2490 \end{bmatrix} \tag{4.49}$$

以及状态观测器增益为

$$L = \begin{bmatrix} 6.6551 \\ 5.1675 \end{bmatrix} \tag{4.50}$$

仿真结果如图 4.4 所示，由此可知，这里所提方法使系统具有更好的快速响应特性和跟踪误差收敛速度，验证了采用系数矩阵可调节的状态观测器能够提高系统的跟踪能力，使系统获得期望的控制性能。

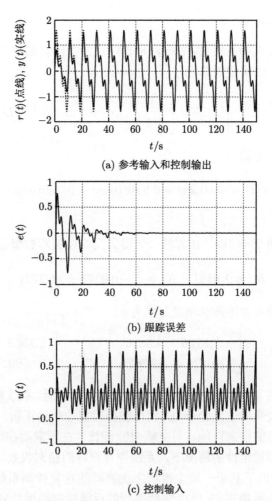

(a) 参考输入和控制输出

(b) 跟踪误差

(c) 控制输入

图 4.3   基于同维状态观测器的重复控制系统仿真结果

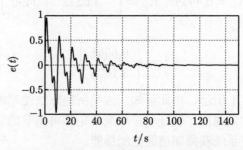

图 4.4   基于全维状态观测器的重复控制系统仿真结果

4.3 二维改进型重复控制系统设计方法

改进型重复控制系统存在稳定性和跟踪性能的折中，因此在系统设计时需要同时考虑截止频率和镇定控制器的设计。镇定控制器可以利用系统状态反馈或者输出反馈进行设计，针对不同的反馈控制器结构，本节提出相应的二维改进型重复控制系统设计方法。

4.3.1 基于状态反馈的改进型重复控制系统设计

针对一类严格正则的线性系统，首先提出一种基于状态反馈的改进型重复控制系统结构并描述系统设计问题；然后利用"提升"方法，建立改进型重复控制系统的二维混合模型和二维控制律，对控制和学习行为进行准确描述，将重复控制系统的设计问题转化为一类二维系统的状态反馈控制器设计问题；随后采用二维李雅普诺夫泛函分析闭环系统的稳定性，得到基于线性矩阵不等式的稳定性条件；最后基于该条件给出控制器设计算法，通过调节稳定性条件中的两个调节参数，实现控制和学习行为的优先调节，从而提高系统的瞬态响应和稳态跟踪性能。

1. 问题描述

考虑如图 4.5 所示的改进型重复控制系统，包括被控对象、改进型重复控制器和反馈控制器。被控对象为一类单输入单输出的严格正则线性系统

$$\begin{cases} \dot{x}_p(t) = Ax_p(t) + Bu(t) \\ y(t) = Cx_p(t) \end{cases} \tag{4.51}$$

其中，$x_p(t) \in \mathbb{R}^n$ 为状态变量；$u(t) \in \mathbb{R}$ 为控制输入；$y(t) \in \mathbb{R}$ 为控制输出；A、B 和 C 为具有合适维数的实数矩阵。

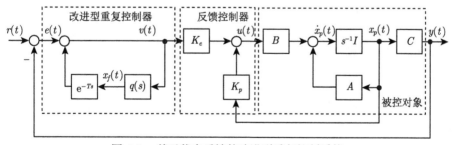

图 4.5 基于状态反馈的改进型重复控制系统

与前面类似，被控对象 (A, B, C) 满足如下假设[13]。

假设 4.3 (A, B, C) 能控和能观。

假设 4.4　(A, B, C) 在虚轴上没有零点。

改进型重复控制器的状态空间模型为

$$
\begin{cases}
\dot{x}_f(t) = -\omega_c x_f(t) + \omega_c x_f(t-T) + \omega_c e(t) \\
v(t) = e(t) + x_f(t-T)
\end{cases}
\tag{4.52}
$$

其中，$x_f(t)$ 为低通滤波器的状态变量；$v(t)$ 为重复控制器的输出；$e(t)$ $[= r(t) - y(t)]$ 为重复控制系统的跟踪误差；ω_c 为低通滤波器的截止频率；T 为参考输入的周期。

基于状态反馈建立线性控制律

$$
u(t) = K_e v(t) + K_p x_p(t)
\tag{4.53}
$$

其中，K_e 为重复控制器的增益；K_p 为状态反馈增益。那么，图 4.5 所示改进型重复控制系统的设计问题为：对于给定的截止频率 ω_c，设计反馈控制器增益 K_e 和 K_p，使系统在控制律 (4.53) 的作用下稳定，同时具有满意的稳态跟踪和动态响应性能。

式 (4.52) 和式 (4.53) 描述了改进型重复控制系统在时域内的动态行为，将改进型重复控制器的输出代入控制律 (4.53) 可以得到

$$
\begin{aligned}
u(t) &= K_e\left[e(t) + x_f(t-T)\right] + K_p x_p(t) \\
&= \left[K_e r(t) + (K_p - K_e C)x_p(t)\right] + K_e x_f(t-T)
\end{aligned}
\tag{4.54}
$$

控制律 (4.54) 中包含两种信息：当前周期的信息 (右边第一项)，前一周期的信息 (右边第二项)，将过去周期内的系统状态理解为一种经验，控制指的是利用本周期的系统信息作用到当前控制输入，而学习指的是利用前周期的系统信息作用到当前控制输入。由此，不能通过调节线性控制律 (4.53) 中的控制增益 K_e 和 K_p 来独立调节控制和学习行为。为了解决这个问题，建立基于状态反馈的改进型重复控制系统二维混合模型。

2. 二维混合模型

令 $r(t) = 0$，得到图 4.5 所示的改进型重复控制系统二维混合模型和二维控制律分别为

$$
\begin{cases}
\dot{x}(k, \tau) = \tilde{A} x(k, \tau) + \tilde{A}_d x(k-1, \tau) + \tilde{B} u(k, \tau) \\
e(k, \tau) = \tilde{C} x(k, \tau)
\end{cases}
\tag{4.55a}
$$

$$
u(k, \tau) = \begin{bmatrix} F_p & 0 \end{bmatrix} x(k, \tau) + \begin{bmatrix} 0 & F_e \end{bmatrix} x(k-1, \tau)
\tag{4.55b}
$$

其中

$$
\begin{cases}
x(k,\tau) = \left[\begin{array}{cc} x_p^{\mathrm{T}}(k,\tau), & x_f^{\mathrm{T}}(k,\tau) \end{array}\right]^{\mathrm{T}} \\
\tilde{A} = \left[\begin{array}{cc} A & 0 \\ -\omega_c C & -\omega_c I \end{array}\right], \quad \tilde{A}_d = \left[\begin{array}{cc} 0 & 0 \\ 0 & \omega_c I \end{array}\right], \quad \tilde{B} = \left[\begin{array}{c} B \\ 0 \end{array}\right], \quad \tilde{C} = \left[\begin{array}{cc} -C & 0 \end{array}\right]
\end{cases}
$$

$$(4.56)$$

线性反馈控制律增益与二维控制律增益满足关系式

$$
F_p = -K_e C + K_p, \quad F_e = K_e \tag{4.57}
$$

由此可见,图 4.5 所示的改进型重复控制系统设计问题等价为:设计二维控制律增益 F_p 和 F_e 使二维混合系统 (4.55) 稳定,同时具有满意的控制和学习性能。

二维混合模型和二维控制律为提高系统跟踪性能提供了有效途径,在二维控制律 (4.55b) 中,可以通过调节控制增益 F_p 和 F_e 来实现对控制和学习行为的优先调节,这也是区别于传统基于一维时域设计方法的优势之处。

3. 稳定性分析

将二维控制律 (4.55b) 代入二维混合模型 (4.55a),得到二维闭环系统

$$
\left[\begin{array}{c} \dot{x}(k,\tau) \\ e(k,\tau) \end{array}\right] = \left[\begin{array}{c} \bar{A} \\ \bar{C} \end{array}\right] x(k,\tau) + \left[\begin{array}{c} \bar{A}_d \\ 0 \end{array}\right] x(k-1,\tau) \tag{4.58}
$$

其中

$$
\bar{A} = \left[\begin{array}{cc} A + BF_p & 0 \\ -\omega_c C & -\omega_c I \end{array}\right], \quad \bar{A}_d = \left[\begin{array}{cc} 0 & BF_e \\ 0 & \omega_c I \end{array}\right], \quad \bar{C} = \left[\begin{array}{cc} -C & 0 \end{array}\right] \tag{4.59}
$$

由式 (4.58) 可知,控制和学习行为通过系统矩阵 $\bar{A}$ 和 $\bar{A}_d$ 相互影响。

基于以上分析,下面的定理给出系统 (4.58) 渐近稳定的充分条件[14]。

定理 4.6 给定截止频率 ω_c,正调节参数 α 和 β,如果存在正定对称矩阵 X_1、X_2、Y_1 和 Y_2,以及具有合适维数的矩阵 W_1 和 W_2,使得线性矩阵不等式

$$
\left[\begin{array}{cccccc}
\Phi_{11} & -\alpha\omega_c X_1 C^{\mathrm{T}} & 0 & \beta B W_2 & \alpha X_1 & 0 \\
\star & -2\omega_c X_2 & 0 & \beta\omega_c Y_2 & 0 & X_2 \\
\star & \star & -Y_1 & 0 & 0 & 0 \\
\star & \star & \star & -\beta Y_2 & 0 & 0 \\
\star & \star & \star & \star & -Y_1 & 0 \\
\star & \star & \star & \star & \star & -\beta Y_2
\end{array}\right] < 0 \tag{4.60}
$$

成立，其中

$$\Phi_{11} = \alpha X_1 A^{\mathrm{T}} + \alpha A X_1 + \alpha W_1^{\mathrm{T}} B^{\mathrm{T}} + \alpha B W_1 \tag{4.61}$$

则系统 (4.58) 渐近稳定，并且二维控制律增益为

$$F_p = W_1 X_1^{-1}, \quad F_e = W_2 Y_2^{-1} \tag{4.62}$$

证明　构造二维李雅普诺夫泛函

$$V(k,\tau) = V_1(k,\tau) + V_2(k,\tau) \tag{4.63}$$

其中

$$\begin{cases} V_1(k,\tau) = x^{\mathrm{T}}(k,\tau) P x(k,\tau) \\ P = \mathrm{diag}\left\{ \dfrac{1}{\alpha} P_1, \ P_2 \right\}, \quad P_1 = X_1^{-1} > 0, \ P_2 = X_2^{-1} > 0 \\ V_2(k,\tau) = \displaystyle\int_{\tau-T}^{\tau} x^{\mathrm{T}}(k,s) Q x(k,s)\mathrm{d}s \\ Q = \mathrm{diag}\left\{ Q_1, \dfrac{1}{\beta} Q_2 \right\}, \quad Q_1 = Y_1^{-1} > 0, \ Q_2 = Y_2^{-1} > 0 \end{cases} \tag{4.64}$$

考虑闭环系统 (4.58)，其泛函增量为

$$\nabla V(k,\tau) = \frac{\mathrm{d}V_1(k,\tau)}{\mathrm{d}\tau} + \frac{\mathrm{d}V_2(k,\tau)}{\mathrm{d}\tau} \tag{4.65}$$

其中

$$\begin{cases} \dfrac{\mathrm{d}V_1(k,\tau)}{\mathrm{d}\tau} = 2x^{\mathrm{T}}(k,\tau) P \dot{x}(k,\tau) \\ \dfrac{\mathrm{d}V_2(k,\tau)}{\mathrm{d}\tau} = x^{\mathrm{T}}(k,\tau) Q x(k,\tau) - x^{\mathrm{T}}(k-1,\tau) Q x(k-1,\tau) \end{cases} \tag{4.66}$$

进一步得到

$$\nabla V(k,\tau) = \eta^{\mathrm{T}}(k,\tau) \Theta \eta(k,\tau) \tag{4.67}$$

其中

$$\begin{cases} \eta(k,\tau) = \begin{bmatrix} x^{\mathrm{T}}(k,\tau) & x^{\mathrm{T}}(k-1,\tau) \end{bmatrix}^{\mathrm{T}} \\ \Theta = \begin{bmatrix} \Theta_{11} + Q_1 & -\omega_c C^{\mathrm{T}} P_2 & 0 & \dfrac{1}{\alpha} P_1 B F_e \\ \star & -2\omega_c P_2 + \dfrac{1}{\beta} Q_2 & 0 & \omega_c P_2 \\ \star & \star & -Q_1 & 0 \\ \star & \star & \star & -\dfrac{1}{\beta} Q_2 \end{bmatrix} \\ \Theta_{11} = \dfrac{1}{\alpha}(A^{\mathrm{T}} + F_p^{\mathrm{T}} B^{\mathrm{T}}) P_1 + \dfrac{1}{\alpha} P_1 (A + B F_p) \end{cases} \tag{4.68}$$

$V(k,\tau)$ 是关于 τ 的连续函数, 由引理 3.7 可知, 如果 $\Theta < 0$, 则 $V(k,\tau)$ 在区间 $[kT, \, (k+1)T]$, $k \in \mathbb{Z}_+$ 内单调递减, 从而系统 (4.58) 渐近稳定。由 Schur 补引理 3.4 可知, $\Theta < 0$ 等价于线性矩阵不等式

$$
\begin{bmatrix}
\Theta_{11} & -\omega_c C^{\mathrm{T}} P_2 & 0 & \dfrac{1}{\alpha} P_1 B F_e & Q_1 & 0 \\[2mm]
\star & -2\omega_c P_2 & 0 & \omega_c P_2 & 0 & \dfrac{1}{\beta} Q_2 \\[2mm]
\star & \star & -Q_1 & 0 & 0 & 0 \\[2mm]
\star & \star & \star & -\dfrac{1}{\beta} Q_2 & 0 & 0 \\[2mm]
\star & \star & \star & \star & -Q_1 & 0 \\[2mm]
\star & \star & \star & \star & \star & -\dfrac{1}{\beta} Q_2
\end{bmatrix} < 0 \tag{4.69}
$$

定义

$$
W_1 = F_p X_1, \quad W_2 = F_e Y_2 \tag{4.70}
$$

在式 (4.69) 的两边分别左乘、右乘对角矩阵 $\mathrm{diag}\{\alpha X_1, \ X_2, \ Y_1, \ \beta Y_2, \ Y_1, \ \beta Y_2\}$, 得到线性矩阵不等式 (4.60)。 $\qquad\square$

注释 4.8 尽管式 (4.63) 中的二维李雅普诺夫泛函与文献 [15] 中构建的有所不同, 但是两者的作用是相同的。为了说明这一点, 定义

$$
C^+ = \left(\bar{C}^{\mathrm{T}} \bar{C}\right)^{-1} \bar{C}^{\mathrm{T}}, \quad \bar{Q} = (C^+)^{\mathrm{T}} Q C^+ \tag{4.71}
$$

基于式 (4.58), 二维李雅普诺夫泛函 (4.63) 可写成

$$
\tilde{V}(k,\tau) = \tilde{V}_1(k,\tau) + \tilde{V}_2(k,\tau) \tag{4.72}
$$

其中

$$
\begin{cases}
\tilde{V}_1(k,\tau) = x^{\mathrm{T}}(k,\tau) P x(k,\tau) \\[2mm]
\tilde{V}_2(k,\tau) = \displaystyle\int_{\tau-T}^{\tau} e^{\mathrm{T}}(k,s) \bar{Q} e(k,s) \mathrm{d}s
\end{cases} \tag{4.73}
$$

其泛函增量为

$$
\begin{aligned}
\nabla \tilde{V}(k,\tau) &= \frac{\mathrm{d}\tilde{V}_1(k,\tau)}{\mathrm{d}\tau} + \frac{\mathrm{d}\tilde{V}_2(k,\tau)}{\mathrm{d}\tau} \\
&= 2x^{\mathrm{T}}(k,\tau) P \dot{x}(k,\tau) + \left\{ e^{\mathrm{T}}(k,\tau) \bar{Q} e(k,\tau) - e^{\mathrm{T}}(k-1,\tau) \bar{Q} e(k-1,\tau) \right\}
\end{aligned} \tag{4.74}
$$

式 (4.74) 的第二项等价于文献 [15] 中的 $\Delta V_2(k,\tau)$, 都用于保障系统跟踪误差沿着重复周期方向单调递减。同时, 线性矩阵不等式 (4.60) 能够直接用于设计系统的二维控制律增益。

注释 4.9　定理 4.6 中的两个调节参数 α 和 β 用来优先调节控制和学习行为。具体说，α 和 β 分别调节式 (4.60) 中的权重矩阵 X_1 和 Y_2，从而调节式 (4.62) 的二维控制律增益 F_p 和 F_e，获得对控制和学习行为的优先调节。

4. 控制器设计

根据定理 4.6，下面给出图 4.5 中反馈控制器参数的设计算法。

算法 4.3　基于状态反馈的改进型重复控制系统控制器设计算法。

步骤 1　选择低通滤波器 $q(s)$ 的截止频率 ω_c；

步骤 2　选择调节参数 α 和 β 使线性矩阵不等式 (4.60) 成立；

步骤 3　由式 (4.62) 计算二维控制律增益 F_p 和 F_e；

步骤 4　由式 (4.54) 计算反馈控制律增益 K_e 和 K_p。

4.3.2　同时优化低通滤波器与状态反馈控制器的改进型重复控制系统设计

4.3.1 节方法忽略了低通滤波器和反馈控制器参数之间的相互作用。这里给出设计最大截止频率的稳定性条件，将最大截止频率的设计问题转化为标准广义奇异值优化问题 (standard generilized eigenvalue optimization problem, SGEOP)。结合定理 4.6 和这里的稳定性条件，设计同时优化低通滤波器截止频率和反馈控制器参数的迭代算法，利用基于线性矩阵不等式稳定性条件的调节参数，实现控制和学习行为的优先调节，进一步提高系统的瞬态响应和稳态跟踪性能。

1. 问题描述

考虑如图 4.5 所示的改进型重复控制系统，系统结构与 4.3.1 节相同，这里的设计问题为：设计低通滤波器最大截止频率 ω_{cm} 及反馈控制律 (4.53) 的增益 K_e 和 K_p，使系统具有满意的稳态跟踪性能和动态响应性能。

2. 二维混合模型

二维混合模型与 4.3.1 节相同，因此这里直接得到改进型重复控制系统的二维混合模型 (4.55a) 和二维控制律 (4.55b)。

3. 稳定性分析

定理 4.6 对于给定的截止频率 ω_c，设计反馈控制器增益使系统具有满意的控制性能。这里考虑同时设计低通滤波器最大截止频率和反馈控制器增益的系统稳定性条件，将最大截止频率的计算转化为标准广义奇异值优化问题。

下面的引理用于推导系统 (4.58) 稳定的条件。

引理 4.1[16]　如果存在正定对称矩阵 P 和 Q，使得矩阵不等式

$$\begin{bmatrix} P\bar{A} + \bar{A}^{\mathrm{T}}P + Q & P\bar{A}_d \\ \star & -Q \end{bmatrix} < 0 \tag{4.75}$$

成立, 其中 $\bar{A}$ 和 $\bar{A}_d$ 在式 (4.59) 中定义, 则系统 (4.58) 渐近稳定。

闭环系统矩阵 $\bar{A}$ 和 $\bar{A}_d$ 中含有待设计的截止频率 ω_c, 以及二维控制律增益 F_p 和 F_e, 因此不等式 (4.75) 不是线性矩阵不等式。但是, 如果增益 F_p 和 F_e 已知, 则可以将其转化为基于线性矩阵不等式的稳定性条件, 再求解截止频率 ω_c。

定义

$$\omega_c = \hat{\omega}_c + \delta\omega_c \tag{4.76}$$

其中, $\hat{\omega}_c$ 和 $\delta\omega_c$ 分别是截止频率的估计值和待确定的修正值, 从而将式 (4.59) 转化为

$$\bar{A} = \bar{A}_0 + \delta\omega_c\bar{A}_1, \quad \bar{A}_d = \bar{A}_{d0} + \delta\omega_c\bar{A}_{d1} \tag{4.77}$$

其中

$$\begin{cases} \bar{A}_0 = \begin{bmatrix} A + BF_p & 0 \\ -\hat{\omega}_cC & -\hat{\omega}_cI \end{bmatrix}, & \bar{A}_1 = \begin{bmatrix} 0 & 0 \\ -C & -I \end{bmatrix} \\ \bar{A}_{d0} = \begin{bmatrix} 0 & BF_e \\ 0 & \hat{\omega}_cI \end{bmatrix}, & \bar{A}_{d1} = \begin{bmatrix} 0 & 0 \\ 0 & I \end{bmatrix} \end{cases} \tag{4.78}$$

定义式 (4.75) 中

$$Q = Q_0 - \delta\omega_cQ_1 > 0 \tag{4.79}$$

其中, Q_0 和 Q_1 为对称矩阵。

由式 (4.77) 和式 (4.79) 可知, 稳定性条件 (4.75) 可以表述成线性矩阵不等式

$$\Xi_0 + \delta\omega_c\Xi_1 < 0 \tag{4.80}$$

其中

$$\Xi_0 = \begin{bmatrix} P\bar{A}_0 + \bar{A}_0^{\mathrm{T}}P + Q_0 & P\bar{A}_{d0} \\ \star & -Q_0 \end{bmatrix}, \quad \Xi_1 = \begin{bmatrix} P\bar{A}_1 + \bar{A}_1^{\mathrm{T}}P - Q_1 & P\bar{A}_{d1} \\ \star & Q_1 \end{bmatrix} \tag{4.81}$$

基于以上分析, 下面的定理给出线性矩阵不等式形式的系统 (4.58) 稳定充分条件, 用于计算低通滤波器的截止频率 [14]。

定理 4.7 给定截止频率初始值 $\hat{\omega}_c$, 二维控制律增益 F_p 和 F_e, 如果存在对称矩阵 Q_0 和 Q_1, 正定矩阵 P, 使得线性矩阵不等式 (4.79) 和 (4.80) 成立, 则式 (4.76) 中的截止频率 ω_c 能保证系统 (4.58) 渐近稳定。

令

$$\delta\omega_c = 1/\gamma \tag{4.82}$$

对于给定的截止频率 $\hat{\omega}_c$，以及二维控制律增益 F_p 和 F_e，通过应用标准广义奇异值优化问题计算出最大截止频率，即

$$\begin{cases} \min \gamma > 0 \\ \text{s.t. } Q_1 < \gamma Q_0, \quad \Xi_1 < -\gamma\Xi_0 \end{cases} \tag{4.83}$$

问题 (4.83) 可以通过应用 MATLAB 的 Robust Control Toolbox (鲁棒控制工具箱)[17] 进行求解。

注释 4.10   在引理 4.1 中，如何找到正定矩阵 Q 来进行截止频率 ω_c 的求解是一个棘手的问题。Doh 等分别在文献 [16] 和 [18] 中通过固定的 Q 将式 (4.75) 转化为标准的线性优化广义特征值问题。由式 (4.79) 可知，这里的 Q 能够通过 $\delta\omega_c$ 进行调节，在降低保守性的同时，将最大截止频率的求解转化为标准广义奇异值优化问题。但是，与引理 4.1 相比，标准广义奇异值优化问题 (4.83) 具有一定的保守性，因为这里要求 Q_0 必须是正定矩阵，而式 (4.75) 和式 (4.79) 只要求 Q_0 为对称矩阵。

4. 控制器设计

定理 4.6 和定理 4.7 分别给出了系统 (4.58) 渐近稳定的充分条件，结合这两个条件可以推导出同时计算最大截止频率 ω_{cm} 及二维控制律增益 F_p 和 F_e 的迭代算法 (图 4.6)，其中 feas_F 和 feas_ω 分别用于标记线性矩阵不等式 (4.60) 和标准广义奇异值优化问题 (4.83) 是否有解。

算法 4.4   同时优化最大截止频率 ω_{cm} 以及二维控制律增益 F_p 和 F_e 的迭代算法。

步骤 1   选择优化问题的求解精度 ε，步长 h，截止频率的初始值 $\hat{\omega}_c$，调节参数 α 和 β；

步骤 2   设定初始值 $\omega_{cm} = 0$，feas_ω $= 0$ 和 feas_F $= 0$；

步骤 3   将 $\hat{\omega}_c$、α 和 β 代入线性矩阵不等式 (4.60) 进行求解，如果无解，则进入步骤 11，否则设 $\omega_{cm} = \hat{\omega}_c$；

步骤 4   如果 feas_ω $= 1$ 并且 feas_F $= 1$，则进入步骤 10，否则如果 feas_ω $= 1$，则进入步骤 7；

步骤 5   用 $\hat{\omega}_c$、F_p 和 F_e 求解标准广义奇异值优化问题 (4.83)，如果无解，则设定 feas_ω $= 1$ 并返回步骤 4，否则设定 $\hat{\omega}_c = \hat{\omega}_c + 1/\gamma$，$\omega_{cm} = \hat{\omega}_c$；

步骤 6   如果 feas_F $= 1$，则返回步骤 4，否则进入步骤 8；

步骤 7   设 $\hat{\omega}_c = \hat{\omega}_c + h$；

步骤 8   将 $\hat{\omega}_c$、α 和 β 代入线性矩阵不等式 (4.60) 进行求解, 如果无解, 则设定 feas_$F = 1$ 并返回步骤 4, 否则设定 $\omega_{cm} = \hat{\omega}_c$ 并返回步骤 4;

步骤 9   如果 feas_$\omega \neq 1$, 则返回步骤 5;

步骤 10   输出 ω_{cm}、F_p 和 F_e;

步骤 11   结束。

注释 4.11   如果条件 (4.60) 或 (4.83) 成立, 则系统 (4.58) 渐近稳定。两个稳定性条件相互独立, 有着各自不同的用途。一个用于设计低通滤波器的截止频率, 另一个用于设计二维控制律增益。为了同时优化截止频率和二维控制律增益, 上述的迭代算法只当式 (4.60) 和式 (4.83) 都无解时才停止。另外, 如果仅用定理 4.6 去建立基于半分法的迭代算法, 这个迭代算法可以求解出一个最大的截止频率 $\omega_{cm}^{\mathrm{Th}}$ 以及二维控制律增益 F_p^{Th} 和 F_e^{Th}。但是, 如果将 $\omega_{cm}^{\mathrm{Th}}$、$F_p^{\mathrm{Th}}$ 和 F_e^{Th} 代入标准广义奇异值优化问题 (4.83) 进行求解且有解, 则可以找到一个新的截止频率 ω_{cm} ($> \omega_{cm}^{\mathrm{Th}}$), 显然这比仅由定理 4.6 所求解的截止频率更好。因此, 相对于仅用定理 4.6 所构建的迭代算法, 这里的迭代算法能够计算出更大的低通滤波器截止频率。

5. 数值仿真与分析

这里针对包含两个电机的旋转系统, 其中一个电机作为被控对象, 另一个用来产生扰动, 它们的轴承通过弹簧耦合在一起, 其转化为状态空间形式后的系数矩阵为[19]

$$A = \begin{bmatrix} -31.31 & 0 & -2.833 \times 10^4 \\ 0 & -10.25 & 8001 \\ 1 & -1 & 0 \end{bmatrix}, \quad B = \begin{bmatrix} 28.06 \\ 0 \\ 0 \end{bmatrix}, \quad C = \begin{bmatrix} 1 & 0 & 0 \end{bmatrix} \tag{4.84}$$

考虑对周期参考速度

$$r(t) = \sin \pi t + 0.5 \sin 2\pi t + 0.5 \sin 3\pi t \tag{4.85}$$

的跟踪问题。

参考输入周期 $T = 2\mathrm{s}$, 算法 4.4 的初始化参数为

$$\varepsilon = 10^{-3}, \quad h = 0.1, \quad \hat{\omega}_c = 20\mathrm{rad/s} \tag{4.86}$$

选取性能评价指标函数

$$J = \frac{1}{2} \sum_{k=0}^{9} \int_{kT}^{(k+1)T} e^2(t)\mathrm{d}t \tag{4.87}$$

评价调节参数对系统性能的影响。

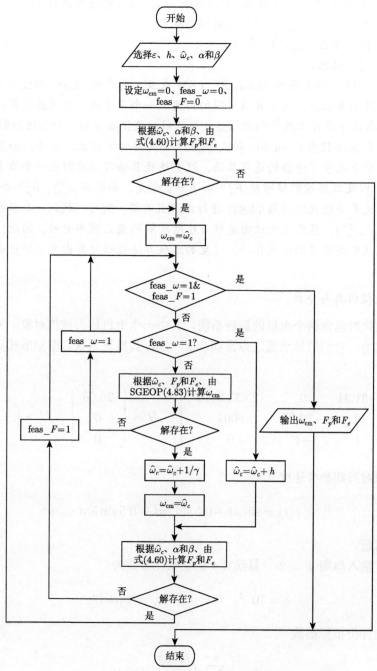

图 4.6　同时优化最大截止频率和二维控制律增益的迭代算法

这里通过对比 4 组不同参数组合的仿真结果来说明调节参数对系统控制和学习性能的调节作用：

$$\alpha = 0.1, \quad \beta = 0.2 \tag{4.88a}$$
$$\alpha = 0.1, \quad \beta = 0.5 \tag{4.88b}$$
$$\alpha = 1.0, \quad \beta = 1.0 \tag{4.88c}$$
$$\alpha = 1.8, \quad \beta = 1.0 \tag{4.88d}$$

对应的性能评价指标函数值和最大截止频率分别为

$$J = 0.5209, \quad \omega_{\text{cm}} = 99.8364\text{rad/s} \tag{4.89a}$$
$$J = 0.4363, \quad \omega_{\text{cm}} = 718.2389\text{rad/s} \tag{4.89b}$$
$$J = 0.2438, \quad \omega_{\text{cm}} = 868.6327\text{rad/s} \tag{4.89c}$$
$$J = 0.1068, \quad \omega_{\text{cm}} = 837.2533\text{rad/s} \tag{4.89d}$$

仿真结果如图 4.7 所示，由此可知，式 (4.88b) 参数对应的跟踪误差收敛速度比式 (4.88a) 快，而系统几乎同时进入稳定状态，因此调节参数 β 主要影响学习性能，而不是控制性能。式 (4.88d) 参数在第 1 个周期内的跟踪误差比式 (4.88c) 小，前者较后者跟踪速度慢，因此调节参数 α 主要影响控制性能。

基于性能评价指标函数 (4.87)，最终选取调节参数

$$\alpha = 1.8, \quad \beta = 1.2 \tag{4.90}$$

对应的反馈控制器增益和最大截止频率分别为

$$K_e = 21.4443, \quad K_p = \begin{bmatrix} -9.6 & 0 & 1009.5 \end{bmatrix}, \quad \omega_{\text{cm}} = 540.5651\text{rad/s} \tag{4.91}$$

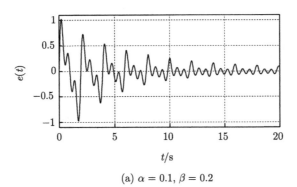

(a) $\alpha = 0.1, \beta = 0.2$

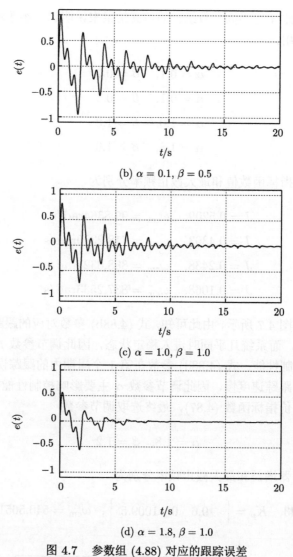

(b) $\alpha = 0.1, \beta = 0.5$

(c) $\alpha = 1.0, \beta = 1.0$

(d) $\alpha = 1.8, \beta = 1.0$

图 4.7   参数组 (4.88) 对应的跟踪误差

此时最优的性能评价指标函数值为

$$J = 0.0936 \tag{4.92}$$

仿真结果如图 4.8 所示，由此可知，电机旋转系统稳定，系统的输出以较快速度跟踪外部参考输入。

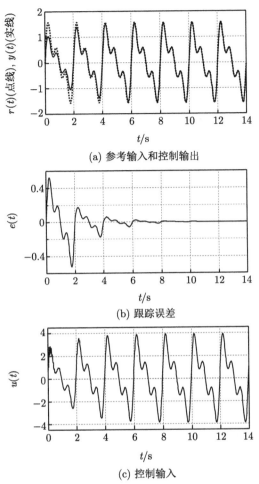

(a) 参考输入和控制输出

(b) 跟踪误差

(c) 控制输入

图 4.8　参数 $\alpha = 1.8$ 和 $\beta = 1.2$ 对应的仿真结果

4.4　本章小结

　　本章首先总结了两种常用重复控制系统的设计问题，针对重复控制的二维特性，分析了对应的二维重复控制系统设计难点；然后针对基本重复控制系统，分别阐述了基于状态反馈和状态观测器的二维空间设计方法；最后针对改进型重复控制系统，阐述了基于状态反馈的二维空间设计方法，并设计了同时优化低通滤波器与反馈控制器增益的迭代算法，在一定程度上解决了改进型重复控制系统中稳定性和跟踪性能的折中，进一步提高了系统的控制性能。

参 考 文 献

[1] Zhou L, She J H, Zhang X M, et al. Performance Enhancement of RCS and application to tracking control of Chuck-Workpiece systems. IEEE Transactions on Industrial Electronics, 2020, 67(5): 4056-4065

[2] Yu P, Liu K Z, She J H, et al. Robust disturbance rejection for repetitive control systems with time-varying nonlinearities. International Journal of Robust and Nonlinear Control, 2019, 29(5): 1597-1612

[3] She J H, Wu M, Lan Y H, et al. Simultaneous optimisation of the low-pass filter and state-feedback controller in a robust repetitive-control system. IET Control Theory & Applications, 2010, 4(8): 1366-1376

[4] 吴敏, 兰永红, 佘锦华. 基于二维混合模型的重复控制系统设计新方法. 自动化学报, 2008, 34(9): 1208-1213

[5] Wu M, Lan Y H, She J H, et al. Design of non-fragile guaranteed-cost repetitive-control system based on two-dimensional model. Asian Journal of Control: Affiliated with ACPA, the Asian Control Professors' Association, 2012, 14(1): 109-124

[6] 兰永红. 基于二维模型的重复控制系统分析与设计. 长沙: 中南大学, 2010

[7] Paszke W, Galkowski K, Rogers E, et al. Guaranteed cost control of uncertain difierential linear repetitive processes. IEEE Transactions on Circuits and Systems II: Express Briefs, 2004, 51(11): 629-634

[8] 吴敏, 周兰, 佘锦华, 等. 基于二维混合模型和状态观测器的重复控制设计. 自动化学报, 2009, 35(7): 945-952

[9] Sulikowski B, Galkowski K, Rogers E. PI output feedback control of differential linear repetitive processes. Automatica, 2008, 44(5): 1442-1445

[10] Owens D H, Li L M, Banks S P. Multi-periodic repetitive control system: A Lyapunov stability analysis for MIMO systems. International Journal of Control, 2004, 77(5): 504-515

[11] 胡寿松. 自动控制原理. 4 版. 北京: 科学出版社, 2001

[12] Chen J W, Liu T S. H_∞ repetitive control for pickup head flying height in near-field optical disk drives. IEEE Transactions on Magnetics, 2005, 41(2): 1067-1070

[13] She J H, Fang M X, Ohyama Y, et al. Improving disturbance rejection performance based on an equivalent-input-disturbance approach. IEEE Transactions on Industrial Electronics, 2008, 55(1): 380-389

[14] She J H, Zhou L, Wu M, et al. Design of a modified repetitive-control system based on a continuous-discrete 2D model. Automatica, 2012, 48(5): 844-850

[15] Wu M, Zhou L, She J H, et al. Design of robust output-feedback repetitive controller for class of linear systems with uncertainties. Science China: Information Sciences, 2010, 53(5): 1006-1015

[16] Doh T Y, Chung M J. Repetitive control design for linear systems with time-varying uncertainties. IEE Proceedings - Control Theory and Applications, 2003, 150(4): 427-432

[17] Balas G, Chiang R, Packard A, et al. Robust Control Toolbox User's Guide. Natick: MathWorks, 2005: 134-157

[18] Wang J Q, Tsao T C. Laser beam raster scan under variable process speed—An application of time varying model reference repetitive control system. Proceedings of the IEEE/ASME International Conference on Advanced Intelligent Mechatronics, Monterey, 2005: 1233-1239

[19] She J H, Fang M X, Ohyama Y, et al. Improving disturbance-rejection performance based on an equivalent-input-disturbance approach. IEEE Transactions on Industrial Electronics, 2008, 55(1): 380-389

第 5 章　二维重复控制系统鲁棒性分析与设计

由于建模误差、外界扰动和工作环境的变化，不确定性普遍存在于实际控制工程实践中 [1,2]，使系统在实际运行中很难达到期望的性能，甚至还有可能导致系统不稳定。因此，在进行重复控制系统设计时，需要考虑不确定性带来的影响。当重复控制系统含有不确定性时，单一的重复控制方法往往难以达到期望的控制效果。20 世纪 80 年代以来，反馈控制理论得到了惊人的发展，构建的鲁棒控制理论更加符合控制工程的需求，为处理不确定性提供了有效的手段。本章考虑不确定性系统的重复控制问题，进行二维重复控制系统鲁棒性分析与设计。

5.1　二维重复控制系统鲁棒性分析与设计问题

由于工作环境和负载的变化，并网逆变器 [3]、质量-弹簧-阻尼器 [4]、并联型有源电力滤波器 [5]、直流电机 [6]、卡盘工件切削 [7] 等系统的动态特性中往往含有不确定系数。对于标称系统，重复控制能够跟踪周期已知的任意周期信号，但是对于具有参数不确定性的系统，在提高系统跟踪性能的同时，还需要提高系统的鲁棒性。这往往需要结合鲁棒控制方法 [8]，在实现周期信号跟踪控制的同时，解决系统的不确定性问题。

重复控制器本身的时滞特性和无限维特性使得系统的鲁棒性分析与设计更加困难，在进行系统设计时需要考虑系统的鲁棒稳定性分析与镇定和鲁棒性能分析与设计两个方面。对于不确定性系统，重复控制器和反馈控制器参数之间相互影响，在系统设计时需要考虑鲁棒稳定性和鲁棒性能的折中。

传统的鲁棒重复控制设计对被控对象的要求较严。对于不确定性问题，重复控制系统鲁棒性分析与设计分为两个方面：一是在周期信号输入条件下，保证控制系统高精度跟踪控制；二是解决模型中的不确定性问题，实现重复控制系统在不确定性条件下的稳定运行。

5.1.1　不确定性描述

在实际控制系统中广泛存在系数振动的现象。例如，难切削材料切削时存在系数励振振动，该振动起因于削片生成的周期性。因为工具嵌入被切削材料的深度以及切削偏差引起的加工硬度会产生塑性变形，塑性变形部分发生隆起，之后从刀刃开始产生切断龟裂面，这一龟裂面一直延续到自由表面，便形成切削片。当这一动作周期性重复时，就会发生振动，这一现象可以描述成具有时变周期系数的卡盘工件系统 [9]。另外，对于一类非线性模型，如果在稳态重复操作路径附近对其进行线性化，则可以用线性周期模型来近似表示这个非线性模型 [10]。因此，针对具有周期系数的线性控制系统，研究其二维重复控制稳定性分析和综合的方法，对拓宽重复控制方法在实际控制工程中的应用，具有重要的理论和实践意义。

基于控制理论进行控制系统设计，必须要知道被控对象的模型。实际被控对象就是具体的装置、设备或生产过程。通过各种建模方法，可以建立实际被控对象的模型。针对被控对象的模型，应用控制理论提供的设计方法设计出控制器，对实际被控对象实施控制。被控对象的控制效果在很大程度上取决于实际被控对象模型的准确性。然而，要找到一个完全反映实际被控对象特性的模型是非常困难的，因此在被控对象设计中采用的模型与实际被控对象之间存在一定的差异，即存在模型不确定性。为了保证控制效果，在被控对象设计中必须考虑模型不确定性的影响，这里主要考虑以下两类不确定性系统的鲁棒性分析与设计问题。

(1) 时不变结构不确定性：

$$[\Delta A \quad \Delta B] = H_1 \Gamma [E_1 \quad E_2] \tag{5.1}$$

其中，H_1、E_1 和 E_2 为具有合适维数的实数矩阵；$\Gamma \in \mathbb{R}^{n \times n}$ 为时不变不确定矩阵，满足

$$\Gamma^{\mathrm{T}} \Gamma \leqslant I \tag{5.2}$$

(2) 时变结构不确定性：

$$[\delta A(t) \quad \delta B(t)] = MF(t)[N_0 \quad N_1] \tag{5.3}$$

其中，M、N_0 和 N_1 为具有合适维数的实数矩阵；$F(t)$ 为具有勒贝格 (Lebeasgue) 可测元素的未知实矩阵，满足

$$F^{\mathrm{T}}(t)F(t) \leqslant I, \quad \forall t > 0 \tag{5.4}$$

对时变结构不确定性进行如下假设：

假设 5.1 不确定性 $\delta A(t)$ 与 $\delta B(t)$ 满足

$$\delta A(t+T) = \delta A(t), \quad \delta B(t+T) = \delta B(t), \quad \forall t > 0 \tag{5.5}$$

该假设条件在许多控制工程问题中都能成立。

由式 (5.3) 和假设 5.1 可得

$$F(t+T) = F(t) \tag{5.6}$$

要使得周期系数线性系统稳定，并具有满意的稳态跟踪性能，控制输入必须包含高次谐波成分，因为正如文献 [10] 所述，周期系数线性系统不仅产生周期为 T 的基频信号，还生成频率为

$$\omega_k = \frac{2k\pi}{T}, \quad k \in \mathbb{Z}_+ \tag{5.7}$$

的高次谐波。这就使得只包含有限个极点的传统内部模型不适用于周期系数非线性系统，而对于周期系数线性系统，当系数变化周期 T 与外部参考输入周期信号或扰动信号的周期一致时，包含重复控制器的控制系统能够实现对高次谐波的无偏差跟踪或抑制。

5.1.2 鲁棒稳定性分析与镇定

鲁棒稳定性是指在一组不确定性的作用下仍然能够保证重复控制系统的稳定。由于重复控制系统中时滞环节相角的任意性，重复控制系统的鲁棒稳定性需要引起特别的注意 [11]。图 1.4 所示的改进型重复控制系统的补灵敏度函数为

$$T_{\mathrm{MR}}(s) = 1 - \frac{1}{1 + P(s)C_{\mathrm{MR}}(s)} = \frac{P(s)C_{\mathrm{MR}}(s)}{1 + P(s)C_{\mathrm{MR}}(s)} \tag{5.8}$$

式 (5.8) 对鲁棒稳定性条件有一个比较直观的概念。重构谱是改变系统相对稳定性和暂态响应的一种有效方法，在一定程度上反映了系统的鲁棒稳定性 [12]，但重构谱与鲁棒稳定性两者之间并没有等价关系。

Güvenc 利用结构奇异值分析了重复控制系统的鲁棒稳定性和鲁棒性能 [13]，结构奇异值的上下界分别用 -1 和 1 代替内模的时滞部分进行逼近，但是这种逼近方法要求控制器满足一定的相位要求，而且时滞常数要充分大，不能应用于系统设计。Li 等把重复控制系统内部模型中的时滞环节作为不确定性环节，通过应用线性系统的 H_∞ 鲁棒控制方法来分析系统的鲁棒稳定性和鲁棒性能 [14]。

针对线性时变和周期可变的重复控制系统，Kim 等和 Wang 等基于 H_∞ 控制方法研究了系统的鲁棒稳定性问题 [15,16]。Roh 等应用区间传递函数来表示参数不确定性，结合鲁棒严格正实条件考虑了重复控制系统鲁棒稳定性条件 [17]。针对具有时变不确定性的线性系统，Doh 等利用时滞系统李雅普诺夫稳定性定理和线性矩阵不等式方法获得了改进型重复控制系统鲁棒稳定性条件 [18]，该条件以黎卡提方程和线性矩阵不等式形式给出，在此基础上运用迭代算法设计保证系统鲁棒稳定的低通滤波器最大截止频率。

Doh 等利用性能权函数给出改进型重复控制系统鲁棒稳定性条件，并进行稳态跟踪误差分析 [19]；随后用广义反馈系统的鲁棒性能条件给出整个系统鲁棒稳定性条件，并分析低通滤波器保证系统鲁棒稳定和保障系统鲁棒性能所必须满足的

条件[20]。针对参考输入周期有少量变化，即周期含有不确定性情形，Moarten 设置多个记忆单元的重复控制系统，并给出系统鲁棒镇定方法[21]。

5.1.3 鲁棒性能分析与设计

对于具有参数不确定性的系统，除了鲁棒稳定性，控制性能也是一个非常重要的设计指标。一个性能优良的重复控制系统，必须还提供一定的鲁棒性能水平。

实际系统在执行周期控制任务时，不确定性往往是有界的。在鲁棒重复控制系统设计中，一般是假定不确定性在一个可能的范围内变化来进行控制器设计，这就意味着设计出来的控制器，在这个可能的不确定性范围内均能使重复控制系统的稳定性和跟踪性能保持不变。换句话说，就是确定不确定性可能变化的范围界限，在不确定性变化的这个可能范围内对最坏情况进行重复控制系统设计，这就是鲁棒重复控制系统设计的基本思想。

在工程设计中，一方面，重复控制系统具有很好的相对稳定性和暂态性能，但其鲁棒稳定性很差[22]；另一方面，重复控制系统的无限维特性，使得鲁棒重复控制的分析和综合更为困难。对于不确定性系统，需要结合鲁棒控制方法，研究满足鲁棒稳定性和鲁棒控制性能的设计方法，解决在不确定性情况下的二维控制器参数耦合问题，研究不确定性重复控制系统的控制器参数调节方法，实现控制和学习行为的优先调节，从而使系统具有满意的鲁棒控制性能。

5.2 二维重复控制系统的鲁棒稳定性分析与镇定

本节分别给出几种典型的重复控制系统的鲁棒稳定性分析与镇定方法。

下面的引理用来进行二维重复控制系统的鲁棒稳定性与镇定分析。

引理 5.1[23] 设 $\Omega_0(x)$ 和 $\Omega_1(x)$ 为定义在 $\mathbb{R}^n$ 上的二次型函数，若 $\Omega_1(x) \leqslant 0$，$\forall x \in \mathbb{R}^n - \{0\}$，则 $\Omega_0(x) < 0$ 的充要条件是存在 $\varepsilon \geqslant 0$，使得 $\Omega_0(x) - \varepsilon\Omega_1(x) < 0$ 成立。

引理 5.2[24] 给定具有合适维数的矩阵 $Q = Q^{\mathrm{T}}$、H 和 E，以及满足式 (5.4) 的 $F(t)$，

$$Q + HF(t)E + E^{\mathrm{T}}F^{\mathrm{T}}(t)H^{\mathrm{T}} < 0 \tag{5.9}$$

成立的充要条件是存在 $\varepsilon > 0$，使得

$$Q + \varepsilon HH^{\mathrm{T}} + \varepsilon^{-1}E^{\mathrm{T}}E < 0 \tag{5.10}$$

引理 5.3[25] 对具有任意合适维数的矩阵 H 和 E，以及满足式 (5.4) 的 $F(t)$，

$$HF(t)E + E^{\mathrm{T}}F^{\mathrm{T}}(t)H^{\mathrm{T}} < 0 \tag{5.11}$$

成立的充要条件是存在 $\varepsilon > 0$，使得

$$\varepsilon H H^{\mathrm{T}} + \varepsilon^{-1} E^{\mathrm{T}} E < 0 \tag{5.12}$$

5.2.1　基于输出反馈的基本重复控制系统稳定性分析与镇定

考虑如图 5.1 所示的单输入单输出重复控制系统，外部输入与线性系统的内部稳定性无关，令 $r(t) = 0$，通过"提升"方法得到二维闭环系统

$$\begin{bmatrix} \Delta \dot{x}_p(k,\tau) \\ e(k,\tau) \end{bmatrix} = \begin{bmatrix} A + BF_pC & BF_e \\ -C - DF_pC & 1 - DF_e \end{bmatrix} \begin{bmatrix} \Delta x_p(k,\tau) \\ e(k-1,\tau) \end{bmatrix} + \begin{bmatrix} M \\ 0 \end{bmatrix} \varGamma(k,\tau) \tag{5.13}$$

其中

$$\begin{cases} \varGamma(k,\tau) = F(k,\tau)\varUpsilon\eta(k,\tau) \\ \varUpsilon = \begin{bmatrix} N_0 + N_1F_pC & N_1F_e \end{bmatrix}, \quad \eta(k,\tau) = \begin{bmatrix} \Delta x_p^{\mathrm{T}}(k,\tau) & e^{\mathrm{T}}(k-1,\tau) \end{bmatrix}^{\mathrm{T}} \end{cases} \tag{5.14}$$

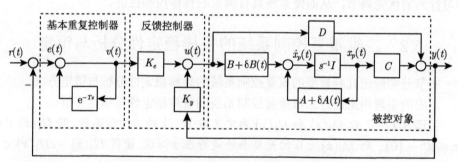

图 5.1　基于输出反馈的鲁棒重复控制系统

基于以上分析，下面的定理给出系统 (5.13) 鲁棒渐近稳定的充分条件[26,27]。

定理 5.1　如果存在正定对称矩阵 X_{11}、X_{22} 和 X_2，以及具有合适维数的矩阵 W_1 和 W_2，使得线性矩阵不等式

$$\begin{bmatrix} \varPhi_{11} & BW_2 & M & \varPhi_{14} & \varPhi_{15} \\ \star & -X_2 & 0 & \varPhi_{24} & W_2^{\mathrm{T}}N_1^{\mathrm{T}} \\ \star & \star & -I & 0 & 0 \\ \star & \star & \star & -X_2 & 0 \\ \star & \star & \star & \star & -I \end{bmatrix} < 0 \tag{5.15}$$

成立, 其中输出矩阵 C 的结构奇异值分解式为 $C = U\,[S\ \ 0]\,V^{\mathrm{T}}$, 且

$$
\begin{cases}
X_1 = V \begin{bmatrix} X_{11} & 0 \\ 0 & X_{22} \end{bmatrix} V^{\mathrm{T}} \\
\Phi_{11} = X_1 A^{\mathrm{T}} + A X_1 + C^{\mathrm{T}} W_1^{\mathrm{T}} B^{\mathrm{T}} + B W_1 C \\
\Phi_{14} = -X_1 C^{\mathrm{T}} - C^{\mathrm{T}} W_1^{\mathrm{T}} D^{\mathrm{T}} \\
\Phi_{15} = C^{\mathrm{T}} W_1^{\mathrm{T}} N_1^{\mathrm{T}} + X_1 N_0^{\mathrm{T}} \\
\Phi_{24} = X_2 - W_2^{\mathrm{T}} D^{\mathrm{T}}
\end{cases}
\tag{5.16}
$$

则系统 (5.13) 鲁棒渐近稳定, 并且二维控制律增益为

$$
F_p = W_1 U S X_{11}^{-1} S^{-1} U^{\mathrm{T}}, \quad F_e = W_2 X_2^{-1}
\tag{5.17}
$$

证明   构造二维李雅普诺夫泛函

$$
V(k,\tau) = V_1(k,\tau) + V_2(k,\tau)
\tag{5.18}
$$

其中

$$
\begin{cases}
V_1(k,\tau) = \Delta x_p^{\mathrm{T}}(k,\tau) P_1 \Delta x_p(k,\tau), & P_1 = X_1^{-1} > 0 \\
V_2(k,\tau) = e^{\mathrm{T}}(k-1,\tau) P_2 e(k-1,\tau), & P_2 = X_2^{-1} > 0
\end{cases}
\tag{5.19}
$$

考虑闭环系统 (5.13), 其泛函增量为

$$
\nabla V(k,\tau) = \frac{\mathrm{d} V_1(k,\tau)}{\mathrm{d}\tau} + \Delta V_2(k,\tau)
\tag{5.20}
$$

其中

$$
\begin{cases}
\dfrac{\mathrm{d} V_1(k,\tau)}{\mathrm{d}\tau} = 2\Delta x_p^{\mathrm{T}}(k,\tau) P_1 \Delta \dot{x}_p(k,\tau) \\
\Delta V_2(k,\tau) = e^{\mathrm{T}}(k,\tau) P_2 e(k,\tau) - e^{\mathrm{T}}(k-1,\tau) P_2 e(k-1,\tau)
\end{cases}
\tag{5.21}
$$

进一步得到

$$
\nabla V(k,\tau) = \bar{\eta}^{\mathrm{T}}(k,\tau) \Theta \bar{\eta}(k,\tau)
\tag{5.22}
$$

其中

$$
\begin{cases}
\bar{\eta}(k,\tau) = \begin{bmatrix} \Delta x_p^{\mathrm{T}}(k,\tau) & e^{\mathrm{T}}(k-1,\tau) & \Gamma^{\mathrm{T}}(k,\tau) \end{bmatrix}^{\mathrm{T}} \\
\Theta = \begin{bmatrix} \Theta_{11} & P_1 B F_e & P_1 M \\ \star & -P_2 & 0 \\ \star & \star & 0 \end{bmatrix} + \Psi^{\mathrm{T}} P_2 \Psi \\
\Theta_{11} = (A^{\mathrm{T}} + C^{\mathrm{T}} F_p^{\mathrm{T}} B^{\mathrm{T}}) P_1 + P_1 (A + B F_p C) \\
\Psi = \begin{bmatrix} -C - D F_p C & 1 - D F_e & 0 \end{bmatrix}
\end{cases}
\tag{5.23}
$$

由式 (5.4) 可得

$$\Gamma^{\mathrm{T}}(k,\tau)\Gamma(k,\tau) \leqslant \eta^{\mathrm{T}}(k,\tau)\Upsilon^{\mathrm{T}}\Upsilon\eta(k,\tau) \tag{5.24}$$

则

$$\nabla V(k,\tau) - \left\{ \Gamma^{\mathrm{T}}(k,\tau)\Gamma(k,\tau) - \bar{\eta}^{\mathrm{T}}(k,\tau) \begin{bmatrix} \Upsilon^{\mathrm{T}} \\ 0 \end{bmatrix} \begin{bmatrix} \Upsilon & 0 \end{bmatrix} \bar{\eta}(k,\tau) \right\}$$
$$= \bar{\eta}^{\mathrm{T}}(k,\tau)\bar{\Theta}\bar{\eta}(k,\tau) \tag{5.25}$$

其中

$$\bar{\Theta} = \begin{bmatrix} \Theta_{11} & P_1 BF_e & P_1 M \\ \star & -P_2 & 0 \\ \star & \star & -I \end{bmatrix} + \Psi^{\mathrm{T}}P_2\Psi + \begin{bmatrix} \Upsilon \\ 0 \end{bmatrix}^{\mathrm{T}} \begin{bmatrix} \Upsilon & 0 \end{bmatrix}$$

由此可见，如果 $\bar{\Theta} < 0$，则 $V(k,\tau)$ 在区间 $[kT,(k+1)T]$，$k \in \mathbb{Z}_+$ 内单调递减，从而系统 (5.13) 渐近稳定。由于 $\bar{\Theta} < 0$ 不是线性矩阵不等式，由 Schur 补引理 3.4 可知，$\bar{\Theta} < 0$ 等价于

$$\begin{bmatrix} \bar{\Theta}_{11} & P_1 BF_e & P_1 M & \bar{\Theta}_{14} & \bar{\Theta}_{15} \\ \star & -P_2 & 0 & \bar{\Theta}_{24} & F_e^{\mathrm{T}}N_1^{\mathrm{T}} \\ \star & \star & -I & 0 & 0 \\ \star & \star & \star & -P_2 & 0 \\ \star & \star & \star & \star & -I \end{bmatrix} < 0 \tag{5.26}$$

其中

$$\begin{cases} \bar{\Theta}_{11} = (A^{\mathrm{T}} + C^{\mathrm{T}}F_p^{\mathrm{T}}B^{\mathrm{T}})P_1 + P_1(A + BF_pC) \\ \Theta_{14} = -C^{\mathrm{T}}P_2 - C^{\mathrm{T}}F_p^{\mathrm{T}}D^{\mathrm{T}}P_2 \\ \bar{\Theta}_{15} = N_0^{\mathrm{T}} + C^{\mathrm{T}}F_p^{\mathrm{T}}N_1^{\mathrm{T}} \\ \bar{\Theta}_{24} = P_2 - F_e^{\mathrm{T}}D^{\mathrm{T}}P_2 \end{cases} \tag{5.27}$$

在式 (5.26) 的两边分别左乘、右乘对角矩阵 diag $\{X_1,\ X_2,\ I,\ X_2,\ I\}$，根据定义 3.10 和引理 3.5，存在

$$\bar{X}_1 = USX_{11}S^{-1}U^{\mathrm{T}} \tag{5.28}$$

使得

$$CX_1 = \bar{X}_1 C \tag{5.29}$$

并且

$$\bar{X}_1^{-1} = USX_{11}^{-1}S^{-1}U^{\mathrm{T}} \tag{5.30}$$

定义

$$W_1 = F_p \bar{X}_1, \quad W_2 = F_e X_2 \tag{5.31}$$

得到线性矩阵不等式 (5.15)。 □

5.2.2 基于状态观测器的基本重复控制系统稳定性分析与镇定

考虑如图 5.2 所示的单输入单输出重复控制系统，令 $r(t) = 0$，通过"提升"方法得到二维闭环系统

$$\left[\begin{array}{c} \Delta \dot{x}(k, \tau) \\ e(k, \tau) \end{array} \right] = \left[\begin{array}{cc} \bar{A} & \bar{B} \\ \bar{C} & \bar{D} \end{array} \right] \left[\begin{array}{c} \Delta x(k, \tau) \\ e(k-1, \tau) \end{array} \right] + \left[\begin{array}{c} \bar{M} \\ 0 \end{array} \right] \Gamma(k, \tau) \tag{5.32}$$

其中

$$\begin{cases} x(k, \tau) = \left[\begin{array}{cc} \hat{x}_p^{\mathrm{T}}(k, \tau) & x_\delta^{\mathrm{T}}(k, \tau) \end{array} \right]^{\mathrm{T}} \\ \bar{A} = \left[\begin{array}{cc} A + BF_{p1} & LC - BF_eC \\ 0 & A - LC \end{array} \right], \quad \bar{B} = \left[\begin{array}{c} BF_e \\ 0 \end{array} \right] \\ \bar{C} = \left[\begin{array}{cc} -C - DF_{p1} & -C + DF_eC \end{array} \right], \quad \bar{D} = 1 - DF_e \\ \Gamma(k, \tau) = F(k, \tau) \Upsilon \eta(k, \tau), \quad \eta(k, \tau) = \left[\begin{array}{cc} \Delta x^{\mathrm{T}}(k, \tau) & e^{\mathrm{T}}(k-1, \tau) \end{array} \right]^{\mathrm{T}} \\ \bar{M} = \left[\begin{array}{c} 0 \\ M \end{array} \right], \quad \Upsilon = \left[\begin{array}{ccc} N_0 + N_1 F_{p1} & N_0 - N_1 F_eC & N_1 F_e \end{array} \right] \end{cases} \tag{5.33}$$

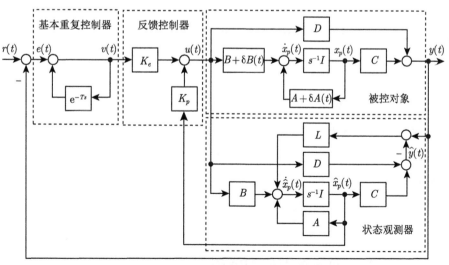

图 5.2 基于状态观测器的基本重复控制系统

基于以上分析，下面的定理给出系统 (5.32) 鲁棒渐近稳定的充分条件 [28,29]。

定理 5.2　如果存在正定对称矩阵 X_1、X_{11}、X_{22} 和 X_3，以及具有合适维数的矩阵 W_1、W_2、W_3 和 W_4，使得线性矩阵不等式

$$\begin{bmatrix} \Phi_{11} & \Phi_{12} & BW_4 & 0 & \Phi_{15} & \Phi_{16} \\ \star & \Phi_{22} & 0 & M & \Phi_{25} & \Phi_{26} \\ \star & \star & -X_3 & 0 & \Phi_{35} & W_4^{\mathrm{T}}N_1^{\mathrm{T}} \\ \star & \star & \star & -I & 0 & 0 \\ \star & \star & \star & \star & -X_3 & 0 \\ \star & \star & \star & \star & \star & -I \end{bmatrix} < 0 \tag{5.34}$$

成立，其中输出矩阵 C 的结构奇异值分解式为 $C = U[S\ \ 0]V^{\mathrm{T}}$，且

$$\begin{cases} X_2 = V \begin{bmatrix} X_{11} & 0 \\ 0 & X_{22} \end{bmatrix} V^{\mathrm{T}} \\ \Phi_{11} = AX_1^{\mathrm{T}} + X_1 A + BW_1 + W_1^{\mathrm{T}}B^{\mathrm{T}} \\ \Phi_{12} = W_2 C - BW_3 C \\ \Phi_{15} = X_1 C^{\mathrm{T}} + W_1^{\mathrm{T}}D^{\mathrm{T}} \\ \Phi_{16} = X_1 N_0^{\mathrm{T}} + W_1^{\mathrm{T}}N_1^{\mathrm{T}} \\ \Phi_{22} = X_2 A^{\mathrm{T}} - C^{\mathrm{T}}W_2^{\mathrm{T}} + AX_2 - W_2 C \\ \Phi_{25} = X_2 C^{\mathrm{T}} - C^{\mathrm{T}}W_3^{\mathrm{T}}D^{\mathrm{T}} \\ \Phi_{26} = X_2 N_0^{\mathrm{T}} - C^{\mathrm{T}}W_3^{\mathrm{T}}N_1^{\mathrm{T}} \\ \Phi_{35} = W_4^{\mathrm{T}}D^{\mathrm{T}} - X_3 \end{cases} \tag{5.35}$$

则系统 (5.32) 鲁棒渐近稳定，并且二维控制律增益为

$$F_p = \begin{bmatrix} F_{p1} & F_{p2} \end{bmatrix} = \begin{bmatrix} W_1 X_1^{-1} & -W_4 X_3^{-1}C \end{bmatrix}, \quad F_e = W_4 X_3^{-1} \tag{5.36}$$

以及状态观测器增益为

$$L = W_2 U S X_{11}^{-1} S^{-1} U^{\mathrm{T}} \tag{5.37}$$

证明　构造二维李雅普诺夫泛函

$$V(k,\tau) = V_1(k,\tau) + V_2(k,\tau) \tag{5.38}$$

其中

$$\begin{cases} V_1(k,\tau) = \Delta x^{\mathrm{T}}(k,\tau)P\Delta x(k,\tau) \\ P = \mathrm{diag}\{P_1,\ P_2\}, \quad P_1 = X_1^{-1} > 0, \quad P_2 = X_2^{-1} > 0 \\ V_2(k,\tau) = e^{\mathrm{T}}(k-1,\tau)P_3 e(k-1,\tau), \quad P_3 = X_3^{-1} > 0 \end{cases} \tag{5.39}$$

考虑闭环系统 (5.32)，其增量函数为

$$\nabla V(k,\tau) = \frac{\mathrm{d}V_1(k,\tau)}{\mathrm{d}\tau} + \Delta V_2(k,\tau) \tag{5.40}$$

其中

$$\begin{cases} \dfrac{\mathrm{d}V_1(k,\tau)}{\mathrm{d}\tau} = 2\Delta x^{\mathrm{T}}(k,\tau)P\Delta\dot{x}(k,\tau) \\ \Delta V_2(k,\tau) = e^{\mathrm{T}}(k,\tau)P_3 e(k,\tau) - e^{\mathrm{T}}(k-1,\tau)P_3 e(k-1,\tau) \end{cases} \tag{5.41}$$

进一步得到

$$\nabla V(k,\tau) = \bar{\eta}^{\mathrm{T}}(k,\tau)\Theta\bar{\eta}(k,\tau) \tag{5.42}$$

其中

$$\begin{cases} \bar{\eta}(k,\tau) = \begin{bmatrix} \Delta x^{\mathrm{T}}(k,\tau) & e^{\mathrm{T}}(k-1,\tau) & \Gamma^{\mathrm{T}}(k,\tau) \end{bmatrix}^{\mathrm{T}} \\ \Theta = \begin{bmatrix} \Theta_{11} & \Theta_{12} & P_1 B F_e & 0 \\ \star & \Theta_{22} & 0 & P_2 M \\ \star & \star & -P_3 & 0 \\ \star & \star & \star & 0 \end{bmatrix} + \Psi^{\mathrm{T}} P_3 \Psi \\ \Theta_{11} = P_1 A + A^{\mathrm{T}} P_1 + P_1 B F_{p1} + F_{p1}^{\mathrm{T}} B^{\mathrm{T}} P_1 \\ \Theta_{12} = P_1 L C - P_1 B F_e C \\ \Theta_{22} = P_2 A + A^{\mathrm{T}} P_2 - P_2 L C - C^{\mathrm{T}} L^{\mathrm{T}} P_2 \\ \Psi = \begin{bmatrix} -C - D F_{p1} & -C + D F_e C & 1 - D F_e & 0 \end{bmatrix} \end{cases} \tag{5.43}$$

由式 (5.4) 可得

$$\Gamma^{\mathrm{T}}(k,\tau)\Gamma(k,\tau) \leqslant \eta^{\mathrm{T}}(k,\tau)\Upsilon^{\mathrm{T}}\Upsilon\eta(k,\tau) \tag{5.44}$$

于是，对任意给定 $\varepsilon > 0$，满足

$$\varepsilon\nabla V(k,\tau) - \varepsilon\left[\Gamma^{\mathrm{T}}(k,\tau)\Gamma(k,\tau) - \eta^{\mathrm{T}}(k,\tau)\Upsilon^{\mathrm{T}}\Upsilon\eta(k,\tau)\right] = \varepsilon\bar{\eta}^{\mathrm{T}}(k,\tau)\bar{\Theta}\bar{\eta}(k,\tau) \tag{5.45}$$

其中

$$\bar{\Theta} = \begin{bmatrix} \Theta_{11} & \Theta_{12} & P_1 B F_e & 0 \\ \star & \Theta_{22} & 0 & P_2 M \\ \star & \star & -P_3 & 0 \\ \star & \star & \star & -I \end{bmatrix} + \Psi^{\mathrm{T}} P_3 \Psi + \begin{bmatrix} \Upsilon^{\mathrm{T}} \\ 0 \end{bmatrix} \begin{bmatrix} \Upsilon & 0 \end{bmatrix} \tag{5.46}$$

由引理 5.1 可知，如果 $\bar{\Theta} < 0$，则 $V(k, \tau)$ 在区间 $[kT, (k+1)T]$，$k \in \mathbb{Z}_+$ 内单调递减，从而系统 (5.32) 渐近稳定。由于 $\bar{\Theta} < 0$ 不是线性矩阵不等式，根据 Schur 补引理 3.4，$\bar{\Theta} < 0$ 等价于

$$
\begin{bmatrix}
\bar{\Theta}_{11} & \bar{\Theta}_{12} & P_1 B F_e & 0 & \bar{\Theta}_{15} & \bar{\Theta}_{16} \\
\star & \bar{\Theta}_{22} & 0 & P_2 M & \bar{\Theta}_{25} & \bar{\Theta}_{26} \\
\star & \star & -P_3 & 0 & \bar{\Theta}_{35} & F_e^{\mathrm{T}} N_1^{\mathrm{T}} \\
\star & \star & \star & -I & 0 & 0 \\
\star & \star & \star & \star & -P_3 & 0 \\
\star & \star & \star & \star & \star & -I
\end{bmatrix} < 0 \tag{5.47}
$$

其中

$$
\begin{cases}
\bar{\Theta}_{11} = P_1 A + A^{\mathrm{T}} P_1 + P_1 B F_{p1} + F_{p1}^{\mathrm{T}} B^{\mathrm{T}} P_1 \\
\bar{\Theta}_{12} = P_1 L C - P_1 B F_e C \\
\bar{\Theta}_{15} = C^{\mathrm{T}} P_3 + F_{p1}^{\mathrm{T}} D^{\mathrm{T}} P_3 \\
\bar{\Theta}_{16} = N_0^{\mathrm{T}} + F_{p1}^{\mathrm{T}} N_1^{\mathrm{T}} \\
\bar{\Theta}_{22} = P_2 A + A^{\mathrm{T}} P_2 - P_2 L C - C^{\mathrm{T}} L^{\mathrm{T}} P_2 \\
\bar{\Theta}_{25} = C^{\mathrm{T}} P_3 - C^{\mathrm{T}} F_e^{\mathrm{T}} D^{\mathrm{T}} P_3 \\
\bar{\Theta}_{26} = N_0^{\mathrm{T}} - C^{\mathrm{T}} F_e^{\mathrm{T}} N_1^{\mathrm{T}} \\
\bar{\Theta}_{35} = F_e^{\mathrm{T}} D^{\mathrm{T}} P_3 - P_3
\end{cases} \tag{5.48}
$$

在式 (5.47) 的两边分别左乘、右乘对角矩阵 $\mathrm{diag}\{X_1,\ X_2,\ X_3,\ I,\ X_3,\ I\}$，根据定义 3.10 和引理 3.5，存在

$$
\bar{X}_2 - U S X_{11} S^{-1} U^{\mathrm{T}} \tag{5.49}
$$

使得

$$
C X_2 = \bar{X}_2 C \tag{5.50}
$$

并且

$$
\bar{X}_2^{-1} = U S X_{11}^{-1} S^{-1} U^{\mathrm{T}} \tag{5.51}
$$

定义

$$
W_1 = F_{p1} X_1, \quad W_2 = L \bar{X}_2, \quad W_3 = F_e \bar{X}_2, \quad W_4 = F_e X_3 \tag{5.52}
$$

得到线性矩阵不等式 (5.34)。　　　　　　　　　　　　　　　　　　　　　　□

5.2.3 基于状态反馈的改进型重复控制系统稳定性分析与镇定

考虑如图 5.3 所示的改进型重复控制系统，令 $r(t) = 0$，通过"提升"方法得到二维闭环系统

$$\begin{bmatrix} \dot{x}(k,\tau) \\ e(k,\tau) \end{bmatrix} = \begin{bmatrix} \bar{A} \\ \bar{C} \end{bmatrix} x(k,\tau) + \begin{bmatrix} \bar{A}_d \\ 0 \end{bmatrix} x(k-1,\tau) + \begin{bmatrix} \bar{M} \\ 0 \end{bmatrix} \Gamma(k,\tau) \qquad (5.53)$$

其中

$$\begin{cases} x(k,\tau) = \begin{bmatrix} x_p^{\mathrm{T}}(k,\tau) & x_f^{\mathrm{T}}(k,\tau) \end{bmatrix}^{\mathrm{T}} \\ \bar{A} = \begin{bmatrix} A + BF_p & 0 \\ -\omega_c C & -\omega_c I \end{bmatrix}, \quad \bar{A}_d = \begin{bmatrix} 0 & BF_e \\ 0 & \omega_c I \end{bmatrix} \\ \bar{C} = \begin{bmatrix} -C & 0 \end{bmatrix}, \quad \bar{M} = \begin{bmatrix} M \\ 0 \end{bmatrix} \\ \Gamma(k,\tau) = F(k,\tau)\Upsilon x(k,\tau), \quad \Upsilon = \begin{bmatrix} N_0 & 0 \end{bmatrix} \end{cases} \qquad (5.54)$$

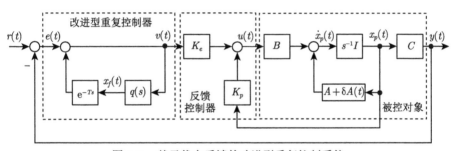

图 5.3 基于状态反馈的改进型重复控制系统

基于以上分析，下面的定理给出系统 (5.53) 鲁棒渐近稳定的充分条件[30]。

定理 5.3 给定截止频率 ω_c，正调节参数 α 和 β，如果存在正数 ε，正定对称矩阵 X_1、X_2、Y_1 和 Y_2，以及具有合适维数的矩阵 W_1 和 W_2，使得线性矩阵不等式

$$\begin{bmatrix} \Phi_{11} & \Phi_{12} & 0 & \Phi_{14} & \varepsilon M & \Phi_{16} & \alpha X_1 & 0 \\ \star & \Phi_{22} & 0 & \Phi_{24} & 0 & 0 & 0 & X_2 \\ \star & \star & -Y_1 & 0 & 0 & 0 & 0 & 0 \\ \star & \star & \star & -\beta Y_2 & 0 & 0 & 0 & 0 \\ \star & \star & \star & \star & -\varepsilon I & 0 & 0 & 0 \\ \star & \star & \star & \star & \star & -\varepsilon I & 0 & 0 \\ \star & \star & \star & \star & \star & \star & -Y_1 & 0 \\ \star & \star & \star & \star & \star & \star & \star & -\beta Y_2 \end{bmatrix} < 0 \qquad (5.55)$$

成立，其中

$$
\begin{cases}
\Phi_{11} = \alpha A X_1 + \alpha X_1 A^{\mathrm{T}} + \alpha B W_1 + \alpha W_1^{\mathrm{T}} B^{\mathrm{T}} \\
\Phi_{12} = -\omega_c \alpha X_1 C^{\mathrm{T}} \\
\Phi_{14} = \beta B W_2 \\
\Phi_{16} = \alpha X_1 N_0^{\mathrm{T}} \\
\Phi_{22} = -2\omega_c X_2 \\
\Phi_{24} = \omega_c \beta Y_2
\end{cases}
\tag{5.56}
$$

则系统 (5.53) 鲁棒渐近稳定，并且二维控制律增益为

$$
F_p = W_1 X_1^{-1}, \quad F_e = W_2 Y_2^{-1}
\tag{5.57}
$$

证明　构造二维李雅普诺夫泛函

$$
V(k,\tau) = V_1(k,\tau) + V_2(k,\tau)
\tag{5.58}
$$

其中

$$
\begin{cases}
V_1(k,\tau) = x^{\mathrm{T}}(k,\tau) P x(k,\tau) \\
P = \mathrm{diag}\left\{\dfrac{1}{\alpha} P_1,\ P_2\right\}, \quad P_1 = X_1^{-1} > 0,\ P_2 = X_2^{-1} > 0 \\
V_2(k,\tau) = \displaystyle\int_{\tau-T}^{\tau} x^{\mathrm{T}}(k,s) Q x(k,s)\mathrm{d}s \\
Q = \mathrm{diag}\left\{Q_1,\ \dfrac{1}{\beta} Q_2\right\}, \quad Q_1 = Y_1^{-1} > 0,\ Q_2 = Y_2^{-1} > 0
\end{cases}
\tag{5.59}
$$

考虑闭环系统 (5.53)，其泛函增量为

$$
\nabla V(k,\tau) = \frac{\mathrm{d}V_1(k,\tau)}{\mathrm{d}\tau} + \frac{\mathrm{d}V_2(k,\tau)}{\mathrm{d}\tau}
\tag{5.60}
$$

其中

$$
\begin{cases}
\dfrac{\mathrm{d}V_1(k,\tau)}{\mathrm{d}\tau} = 2 x^{\mathrm{T}}(k,\tau) P \dot{x}(k,\tau) \\
\dfrac{\mathrm{d}V_2(k,\tau)}{\mathrm{d}\tau} = x^{\mathrm{T}}(k,\tau) Q x(k,\tau) - x^{\mathrm{T}}(k-1,\tau) Q x(k-1,\tau)
\end{cases}
\tag{5.61}
$$

进一步得到

$$
\nabla V(k,\tau) = \eta^{\mathrm{T}}(k,\tau)\left[\Theta + H F(k,\tau) E + E^{\mathrm{T}} F^{\mathrm{T}}(k,\tau) H^{\mathrm{T}}\right]\eta(k,\tau)
\tag{5.62}
$$

其中

$$
\left\{
\begin{aligned}
&\eta(k,\tau) = \left[\begin{array}{cc} x^{\mathrm{T}}(k,\tau) & x^{\mathrm{T}}(k-1,\tau) \end{array}\right]^{\mathrm{T}} \\
&\Theta = \left[\begin{array}{cccc}
\Theta_{11} & -\omega_c C^{\mathrm{T}} P_2 & 0 & \dfrac{1}{\alpha} P_1 B F_e \\
\star & -2\omega_c P_2 + \dfrac{1}{\beta} Q_2 & 0 & \omega_c P_2 \\
\star & \star & -Q_1 & 0 \\
\star & \star & \star & -\dfrac{1}{\beta} Q_2
\end{array}\right] \\
&\Theta_{11} = \dfrac{1}{\alpha}(A^{\mathrm{T}} + F_p^{\mathrm{T}} B^{\mathrm{T}}) P_1 + \dfrac{1}{\alpha} P_1 (A + BF_p) + Q_1 \\
&H = \left[\begin{array}{cccc} \dfrac{1}{\alpha} M^{\mathrm{T}} P_1 & 0 & 0 & 0 \end{array}\right]^{\mathrm{T}}, \quad E = \left[\begin{array}{cccc} N_0 & 0 & 0 & 0 \end{array}\right]
\end{aligned}
\right.
\tag{5.63}
$$

由此可见，如果 $\Theta < 0$，则 $V(k,\tau)$ 在区间 $[kT,\ (k+1)T]$, $k \in \mathbb{Z}_+$ 内单调递减，从而系统 (5.53) 渐近稳定。利用引理 5.2 和 Schur 补引理 3.4 得到等价的矩阵不等式

$$
\left[\begin{array}{ccc}
\Theta & \varepsilon H & E \\
\star & -\varepsilon I & 0 \\
\star & \star & -\varepsilon I
\end{array}\right] < 0
\tag{5.64}
$$

进一步得到矩阵不等式

$$
\left[\begin{array}{cccccccc}
\bar{\Theta}_{11} & \bar{\Theta}_{12} & 0 & \bar{\Theta}_{14} & \bar{\Theta}_{15} & N_0^{\mathrm{T}} & Q_1 & 0 \\
\star & -2\omega_c P_2 & 0 & \omega_c P_2 & 0 & 0 & 0 & \dfrac{1}{\beta} Q_2 \\
\star & \star & -Q_1 & 0 & 0 & 0 & 0 & 0 \\
\star & \star & \star & -\dfrac{1}{\beta} Q_2 & 0 & 0 & 0 & 0 \\
\star & \star & \star & \star & -\varepsilon I & 0 & 0 & 0 \\
\star & \star & \star & \star & \star & -\varepsilon I & 0 & 0 \\
\star & \star & \star & \star & \star & \star & -Q_1 & 0 \\
\star & \star & \star & \star & \star & \star & \star & -\dfrac{1}{\beta} Q_2
\end{array}\right] < 0
\tag{5.65}
$$

其中

$$\begin{cases} \bar{\Theta}_{11} = \dfrac{1}{\alpha}(A^{\mathrm{T}} + F_p^{\mathrm{T}}B^{\mathrm{T}})P_1 + \dfrac{1}{\alpha}P_1(A + BF_p) \\[2mm] \bar{\Theta}_{12} = -\omega_c C^{\mathrm{T}}P_2 \\[2mm] \bar{\Theta}_{14} = \dfrac{1}{\alpha}P_1 BF_e \\[2mm] \bar{\Theta}_{15} = \dfrac{1}{\alpha}\varepsilon P_1 M \end{cases} \tag{5.66}$$

定义

$$W_1 = F_p X_1, \quad W_2 = F_e Y_2 \tag{5.67}$$

在式 (5.65) 两边分别左乘、右乘对角矩阵 $\mathrm{diag}\{\alpha X_1,\ X_2,\ Y_1,\ \beta Y_2,\ I,\ I,\ Y_1,\ \beta Y_2\}$，得到线性矩阵不等式 (5.55)。　　　　　　　　　　　　　　　　　　□

注释 5.1　定理 5.3 证明中选取的李雅普诺夫泛函 (5.60) 在表达形式上与 5.2.1 节中二维李雅普诺夫泛函 (5.19) 不同，但它们的实质是一样的。这是因为将跟踪误差表达式

$$e(k,\tau) = \begin{bmatrix} -C & 0 \end{bmatrix} x(k,\tau) \tag{5.68}$$

代入式 (5.60)，则式 (5.60) 的第二部分等价于 5.2.1 节中的泛函差分项 $\Delta V_2(k,\tau)$。

5.3　二维重复控制系统鲁棒性设计

当系统存在不确定性时，一般难以实现控制和学习行为的独立调节。这里针对一种具有结构不确定性的线性系统，根据重复控制的二维特性，结合鲁棒控制方法，研究不确定性重复控制系统的参数调节方法，实现控制和学习行为的独立或优先调节，从而使系统具有满意的鲁棒控制性能。

5.3.1　最优保成本基本重复控制系统鲁棒性设计

针对一类具有参数不确定性的正则线性系统，首先提出一种最优保成本基本重复控制系统鲁棒性设计方法；然后利用"提升"方法，建立基于状态反馈的不确定性重复控制系统二维混合模型和二维控制律，对控制和学习行为进行准确描述，实现这两种行为的独立调节，将不确定性重复控制设计问题转化为一类二维系统的状态反馈控制问题；随后采用二维李雅普诺夫泛函分析闭环系统的鲁棒稳定性，得到线性矩阵不等式形式的稳定条件；最后基于稳定性条件给出控制器设计算法，设计鲁棒重复控制器和状态反馈控制器增益。

1. 问题描述

考虑如图 5.4 所示的重复控制系统，包括被控对象、基本重复控制器和反馈控制器。被控对象为一类具有不确定性的单输入单输出正则线性系统

$$\begin{cases} \dot{x}_p(t) = (A + \Delta A)x_p(t) + (B + \Delta B)u(t) \\ y(t) = Cx_p(t) + Du(t) \end{cases} \tag{5.69}$$

其中，$x_p(t) \in \mathbb{R}^n$ 为状态变量；$u(t) \in \mathbb{R}$ 为控制输入；$y(t) \in \mathbb{R}$ 为控制输出；A、B、C 和 D 为具有合适维数的实数矩阵；不确定性 ΔA 和 ΔB 满足式 (5.1)。

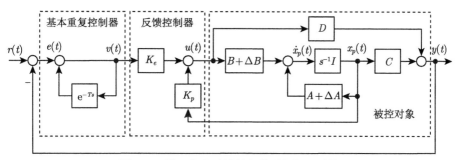

图 5.4 基于状态反馈的鲁棒重复控制系统

基本重复控制器的状态空间模型为

$$v(t) = e(t) + v(t - T) \tag{5.70}$$

其中，$v(t)$ 为重复控制器的输出；$e(t)$ $[= r(t) - y(t)]$ 为重复控制系统的跟踪误差；T 为参考输入的周期。

基于状态反馈建立线性控制律

$$u(t) = K_e v(t) + K_p x_p(t) \tag{5.71}$$

其中，K_e 为重复控制器的增益；K_p 为状态反馈增益。

针对不确定线性系统 (5.69)，定义线性二次型性能评价指标

$$J = \int_0^\infty \Big\{ [x_p(t) - x_p(t-T)]^{\mathrm{T}} Q_1 [x_p(t) - x_p(t-T)]$$
$$+ [u(t) - u(t-T)]^{\mathrm{T}} R [u(t) - u(t-T)] + e^{\mathrm{T}}(t-T) Q_2 e(t-T) \Big\} \, \mathrm{d}t \tag{5.72}$$

其中，Q_1、Q_2 和 R 为正定对称矩阵。

下面给出保成本重复控制的定义。

定义 5.1 针对不确定线性系统 (5.69) 和性能评价指标 (5.72)，如果存在一个正数 J^* 和重复控制律 $u^*(t)$ 使得闭环系统跟踪误差收敛，且性能指标满足 $J \leqslant J^*$，则 J^* 为不确定线性系统 (5.69) 的一个性能上界，$u^*(t)$ 为不确定线性系统 (5.69) 的一个保成本重复控制律。

图 5.4 所示重复控制系统的设计问题为：设计保成本控制增益 K_e 和 K_p，使系统在控制律 (5.71) 的作用下鲁棒稳定，对所有容许的不确定性，性能评价指标函数值小于其性能上界。

2. 二维混合模型

令 $r(t) = 0$，得到如图 5.4 所示的不确定性重复控制系统二维混合模型和二维控制律

$$\begin{cases} \Delta \dot{x}_p(k,\tau) = (A + \Delta A)\,\Delta x_p(k,\tau) + (B + \Delta B)\,\Delta u(k,\tau) \\ e(k,\tau) = -Cx_p(k,\tau) + e(k-1,\tau) - D\Delta u(k,\tau) \end{cases} \tag{5.73a}$$

$$\Delta u(k,\tau) = F_p \Delta x_p(k,\tau) + F_e e(k-1,\tau) \tag{5.73b}$$

反馈控制器增益与二维控制律增益满足

$$F_p = (1 + K_e D)^{-1}(K_p - K_e C), \quad F_e = (1 + K_e D)^{-1} K_e \tag{5.74}$$

二维控制律 (5.73b) 是线性控制律 (5.71) 在二维空间中的描述，可以通过调节二维控制律 (5.73b) 中的反馈增益 F_p 和 F_e 来调节控制和学习行为。由于 F_e 仅与 K_e 有关，F_p 可通过 K_p 进行调节，两者相互独立，所以可以实现控制和学习行为的独立调节。

由此可见，图 5.4 所示的重复控制系统设计问题等价为：设计二维控制律增益 F_p 和 F_e 使二维混合系统 (5.73) 鲁棒稳定，同时具有满意的控制和学习性能。

3. 稳定性分析

将二维控制律 (5.73b) 代入二维混合模型 (5.73a)，得到二维闭环系统

$$\begin{bmatrix} \Delta \dot{x}_p(k,\tau) \\ e(k,\tau) \end{bmatrix} = \begin{bmatrix} A + \Delta A + (B + \Delta B)F_p & (B + \Delta B)F_e \\ -C - DF_p & 1 - DF_e \end{bmatrix} \begin{bmatrix} \Delta x_p(k,\tau) \\ e(k-1,\tau) \end{bmatrix} \tag{5.75}$$

基于以上分析，下面的定理给出系统 (5.75) 鲁棒渐近稳定的充分条件 [31]。

定理 5.4　如果存在正定对称矩阵 P_1、P_2、Q_1、Q_2 和 R，正定矩阵 P_3，以及具有合适维数的矩阵 F_p 和 F_e，使得不等式

$$P_{10}(A_1 + \Delta A_1) + (A_1 + \Delta A_1)^{\mathrm{T}} P_{10} + A_2^{\mathrm{T}} P_{32} A_2 - P_{02} + Q + F^{\mathrm{T}} RF < 0 \tag{5.76}$$

成立，其中

$$\begin{cases} A_1 = \begin{bmatrix} A+BF_p & BF_e \\ 0 & 0 \end{bmatrix}, \quad \Delta A_1 = \begin{bmatrix} \Delta A + \Delta BF_p & \Delta BF_e \\ 0 & 0 \end{bmatrix} \\[2mm] A_2 = \begin{bmatrix} 0 & 0 \\ -C-DF_p & 1-DF_e \end{bmatrix}, \quad F = \begin{bmatrix} F_p & F_e \end{bmatrix} \\[2mm] P_{10} = \begin{bmatrix} P_1 & 0 \\ 0 & 0 \end{bmatrix}, \quad P_{02} = \begin{bmatrix} 0 & 0 \\ 0 & P_2 \end{bmatrix} \\[2mm] P_{32} = \begin{bmatrix} P_3 & 0 \\ 0 & P_2 \end{bmatrix}, \quad Q = \begin{bmatrix} Q_1 & 0 \\ 0 & Q_2 \end{bmatrix} \end{cases} \tag{5.77}$$

则系统 (5.75) 鲁棒渐近稳定, 并且控制律 (5.71) 是不确定线性系统 (5.69) 的一个保成本重复控制律, 相应的一个系统性能上界为

$$J^* = [x_p(0) - x_p(-T)]^{\mathrm T} P_1 [x_p(0) - x_p(-T)] \tag{5.78}$$

证明 构造二维李雅普诺夫函数

$$V(k,\tau) = V_1(k,\tau) + V_2(k,\tau) \tag{5.79}$$

其中

$$\begin{cases} V_1(k,\tau) = \Delta x_p^{\mathrm T}(k,\tau) P_1 \Delta x_p(k,\tau), & P_1 > 0 \\ V_2(k,\tau) = e^{\mathrm T}(k-1,\tau) P_2 e(k-1,\tau), & P_2 > 0 \end{cases} \tag{5.80}$$

考虑闭环系统 (5.75), 其泛函增量为

$$\nabla V(k,\tau) = \frac{\mathrm d V_1(k,\tau)}{\mathrm d \tau} + \Delta V_2(k,\tau) \tag{5.81}$$

其中

$$\begin{cases} \dfrac{\mathrm d V_1(k,\tau)}{\mathrm d \tau} = 2\Delta x_p^{\mathrm T}(k,\tau) P_1 \Delta \dot{x}_p(k,\tau) \\ \Delta V_2(k,\tau) = e^{\mathrm T}(k,\tau) P_2 e(k,\tau) - e^{\mathrm T}(k-1,\tau) P_2 e(k-1,\tau) \end{cases} \tag{5.82}$$

进一步得到

$$\nabla V(k,\tau) = \eta^{\mathrm T}(k,\tau) \Theta \eta(k,\tau) \tag{5.83}$$

其中

$$\begin{cases} \eta(k,\tau) = \begin{bmatrix} \Delta x_p^{\mathrm T}(k,\tau) & e^{\mathrm T}(k-1,\tau) \end{bmatrix}^{\mathrm T} \\ \Theta = (A_1 + \Delta A_1)^{\mathrm T} P_{10} + P_{10}(A_1 + \Delta A_1) + A_2^{\mathrm T} P_{02} A_2 - P_{02} \end{cases} \tag{5.84}$$

由此可见，如果 $\Theta < 0$，则 $V(k,\tau)$ 在区间 $[kT, (k+1)T]$，$k \in \mathbb{Z}_+$ 内单调递减，从而系统 (5.75) 鲁棒渐近稳定；另外，如果

$$\nabla V(k,\tau) + \eta^{\mathrm{T}}(k,\tau)(Q + F^{\mathrm{T}}RF)\eta(k,\tau) < 0 \tag{5.85}$$

成立，则系统 (5.75) 渐近稳定。

将式 (5.85) 还原成一维时域变量表示的形式

$$\begin{aligned}
&\Delta x_p^{\mathrm{T}}(t)Q_1\Delta x_p(t) + e^{\mathrm{T}}(t-T)Q_2 e(t-T) + \Delta u^{\mathrm{T}}(t)R\Delta u(t) \\
&< -\left[2\Delta x_p^{\mathrm{T}}(t)P_1\Delta \dot{x}_p(t) + e^{\mathrm{T}}(t)P_2 e(t) - e^{\mathrm{T}}(t-T)P_2 e(t-T)\right]
\end{aligned} \tag{5.86}$$

并对其两边从 0 到 $T_f \to \infty$ 进行积分，可得

$$\int_0^{T_f}\left[\Delta x_p^{\mathrm{T}}(t)Q_1\Delta x_p(t) + e^{\mathrm{T}}(t-T)Q_2 e(t-T) + \Delta u^{\mathrm{T}}(t)R\Delta u(t)\right]\mathrm{d}t$$

$$< -\int_0^{T_f}\left[2\Delta x_p^{\mathrm{T}}(t)P_1\Delta \dot{x}_p(t) + e^{\mathrm{T}}(t)P_2 e(t) - e^{\mathrm{T}}(t-T)P_2 e(t-T)\right]\mathrm{d}t$$

$$= -\Delta x_p^{\mathrm{T}}(t)P_1\Delta x_p(t)\Big|_0^{T_f} - \int_0^{T_f} e^{\mathrm{T}}(t)P_2 e(t)\mathrm{d}t + \int_0^{T_f} e^{\mathrm{T}}(t-T)P_2 e(t-T)\mathrm{d}t$$

$$= \Delta x_p^{\mathrm{T}}(0)P_1\Delta x_p(0) - \int_0^{T_f} e^{\mathrm{T}}(t)P_2 e(t)\mathrm{d}t + \int_{-T}^{T_f-T} e^{\mathrm{T}}(t)P_2 e(t)\mathrm{d}t$$

$$= \Delta x_p^{\mathrm{T}}(0)P_1\Delta x_p(0) + \int_{T_f}^{0} e^{\mathrm{T}}(t)P_2 e(t)\mathrm{d}t$$

$$\quad + \int_{-T}^{0} e^{\mathrm{T}}(t)P_2 e(t)\mathrm{d}t + \int_0^{T_f-T} e^{\mathrm{T}}(t)P_2 e(t)\mathrm{d}t$$

$$= \Delta x_p^{\mathrm{T}}(0)P_1\Delta x_p(0) \tag{5.87}$$

从而式 (5.78) 成立，并且系统 (5.75) 鲁棒渐近稳定的一个充分条件是矩阵不等式 (5.76) 成立。 □

定理 5.5　如果存在正数 ε，正定对称矩阵 X_1、X_2、Q_1、Q_2 和 R，以及具有合适维数矩阵 W_1 和 W_2，使得线性矩阵不等式

$$\begin{bmatrix} \Phi_1 & \Phi_2 \\ \star & \Phi_3 \end{bmatrix} < 0 \tag{5.88}$$

成立，其中

$$\begin{cases} \Phi_1 = \begin{bmatrix} -X_2 & \Phi_{12}^1 & X_2 - DW_1 & 0 \\ \star & \Phi_{22}^1 & BW_2 & \Phi_{24}^1 \\ \star & \star & -X_2 & 0 \\ \star & \star & \star & -\varepsilon I \end{bmatrix} \\ \Phi_2 = \begin{bmatrix} 0 & 0 & 0 & 0 \\ 0 & W_1^{\mathrm{T}} & X_1 & 0 \\ W_2^{\mathrm{T}} E_2^{\mathrm{T}} & W_2^{\mathrm{T}} & 0 & X_2 \\ 0 & 0 & 0 & 0 \end{bmatrix} \\ \Phi_3 = \begin{bmatrix} -\varepsilon I & 0 & 0 & 0 \\ \star & -R^{-1} & 0 & 0 \\ \star & \star & -Q_1^{-1} & 0 \\ \star & \star & \star & -Q_2^{-1} \end{bmatrix} \end{cases} \tag{5.89}$$

$$\begin{cases} \Phi_{12}^1 = -CX_1 - DW_1 \\ \Phi_{22}^1 = X_1 A^{\mathrm{T}} + AX_1 + W_1^{\mathrm{T}} B^{\mathrm{T}} + BW_1 + \varepsilon H_1 H_1^{\mathrm{T}} \\ \Phi_{24}^1 = X_1 E_1^{\mathrm{T}} + W_1^{\mathrm{T}} E_2^{\mathrm{T}} \end{cases} \tag{5.90}$$

则系统 (5.75) 鲁棒渐近稳定, 并且二维控制律增益为

$$F_p = W_1 X_1^{-1}, \quad F_e = W_2 X_2^{-1} \tag{5.91}$$

该控制律是不确定线性系统 (5.69) 的一个保成本重复控制律, 相应的一个系统性能上界是

$$J^* = [x_p(0) - x_p(-T)]^{\mathrm{T}} X_1^{-1} [x_p(0) - x_p(-T)] \tag{5.92}$$

证明 由 Schur 补引理 3.4 可知, 矩阵不等式 (5.76) 等价于

$$\begin{bmatrix} -P_3 & 0 & 0 & 0 \\ \star & -P_2 & \Lambda_{23} & \Lambda_{24} \\ \star & \star & \Lambda_{33} & P_1(B + \Delta B)F_e + F_p^{\mathrm{T}} RF_e \\ \star & \star & \star & Q_2 - P_2 + F_e^{\mathrm{T}} RF_e \end{bmatrix} < 0 \tag{5.93}$$

其中

$$\begin{cases} \Lambda_{23} = -P_2(C + DF_p) \\ \Lambda_{24} = P_2(1 - DF_e) \\ \Lambda_{33} = (A + BF_p + \Delta A + \Delta BF_p)^{\mathrm{T}} P_1 \\ \qquad + P_1(A + BF_p + \Delta A + \Delta BF_p) + F_p^{\mathrm{T}} RF_p + Q_1 \end{cases} \tag{5.94}$$

由于移除式 (5.93) 的第一行和第一列不改变负定性，式 (5.93) 等价于

$$
\begin{bmatrix}
-P_2 & -P_2(C+DF_p) & P_2(1-DF_e) \\
\star & \bar{\Lambda}_{22}^1 & P_1BF_e+F_p^{\mathrm{T}}RF_e \\
\star & \star & Q_2-P_2+F_e^{\mathrm{T}}RF_e
\end{bmatrix}
+
\begin{bmatrix}
0 & 0 & 0 \\
\star & \bar{\Lambda}_{22}^2 & P_1\Delta BF_e \\
\star & \star & 0
\end{bmatrix}
< 0
$$

(5.95)

其中

$$
\begin{cases}
\bar{\Lambda}_{22}^1 = (A+BF_p)^{\mathrm{T}}P_1 + P_1(A+BF_p) + F_p^{\mathrm{T}}RF_p + Q_1 \\
\bar{\Lambda}_{22}^2 = (\Delta A+\Delta BF_p)^{\mathrm{T}}P_1 + P_1(\Delta A+\Delta BF_p)
\end{cases}
$$

(5.96)

定义

$$
X_1 = P_1^{-1}, \quad X_2 = P_2^{-1}
$$

(5.97)

在式 (5.95) 的两边分别左乘、右乘对角矩阵 $\mathrm{diag}\{X_2, X_1, X_2\}$，得到线性矩阵不等式

$$
\begin{bmatrix}
-X_2 & -(C+DF_p)X_1 & (1-DF_e)X_2 \\
\star & \Lambda_6 & \Lambda_7 \\
\star & \star & \Lambda_8
\end{bmatrix}
+
\begin{bmatrix}
0 & 0 & 0 \\
\star & \Lambda_9 & F_e\Delta BX_2 \\
\star & \star & 0
\end{bmatrix}
< 0
$$

(5.98)

其中

$$
\begin{cases}
\Lambda_6 = X_1(Q_1+F_p^{\mathrm{T}}RF_p)X_1 + X_1(A+BK_p)^{\mathrm{T}} + (A+BK_p)X_1 \\
\Lambda_7 = BF_eX_2 + X_1F_p^{\mathrm{T}}RF_eX_2 \\
\Lambda_8 = X_2Q_2X_2 - X_2 + X_2F_e^{\mathrm{T}}RF_eX_2 \\
\Lambda_9 = X_1(\Delta A+\Delta BF_p)^{\mathrm{T}} + (\Delta A+\Delta BF_p)X_1
\end{cases}
$$

(5.99)

式 (5.98) 第二项可以进一步写为

$$
\bar{H}\bar{\Gamma}\bar{E} + \bar{E}^{\mathrm{T}}\bar{\Gamma}^{\mathrm{T}}\bar{H}^{\mathrm{T}}
$$

(5.100)

其中

$$
\bar{H} =
\begin{bmatrix}
0 & 0 & 0 \\
0 & H_1 & H_1 \\
0 & 0 & 0
\end{bmatrix}, \quad
\bar{\Gamma} =
\begin{bmatrix}
\Gamma & 0 & 0 \\
0 & \Gamma & 0 \\
0 & 0 & \Gamma
\end{bmatrix}
$$

$$
\bar{E} =
\begin{bmatrix}
0 & 0 & 0 \\
0 & (E_1+E_2F_p)X_1 & 0 \\
0 & 0 & E_2F_eX_2
\end{bmatrix}
$$

(5.101)

由引理 5.3 可得

$$\bar{H}\bar{\Gamma}\bar{E} + \bar{E}^{\mathrm{T}}\bar{\Gamma}^{\mathrm{T}}\bar{H}^{\mathrm{T}} < 0 \tag{5.102}$$

等价于

$$\varepsilon\bar{H}\bar{H}^{\mathrm{T}} + \varepsilon^{-1}\bar{E}^{\mathrm{T}}\bar{E} < 0 \tag{5.103}$$

定义

$$W_1 = K_p X_1, \quad W_2 = K_e X_2 \tag{5.104}$$

由 Schur 补引理 3.4 可知, 矩阵不等式 (5.98) 等价于线性矩阵不等式 (5.88)。 □

下面的定理给出系统 (5.69) 最优保成本重复控制问题的解[31]。

定理 5.6 *如果存在*

$$\min \alpha \tag{5.105}$$

使得

(1) 线性矩阵不等式 (5.88);

(2) $\begin{bmatrix} -\alpha & [x_p(0) - x_p(-T)]^{\mathrm{T}} \\ \star & -X_1 \end{bmatrix} < 0$

成立, 则控制律 (5.71) 是不确定系统 (5.69) 的最优保成本重复控制律, 并且二维控制律增益为

$$F_p = W_1 X_1^{-1}, \quad F_e = W_2 X_2^{-1} \tag{5.106}$$

证明 由定理 5.5 可知, 如果定理 5.6 中的条件满足, 则控制律 (5.71) 是不确定线性系统 (5.69) 的一个保成本重复控制律, 相应的最小化系统性能上界等价于线性矩阵不等式 (5.88) 成立时

$$\min\left\{[x_p(0) - x_p(-T)]^{\mathrm{T}} X_1^{-1} [x_p(0) - x_p(-T)]\right\} \tag{5.107}$$
$$= \min\left\{\operatorname{tr}\left[X_1^{-1} [x_p(0) - x_p(-T)]^{\mathrm{T}} [x_p(0) - x_p(-T)]\right]\right\}$$

的优化问题。

由于非线性项和 X_1^{-1} 的存在, 式 (5.107) 的闭凸优化问题不能直接求解, 假定存在 $\alpha > 0$, 使得

$$[x_p(0) - x_p(-T)]^{\mathrm{T}} X_1^{-1} [x_p(0) - x_p(-T)] < \alpha \tag{5.108}$$

成立, 由 Schur 引理 3.4 可知, 式 (5.88) 和式 (5.92) 等价于定理 5.6 中的条件 (1) 和 (2)。 □

4. 控制器设计

根据定理 5.5，下面给出图 5.4 中鲁棒反馈控制器参数的设计算法。

算法 5.1   基于状态反馈的基本重复控制系统保成本控制器设计算法。

步骤 1   对线性矩阵不等式 (5.88) 进行求解；

步骤 2   由式 (5.91) 计算二维控制律增益 F_p 和 F_e；

步骤 3   由式 (5.74) 计算反馈控制器增益 K_e 和 K_p。

5. 数值仿真与分析

假设不确定性被控对象 (5.69) 的系数矩阵为

$$\begin{cases} A = \begin{bmatrix} 0 & 1 \\ -1 & -5 \end{bmatrix}, \ B = \begin{bmatrix} 0.5 \\ 0 \end{bmatrix}, \ C = \begin{bmatrix} 1 & 0 \end{bmatrix}, \ D = 2 \\ H_1 = \begin{bmatrix} 0 & 0 \\ 1 & 0.1 \end{bmatrix}, \ \varGamma = \begin{bmatrix} c & 0 \\ 0 & c \end{bmatrix}, \ c \in [-1 \ \ 1] \\ E_1 = \begin{bmatrix} 1 & 0 \\ 0 & 1 \end{bmatrix}, \ E_2 = \begin{bmatrix} 0.5 \\ 0 \end{bmatrix} \end{cases} \tag{5.109}$$

考虑对周期参考输入

$$r(t) = \sin 0.2\pi t + 0.5 \sin 0.4\pi t + 0.5 \sin 0.6\pi t \tag{5.110}$$

的跟踪问题。

参考输入周期 $T = 10\text{s}$，系统的初始状态为

$$x_p(t) = \begin{bmatrix} 0.5e^t & -0.5e^t \end{bmatrix}^{\text{T}}, \quad -10\text{s} \leqslant t \leqslant 0 \tag{5.111}$$

选择参数为

$$c = 0.1, \quad R = 1, \quad Q_1 = 100, \quad Q_2 = 1 \tag{5.112}$$

由算法 5.1 得到反馈控制器的增益分别为

$$K_e = 3.1734, \quad K_p = \begin{bmatrix} -0.4398 & 0.0453 \end{bmatrix} \tag{5.113}$$

仿真结果如图 5.5 所示，由此可知，经过 2 个周期后，系统输出进入稳定状态，并且稳态相对误差渐近收敛于 0，系统输出能较好地跟踪参考输入。

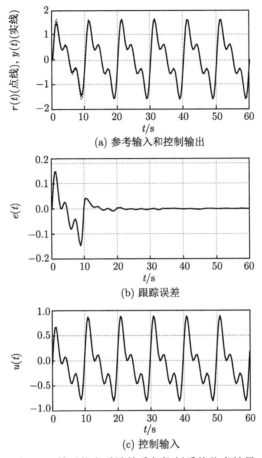

(a) 参考输入和控制输出

(b) 跟踪误差

(c) 控制输入

图 5.5 基于状态反馈的重复控制系统仿真结果

5.3.2 基于输出反馈的基本重复控制系统鲁棒性设计

全状态信息在实际系统中难以获得，输出反馈更适用于实际系统设计。这里针对一类不确定性正则线性系统，首先提出基于输出反馈的鲁棒重复控制系统结构；然后利用"提升"方法，建立基于输出反馈的不确定性重复控制系统二维混合模型和二维控制律，对控制和学习行为进行准确描述，实现这两种行为的优先调节，将不确定性重复控制设计问题转化为一类二维系统的反馈控制问题；随后采用二维李雅普诺夫泛函分析闭环系统的鲁棒稳定性，得到线性矩阵不等式形式的稳定条件；最后基于稳定性条件给出控制器设计算法，设计鲁棒重复控制器和输出反馈控制器增益。

1. 问题描述

考虑如图 5.1 所示的重复控制系统，包括不确定性被控对象、基本重复控

器 (5.70) 和反馈控制器。被控对象为一类具有不确定性的单输入单输出正则线性系统

$$\begin{cases} \dot{x}_p(t) = [A + \delta A(t)] \, x_p(t) + [B + \delta B(t)] \, u(t) \\ y(t) = Cx_p(t) + Du(t) \end{cases} \tag{5.114}$$

其中，$x_p(t) \in \mathbb{R}^n$ 为状态变量；$u(t) \in \mathbb{R}$ 为控制输入；$y(t) \in \mathbb{R}$ 为控制输出；A、B、C 和 D 为具有合适维数的实矩阵；不确定性 $\delta A(t)$ 和 $\delta B(t)$ 满足式 (5.3) 和假设 5.1。

基于输出反馈建立线性控制律

$$u(t) = K_e v(t) + K_y y(t) \tag{5.115}$$

其中，K_e 为重复控制器的增益；K_y 为输出反馈增益。那么，图 5.1 所示不确定性重复控制系统的设计问题为：设计反馈控制器增益 K_e 和 K_y，使系统在控制律 (5.115) 的作用下鲁棒稳定，同时稳态跟踪误差趋向于 0。

2. 二维混合模型

令 $r(t) = 0$，得到图 5.1 所示不确定性重复控制系统的二维混合模型和二维控制律

$$\begin{cases} \Delta \dot{x}_p(k,\tau) = [A + \delta A(k,\tau)] \, \Delta x_p(k,\tau) + [B + \delta B(k,\tau)] \, \Delta u(k,\tau) \\ e(k,\tau) = -C\Delta x_p(k,\tau) + e(k-1,\tau) - D\Delta u(k,\tau) \end{cases} \tag{5.116a}$$

$$\Delta u(k,\tau) = F_p C \Delta x_p(k,\tau) + F_e e(k-1,\tau) \tag{5.116b}$$

反馈控制器增益与二维控制律增益满足

$$F_p = -[1 + (K_e - K_y)D]^{-1}(K_e - K_y), \quad F_e = [1 + (K_e - K_y)D]^{-1}K_e \tag{5.117}$$

二维控制律 (5.116b) 是线性控制律 (5.115) 在二维空间中的描述，可以通过调节二维控制律 (5.116b) 中的反馈增益 F_p 和 F_e 来调节控制和学习行为。由式 (5.117) 可知，增益 F_p 和 F_e 由 K_e 和 K_y 共同决定，二维控制律增益相互影响，因此这两种行为不能进行独立调节，只能实现优先调节。

由此可见，图 5.1 所示的鲁棒重复控制系统的设计问题等价为：设计二维控制律增益 F_p 和 F_e 使二维混合系统 (5.116) 鲁棒稳定，同时具有满意的控制和学习性能。

3. 稳定性分析

基于以上分析，系统 (5.13) 鲁棒渐近稳定的充分条件可由定理 5.1 给出[26,27]。

4. 控制器设计

根据定理 5.1, 下面给出图 5.1 中鲁棒反馈控制器参数的设计算法。

算法 5.2 基于输出反馈的基本重复控制系统鲁棒控制器设计算法。

步骤 1 对线性矩阵不等式 (5.15) 进行求解;

步骤 2 由式 (5.17) 计算二维控制律增益 F_p 和 F_e;

步骤 3 由式 (5.117) 计算反馈控制器增益 K_e 和 K_y。

5. 数值仿真与分析

本小节针对带比例积分 (PI) 控制器的直流马达机械臂系统, 其中控制输入为电枢电压, 控制输出为机械臂的转矩, 转化为状态空间形式后的系数矩阵为

$$\begin{cases} A = \begin{bmatrix} -1.6 & -0.04 \\ 5 & -0.5 \end{bmatrix}, & B = \begin{bmatrix} -0.1 \\ 1 \end{bmatrix}, & C = \begin{bmatrix} 10 & 0 \end{bmatrix}, & D = 1 \\[3mm] M = \begin{bmatrix} 1 & 0 \\ 0 & 1 \end{bmatrix}, & N_0 = \begin{bmatrix} 0 & 0.01 \\ 0 & 0.001 \end{bmatrix}, & N_1 = \begin{bmatrix} 0 \\ 0.005 \end{bmatrix} \\[3mm] F(t) = \begin{bmatrix} \sin 0.2\pi t & 0 \\ 0 & \sin 0.2\pi t \end{bmatrix} \end{cases}$$

考虑对周期参考输入

$$r(t) = \sin 0.2\pi t + 0.5 \sin 0.4\pi t + 0.5 \sin 0.6\pi t \tag{5.118}$$

的跟踪问题。

参考输入周期 $T = 10\text{s}$, 由算法 5.2 得到反馈控制器的增益分别为

$$K_e = 1.7156, \quad K_y = 0.2201 \tag{5.119}$$

仿真结果如图 5.6 所示, 由此可知, 经过 6 个周期后, 系统输出进入稳定状态, 并且稳态跟踪误差为 0。

为了与传统的重复控制方法对比, 这里针对标称系统, 采用基于状态反馈的最优重复控制律进行系统设计, 线性控制律为

$$u(t) = K_e v(t) + K_p x_p(t) \tag{5.120}$$

其中, K_e 为重复控制器的增益; K_p 为状态反馈增益。选取性能评价函数指标

$$J = \int_0^{+\infty} \left[\Delta x_p^{\mathrm{T}}(t) Q \Delta x_p(t) + \Delta u^2(t) \right] \mathrm{d}t \tag{5.121}$$

得到的反馈控制器增益分别为

$$K_e = 3.5, \quad K_p = \begin{bmatrix} 0.1061 & -1.6503 \end{bmatrix} \tag{5.122}$$

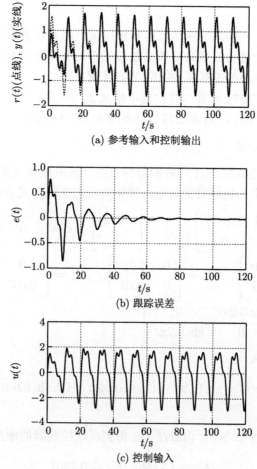

(a) 参考输入和控制输出

(b) 跟踪误差

(c) 控制输入

图 5.6　基于输出反馈的重复控制系统仿真结果

仿真结果如图 5.7 所示，由此可知，经过 11 个周期后，系统输出进入稳定状态。与图 5.6 相比，基于输出反馈的二维重复控制系统设计方法对不确定性系统的

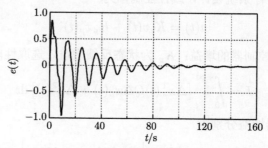

图 5.7　基于状态反馈的最优重复控制系统仿真结果

控制结果优于基于状态反馈的重复控制系统设计方法对标称系统的控制结果，同时这里的方法具有结构简单、实现容易等特点，因此更具有实用意义。

5.3.3 基于状态观测器的基本重复控制系统鲁棒性设计

实际系统的状态难以全部获得，因此可以借助观测器来实现状态重构，并利用重构的状态进行状态反馈。这里针对一类不确定性正则线性系统，首先提出基于状态观测器重构状态反馈的不确定性重复控制系统结构；然后利用"提升"方法，建立不确定性重复控制系统二维混合模型和二维控制律，对控制和学习行为进行准确描述，实现这两种行为的优先调节，将不确定性重复控制设计问题转化为一类二维系统的状态反馈控制问题；随后采用二维李雅普诺夫泛函分析闭环系统的鲁棒稳定性，得到线性矩阵不等式形式的稳定条件；最后基于稳定性条件给出控制器设计算法，设计鲁棒重复控制器和状态观测器增益。

1. 问题描述

考虑如图 5.2 所示的单输入单输出重复控制系统，包括不确定被控对象 (5.114)、状态观测器、基本重复控制器 (5.70) 和反馈控制器。

针对被控对象 (5.114)，构造全维状态观测器

$$\begin{cases} \dot{\hat{x}}_p(t) = A\hat{x}_p(t) + Bu(t) + L[y(t) - \hat{y}(t)] \\ \hat{y}(t) = C\hat{x}_p(t) + Du(t) \end{cases} \tag{5.123}$$

其中，$\hat{x}_p(t) \in \mathbb{R}^n$ 为观测器的状态变量，用于估计 $x_p(t)$；$\hat{y}(t) \in \mathbb{R}$ 为观测器输出；L 为观测器增益。

定义

$$x_\delta(t) = x_p(t) - \hat{x}_p(t) \tag{5.124}$$

为重构状态误差，由式 (5.114)、式 (5.123) 和式 (5.124) 推导出状态误差方程

$$\dot{x}_\delta(t) = [A + \delta A(t) - LC] x_\delta(t) + \delta A(t)\hat{x}_p(t) + \delta B(t)u(t) \tag{5.125}$$

基于状态观测器重构的状态反馈建立线性控制律

$$u(t) = K_e v(t) + K_p \hat{x}_p(t) \tag{5.126}$$

其中，K_e 为重复控制器的增益；K_p 为状态观测器重构的状态反馈增益。那么，图 5.2 所示不确定重复控制系统的设计问题为：设计反馈控制器增益 K_e 和 K_p，使系统在控制律 (5.126) 的作用下鲁棒稳定，同时稳态跟踪误差趋向于 0。

2. 二维混合模型

令 $r(t) = 0$，得到如图 5.2 所示的不确定性重复控制系统二维混合模型和二维控制律

$$\begin{cases} \Delta \dot{x}(k,\tau) = \tilde{A}\Delta x(k,\tau) + \tilde{B}\Delta u(k,\tau) \\ e(k,\tau) = \tilde{C}\Delta x(k,\tau) + e(k-1,\tau) + \tilde{D}\Delta u(k,\tau) \end{cases} \tag{5.127a}$$

$$\Delta u(k,\tau) = F_p \Delta x(k,\tau) + F_e e(k-1,\tau) \tag{5.127b}$$

其中

$$\begin{cases} x(k,\tau) = \begin{bmatrix} \hat{x}_p^{\mathrm{T}}(k,\tau) & x_\delta^{\mathrm{T}}(k,\tau) \end{bmatrix}^{\mathrm{T}} \\ \tilde{A} = \begin{bmatrix} A & LC \\ \delta A(k,\tau) & A + \delta A(k,\tau) - LC \end{bmatrix} \\ \tilde{B} = \begin{bmatrix} B \\ \delta B(k,\tau) \end{bmatrix}, \quad \tilde{C} = \begin{bmatrix} -C & -C \end{bmatrix}, \quad \tilde{D} = -D \end{cases} \tag{5.128}$$

反馈控制器增益与二维控制律增益满足

$$\begin{cases} F_p = \begin{bmatrix} F_{p1} & F_{p2} \end{bmatrix} = \begin{bmatrix} (1 + K_e D)^{-1}(K_p - K_e C) & -(1 + K_e D)^{-1} K_e C \end{bmatrix} \\ F_e = (1 + K_e D)^{-1} K_e \end{cases} \tag{5.129}$$

二维控制律 (5.127b) 是线性控制律 (5.126) 在二维空间中的描述，可以通过调节控制律 (5.127b) 中的反馈增益 F_p 和 F_e 来调节控制和学习行为。由 $F_{p2} = -F_e C$ 可知，增益 F_p 和 F_e 相互影响，因此只能优先调节。

由此可见，图 5.2 所示的鲁棒重复控制系统设计问题等价为：设计二维控制律增益 F_p 和 F_e 使二维混合系统 (5.127) 鲁棒稳定，同时具有满意的控制和学习性能。

3. 稳定性分析

基于以上分析，系统 (5.32) 鲁棒渐近稳定的充分条件可由定理 5.2 给出[28,29]。

注释 5.2   定理 5.2 中二维控制律增益 F_e 与 F_p 由线性矩阵不等式 (5.34) 中的权重矩阵 W_1、W_4 和 X_1、X_3 确定，由式 (5.129) 可知，通过求解线性矩阵不等式 (5.34) 可以直接获得线性控制律 (5.126) 中的增益 K_e 和 K_p 以及观测器增益 L。与文献 [32] 相比，控制器的存在条件不需要受到矩阵等式的约束。而文献 [33] 给出的重复控制系统设计方法仅能应用于严格正则的标称系统。

为了进行对比分析,下面的推论给出图 5.8 所示基于状态观测器的反馈控制系统渐近稳定的充分条件。

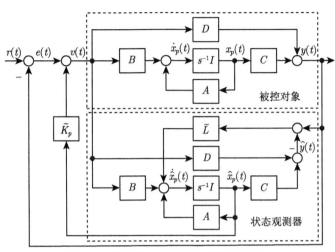

图 5.8 基于状态观测器的反馈控制系统

推论 5.1 如果存在正定矩阵 X_{11} 和 X_{22},以及具有合适维数的矩阵 W_1 和 W_2,使得线性矩阵不等式

$$\begin{bmatrix} A_0 X + X A_0^{\mathrm{T}} & A_1 W_1 - X A_2^{\mathrm{T}} + C^{\mathrm{T}} W_2^{\mathrm{T}} \\ \star & \varLambda \end{bmatrix} < 0 \tag{5.130}$$

成立,其中输出矩阵 C 的奇异值分解式为 $C = U\left[S\ 0\right]V^{\mathrm{T}}$,

$$\begin{cases} X = V \begin{bmatrix} X_{11} & 0 \\ 0 & X_{22} \end{bmatrix} V^{\mathrm{T}} \\ \varLambda = AX - W_2 C + A_1 W_1 + X A^{\mathrm{T}} - C^{\mathrm{T}} W_2^{\mathrm{T}} + W_1^{\mathrm{T}} A_1^{\mathrm{T}} \\ A_0 = A - (1+D)^{-1} BC, \quad A_1 = (1+D)^{-1} B, \quad A_2 = (1+D)^{-1} BC \end{cases} \tag{5.131}$$

则图 5.8 所示的反馈控制系统渐近稳定,并且反馈控制器增益为

$$\tilde{K}_p = W_1 X^{-1} \tag{5.132}$$

以及观测器增益为

$$\tilde{L} = W_2 U S X_{11}^{-1} S^{-1} U^{\mathrm{T}} \tag{5.133}$$

证明 推论 5.1 的证明与定理 5.2 类似,所以这里省略。 □

4. 控制器设计

根据定理 5.2，下面给出图 5.2 中反馈控制器和状态观测器参数的设计算法。

算法 5.3　基于状态观测器的基本重复控制系统鲁棒控制器设计算法。

步骤 1　对线性矩阵不等式 (5.34) 进行求解；

步骤 2　由式 (5.36) 计算二维控制律增益 F_p 和 F_e；

步骤 3　由式 (5.37) 计算状态观测器的增益 L；

步骤 4　由式 (5.129) 计算反馈控制律增益 K_e 和 K_p。

5. 数值仿真与分析

本小节针对执行机构由质量-弹簧-阻尼器组成的二阶机械位移系统[34]，其转化为状态空间形式后的系数矩阵为

$$\begin{cases} A = \begin{bmatrix} -2 & 3 \\ 4 & -5 \end{bmatrix}, \ B = \begin{bmatrix} 1 \\ 1.5 \end{bmatrix}, \ C = \begin{bmatrix} 5 & 0 \end{bmatrix}, \ D = 1 \\ M = \begin{bmatrix} 1 & 0 \\ 0 & 1 \end{bmatrix}, \ N_0 = \begin{bmatrix} 0 & 1 \\ 0 & 0.1 \end{bmatrix} \\ N_1 = \begin{bmatrix} 0 \\ 0.5 \end{bmatrix}, \ F(t) = \begin{bmatrix} \sin 0.2\pi t & 0 \\ 0 & 0.2\pi t \end{bmatrix} \end{cases} \tag{5.134}$$

考虑对周期参考输入

$$r(t) = \sin 0.2\pi t + 0.5\sin 0.4\pi t + 0.5\sin 0.6\pi t \tag{5.135}$$

的跟踪问题。

参考输入周期 $T = 10\text{s}$，由算法 5.3 得到反馈控制器的增益分别为

$$K_e = 0.7520, \ K_p = \begin{bmatrix} -5.0219 & 2.6899 \end{bmatrix} \tag{5.136}$$

以及状态观测器的增益为

$$L = \begin{bmatrix} 3.4098 \\ 2.1689 \end{bmatrix} \tag{5.137}$$

仿真结果如图 5.9 所示，由此可知，经过 5 个周期后，系统输出便进入稳定状态，鲁棒稳定性得以保证，并且稳态误差以较快速度趋于 0。与文献 [35] 直接利用状态反馈进行重复控制系统设计相比，这里所设计的重复控制系统在过渡过程稍慢，但是利用被控对象的输入和输出进行状态重构，再进行反馈控制器设计，更具有实用价值。与文献 [36] 相比，不需要在线调节前馈项来改善系统的快速性和稳定性，具有很好的稳态收敛特性。

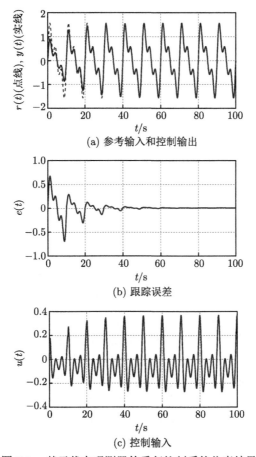

(a) 参考输入和控制输出

(b) 跟踪误差

(c) 控制输入

图 5.9   基于状态观测器的重复控制系统仿真结果

为了说明基于状态观测器的重复控制系统比一般基于状态观测器的反馈控制系统具有更好的周期信号稳态跟踪性能，针对被控对象 (5.134)，对线性矩阵不等式 (5.130) 进行求解，得到反馈控制器增益为

$$\tilde{K}_p = \left[\begin{array}{cc} -0.3010 & -1.2708 \end{array} \right] \tag{5.138}$$

以及状态观测器的增益为

$$\tilde{L} = \left[\begin{array}{c} 0.4662 \\ 0.9743 \end{array} \right] \tag{5.139}$$

基于状态观测器的状态反馈控制系统仿真结果如图 5.10 所示，由此可知，没有重复控制器的反馈控制系统经过 1 个周期后进入稳定状态，但其稳态跟踪误差的幅值高达 0.733；而基于状态观测器的鲁棒重复控制系统能够实现无稳态误差的跟踪。

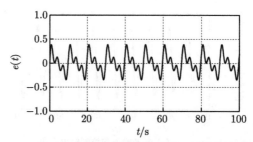

图 5.10　基于状态观测器的状态反馈控制系统仿真结果

5.3.4　基于状态观测器的基本重复控制系统 H_∞ 鲁棒性设计

外界扰动一直以来都是鲁棒控制研究的热点。H_∞ 控制理论可以有效处理存在参数摄动和外界扰动时系统的鲁棒控制问题。这里针对一类受外界扰动的不确定性正则线性系统，首先提出基于状态观测器的 H_∞ 鲁棒重复控制设计方法，利用状态观测器重构状态反馈，并给出闭环系统的 H_∞ 性能要求；然后利用"提升"方法，建立基于状态观测器的不确定性重复控制系统二维混合模型和二维控制律，对控制和学习行为进行准确描述，将 H_∞ 鲁棒重复控制系统的设计问题转化为一类二维系统的 H_∞ 鲁棒镇定控制器设计问题；随后采用二维李雅普诺夫泛函和输出矩阵的奇异值分解技术分析闭环系统的鲁棒稳定性，以线性矩阵不等式的形式给出闭环系统内部稳定且具有 H_∞ 扰动性能的充分条件；最后基于稳定性条件给出控制器设计算法，通过调节稳定性条件中的两个调节参数，设计鲁棒重复控制器和反馈控制器增益，实现对重复控制过程中控制和学习行为的优先调节，从而改善系统的暂态性能，提高系统的跟踪能力。

1. 问题描述

考虑如图 5.11 所示的重复控制系统，包括被控对象、状态观测器 (5.123)、基本重复控制器 (5.70) 和反馈控制器。被控对象为一类受外界扰动且具有不确定性的单输入单输出正则线性系统

$$
\begin{cases}
\dot{x}_p(t) = [A + \delta A(t)]\,x_p(t) + [B + \delta B(t)]\,u(t) + B_d d(t) \\
y(t) = Cx_p(t) + Du(t)
\end{cases}
\tag{5.140}
$$

其中，$x_p(t) \in \mathbb{R}^n$ 为状态变量；$u(t) \in \mathbb{R}$ 为控制输入；$y(t) \in \mathbb{R}$ 为控制输出；$d(t) \in \mathbb{R}^{n_d}$ 为外界扰动；A、B、B_d、C 和 D 为具有合适维数的实数矩阵；不确定性 $\delta A(t)$ 和 $\delta B(t)$ 满足式 (5.3) 和假设 5.1。

由式 (5.140)、式 (5.123) 和式 (5.124) 推导出状态误差方程

$$
\dot{x}_\delta(t) = [A + \delta A(t) - LC]\,x_\delta(t) + \delta A(t)\hat{x}_p(t) + \delta B(t)u(t) + B_d d(t)
\tag{5.141}
$$

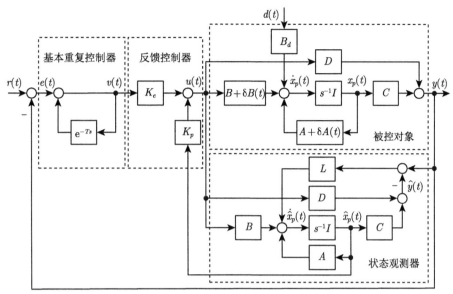

图 5.11 具有外界扰动和不确定性的重复控制系统

基于状态观测器重构的状态反馈建立线性控制律

$$u(t) = K_e v(t) + K_p \hat{x}_p(t) \tag{5.142}$$

其中，K_e 为重复控制器的增益；K_p 为状态观测器重构的状态反馈增益。

由内模原理 1.1 可知，图 5.11 所示的重复控制系统能够完全抑制周期为 T 的扰动 $d(t)$，因此这里只需考虑周期不为 T 的扰动抑制问题，即 $\Delta d(t) \neq 0$。图 5.11 所示具有外界扰动和不确定性的重复控制系统设计问题为：设计反馈控制器增益 K_e 和 K_p，以及观测器的增益 L，使系统在控制律 (5.142) 的作用下鲁棒稳定，并且满足扰动抑制条件

$$\|G_{e\Delta d}\|_\infty = \sup_{0 \neq \Delta d(t) \in L_2} \frac{\|e\|_2}{\|\Delta d\|_2} < \gamma \tag{5.143}$$

其中，$\gamma > 0$。

注释 5.3 设计问题 (5.143) 中考虑的是对扰动信号 $\Delta d(t)$ 而不是 $d(t)$ 的抑制问题，这里含有一个技巧性的原因。简略地，以基于状态反馈的标称重复控制系统为例，扰动信号 $d(t)$ 到跟踪误差 $e(t)$ 的传递函数为

$$G_{ed}(s) = \frac{E(s)}{W(s)} = -\frac{(1 - e^{-Ts})P_d(s)}{1 - e^{-Ts} + K_e P_K(s)} \tag{5.144}$$

其中

$$
\begin{cases}
P_d(s) = (C + DK_p)\left[sI - (A + BK_p)\right]^{-1} B_d \\
P_K(s) = D + (C + DK_p)\left[sI - (A + BK_p)\right]^{-1} B
\end{cases}
\tag{5.145}
$$

$G_{ed}(s)$ 包含虚轴上的无穷多个零点，即 $\omega = 2k\pi/T,\ k \in \mathbb{Z}_+$，使得满足 $\|G_{ed}\|_\infty < \gamma$ 的系统设计问题是一个很难解决的奇异 H_∞ 控制问题[37]。为了缓解可解条件，考虑式 (5.143) 的 H_∞ 控制问题，其中

$$
G_{e\Delta d}(s) = W_d(s)G_{ed}(s),\quad W_d(s) = \frac{1}{1 - \mathrm{e}^{-Ts}}
\tag{5.146}
$$

权矩阵 $W_d(s)$ 的引入实现了零极点对消，$G_{e\Delta d}(s)$ 不再包含虚轴上的零点，从而简化 H_∞ 控制问题。

2. 二维混合模型

令 $r(t) = 0$，得到图 5.11 所示的不确定性重复控制系统二维混合模型和二维控制律

$$
\begin{cases}
\Delta \dot{x}(k,\tau) = \tilde{A}\Delta x(k,\tau) + \tilde{B}\Delta u(k,\tau) + \tilde{B}_d \Delta d(k,\tau) \\
e(k,\tau) = \tilde{C}\Delta x(k,\tau) + e(k-1,\tau) + \tilde{D}\Delta u(k,\tau)
\end{cases}
\tag{5.147a}
$$

$$
\Delta u(k,\tau) = F_p \Delta x(k,\tau) + F_e e(k-1,\tau)
\tag{5.147b}
$$

其中

$$
\begin{cases}
x(k,\tau) = \left[\begin{array}{cc} \hat{x}_p^{\mathrm{T}}(k,\tau) & x_\delta^{\mathrm{T}}(k,\tau) \end{array}\right]^{\mathrm{T}} \\
\tilde{A} = \left[\begin{array}{cc} A & LC \\ \delta A(k,\tau) & \Lambda + \delta A(k,\tau) - LC \end{array}\right],\ \tilde{B} = \left[\begin{array}{c} B \\ \delta B(k,\tau) \end{array}\right],\ \tilde{B}_d = \left[\begin{array}{c} 0 \\ B_d \end{array}\right] \\
\tilde{C} = \left[\begin{array}{cc} -C & -C \end{array}\right],\ \tilde{D} = -D
\end{cases}
\tag{5.148}
$$

二维控制律增益与反馈控制器增益满足

$$
\begin{cases}
F_p = \left[\begin{array}{cc} F_{p1} & F_{p2} \end{array}\right] = \left[\begin{array}{cc} (1 + K_e D)^{-1}(K_p - K_e C) & -(1 + K_e D)^{-1} K_e C \end{array}\right] \\
F_e = (1 + K_e D)^{-1} K_e
\end{cases}
\tag{5.149}
$$

二维混合模型 (5.147a) 中的微分方程描述了重复控制在一个周期内的连续控制过程，差分方程描述了重复控制的学习行为，调节控制律 (5.147b) 中的增益 F_p 和 F_e 可以实现对控制和学习行为的调节。同时，由式 (5.147a) 和式 (5.147b) 可

知，系统的学习效率影响控制性能，这与实际控制工程应用的特点一致，高效率的学习行为导致系统的快速收敛。

由此可见，图 5.11 所示的 H_∞ 鲁棒重复控制系统设计问题 (5.143) 等价为二维混合系统的 H_∞ 鲁棒镇定控制问题：设计二维控制律增益 F_p 和 F_e 使得二维混合系统 (5.147) 鲁棒稳定，同时满足性能条件

$$\|G_{e\Delta d}\|_\infty = \sup_{0\neq\Delta d(k,\tau)\in L_2} \frac{\|e\|_2}{\|\Delta d\|_2} < \gamma \tag{5.150}$$

3. 稳定性分析

将二维控制律 (5.147b) 代入二维混合模型 (5.147a)，得到二维闭环系统

$$\begin{bmatrix} \Delta\dot{x}(k,\tau) \\ e(k,\tau) \end{bmatrix} = \begin{bmatrix} \bar{A} & \bar{B} \\ \bar{C} & \bar{D} \end{bmatrix} \begin{bmatrix} \Delta x(k,\tau) \\ e(k-1,\tau) \end{bmatrix} + \begin{bmatrix} \bar{B}_d \\ 0 \end{bmatrix} \Delta d(k,\tau) + \begin{bmatrix} \bar{M} \\ 0 \end{bmatrix} \Gamma(k,\tau) \tag{5.151}$$

其中

$$\begin{cases} \bar{A} = \begin{bmatrix} A+BF_{p1} & LC-BF_eC \\ 0 & A-LC \end{bmatrix}, \quad \bar{B} = \begin{bmatrix} BF_e \\ 0 \end{bmatrix}, \quad \bar{B}_d \begin{bmatrix} 0 \\ B_d \end{bmatrix} \\ \bar{C} = \begin{bmatrix} -C-DF_{p1} & -C+DF_eC \end{bmatrix}, \quad \bar{D} = 1-DF_e \\ \Gamma(k,\tau) = F(k,\tau)\Upsilon\eta(k,\tau), \quad \eta(k,\tau) = \begin{bmatrix} \Delta x^{\mathrm{T}}(k,\tau) & e^{\mathrm{T}}(k-1,\tau) \end{bmatrix}^{\mathrm{T}} \\ \bar{M} = \begin{bmatrix} 0 \\ M \end{bmatrix}, \quad \Upsilon = \begin{bmatrix} N_0+N_1F_{p1} & N_0-N_1F_eC & N_1F_e \end{bmatrix} \end{cases} \tag{5.152}$$

式 (5.152) 表明，可以通过 F_{p1} 和 F_e 来分别调节控制子系统矩阵 $\bar{A}$ 和学习子系统矩阵 $\bar{D}$，同时控制和学习之间通过矩阵 $\bar{B}$ 和 $\bar{C}$ 相互影响。

基于以上分析，下面的定理给出系统 (5.151) 鲁棒渐近稳定的充分条件 [38]。

定理 5.7 给定正调节参数 α、β 和 γ，如果存在正定对称矩阵 X_1、X_{11}、X_{22} 和 X_3，以及具有合适维数的矩阵 W_1、W_2、W_3 和 W_4，使得线性矩阵不等式

$$\begin{bmatrix} \Phi_{11} & \Phi_{12} & \beta BW_4 & 0 & 0 & \Phi_{16} & \Phi_{17} & \Phi_{18} \\ \star & \Phi_{22} & 0 & B_d & M & \Phi_{26} & \Phi_{27} & \Phi_{28} \\ \star & \star & -\beta X_3 & 0 & 0 & \Phi_{36} & \Phi_{37} & \Phi_{38} \\ \star & \star & \star & -\gamma^2 I & 0 & 0 & 0 & 0 \\ \star & \star & \star & \star & -I & 0 & 0 & 0 \\ \star & \star & \star & \star & \star & -\beta X_3 & 0 & 0 \\ \star & \star & \star & \star & \star & \star & -I & 0 \\ \star & \star & \star & \star & \star & \star & \star & -I \end{bmatrix} < 0 \tag{5.153}$$

成立，其中输出矩阵 C 的奇异值分解式为 $C = U[S\ 0]V^{\mathrm{T}}$，

$$
\begin{cases}
X_2 = V \begin{bmatrix} X_{11} & 0 \\ 0 & X_{22} \end{bmatrix} V^{\mathrm{T}} \\
\Phi_{11} = \alpha A^{\mathrm{T}} X_1 + \alpha X_1 A + \alpha B W_1 + \alpha W_1^{\mathrm{T}} B^{\mathrm{T}} \\
\Phi_{12} = W_2 C - B W_3 C \\
\Phi_{16} = -\alpha X_1 C^{\mathrm{T}} - \alpha W_1^{\mathrm{T}} D^{\mathrm{T}} \\
\Phi_{17} = -\alpha X_1 C^{\mathrm{T}} - \alpha W_1^{\mathrm{T}} D^{\mathrm{T}} \\
\Phi_{18} = \alpha X_1 N_0^{\mathrm{T}} + \alpha W_1^{\mathrm{T}} N_1^{\mathrm{T}} \\
\Phi_{22} = X_2 A^{\mathrm{T}} - C^{\mathrm{T}} W_2^{\mathrm{T}} + A X_2 - W_2 C \\
\Phi_{26} = -X_2 C^{\mathrm{T}} + C^{\mathrm{T}} W_3^{\mathrm{T}} D^{\mathrm{T}} \\
\Phi_{27} = -X_2 C^{\mathrm{T}} + C^{\mathrm{T}} W_3^{\mathrm{T}} D^{\mathrm{T}} \\
\Phi_{28} = X_2 N_0^{\mathrm{T}} - C^{\mathrm{T}} W_3^{\mathrm{T}} N_1^{\mathrm{T}} \\
\Phi_{36} = \beta X_3 - \beta W_4^{\mathrm{T}} D^{\mathrm{T}} \\
\Phi_{37} = \beta X_3 - \beta W_4^{\mathrm{T}} D^{\mathrm{T}} \\
\Phi_{38} = \beta W_4^{\mathrm{T}} N_1^{\mathrm{T}}
\end{cases}
\tag{5.154}
$$

则系统 (5.151) 鲁棒渐近稳定，同时具有 H_∞ 扰动抑制性能水平 γ，并且二维控制律增益为

$$
F_p = \begin{bmatrix} F_{p1} & F_{p2} \end{bmatrix} = \begin{bmatrix} W_1 X_1^{-1} & -W_4 X_3^{-1} C \end{bmatrix}, \quad F_e = W_4 X_3^{-1} = W_3 \bar{X}_2^{-1}
\tag{5.155}
$$

以及状态观测器增益为

$$
L = W_2 U S X_{11}^{-1} S^{-1} U^{\mathrm{T}}
\tag{5.156}
$$

下面从两个方面证明定理 5.7。首先说明系统在没有扰动输入时 $(B_d = 0)$ 内部稳定。

证明　构造二维李雅普诺夫泛函

$$
V(k,\tau) = V_1(k,\tau) + V_2(k,\tau)
\tag{5.157}
$$

其中

$$
\begin{cases}
V_1(k,\tau) = \Delta x^{\mathrm{T}}(k,\tau) P \Delta x(k,\tau) \\
P = \mathrm{diag}\left\{ \dfrac{1}{\alpha} P_1,\ P_2 \right\}, \quad P_1 = X_1^{-1} > 0, \quad P_2 = X_2^{-1} > 0 \\
V_2(k,\tau) = \dfrac{1}{\beta} e^{\mathrm{T}}(k-1,\tau) P_3 e(k-1,\tau), \quad P_3 = X_3^{-1} > 0
\end{cases}
\tag{5.158}
$$

考虑闭环系统 (5.151)，其增量函数为

$$\nabla V(k,\tau) = \frac{\mathrm{d}V_1(k,\tau)}{\mathrm{d}\tau} + \Delta V_2(k,\tau) \tag{5.159}$$

其中

$$\begin{cases} \dfrac{\mathrm{d}V_1(k,\tau)}{\mathrm{d}\tau} = 2\Delta x^{\mathrm{T}}(k,\tau)P\Delta\dot{x}(k,\tau) \\ \Delta V_2(k,\tau) = \dfrac{1}{\beta}e^{\mathrm{T}}(k,\tau)P_3 e(k,\tau) - \dfrac{1}{\beta}e^{\mathrm{T}}(k-1,\tau)P_3 e(k-1,\tau) \end{cases} \tag{5.160}$$

进一步得到

$$\nabla V(k,\tau) = \bar{\eta}^{\mathrm{T}}(k,\tau)\Theta\bar{\eta}(k,\tau) \tag{5.161}$$

其中

$$\begin{cases} \bar{\eta}(k,\tau) = \begin{bmatrix} \Delta x^{\mathrm{T}}(k,\tau) & e(k-1,\tau) & \Gamma^{\mathrm{T}}(k,\tau) \end{bmatrix}^{\mathrm{T}} \\ \Theta = \begin{bmatrix} \Theta_{11} & \Theta_{12} & \dfrac{1}{\alpha}P_1 BF_e & 0 \\ \star & \Theta_{22} & 0 & P_2 M \\ \star & \star & -\dfrac{1}{\beta}P_3 & 0 \\ \star & \star & \star & 0 \end{bmatrix} + \dfrac{1}{\beta}\Psi^{\mathrm{T}}P_3\Psi \\ \Theta_{11} = \dfrac{1}{\alpha}P_1(A+BF_{p1}) + \dfrac{1}{\alpha}(A^{\mathrm{T}}+F_{p1}^{\mathrm{T}}B^{\mathrm{T}})P_1 \\ \Theta_{12} = \dfrac{1}{\alpha}P_1(L-BF_e)C \\ \Theta_{22} = P_2(A-LC) + (A^{\mathrm{T}}-C^{\mathrm{T}}L^{\mathrm{T}})P_2 \\ \Psi = \begin{bmatrix} -C-DF_{p1} & -C+DF_eC & 1-DF_e & 0 \end{bmatrix} \end{cases} \tag{5.162}$$

由式 (5.4) 可得

$$\Gamma^{\mathrm{T}}(k,\tau)\Gamma(k,\tau) \leqslant \eta^{\mathrm{T}}(k,\tau)\Upsilon^{\mathrm{T}}\Upsilon\eta(k,\tau) \tag{5.163}$$

则

$$\nabla V(k,\tau) - \left\{ \Gamma^{\mathrm{T}}(k,\tau)\Gamma(k,\tau) - \bar{\eta}^{\mathrm{T}}(k,\tau)\begin{bmatrix} \Upsilon^{\mathrm{T}} \\ 0 \end{bmatrix}\begin{bmatrix} \Upsilon & 0 \end{bmatrix}\bar{\eta}(k,\tau) \right\}$$
$$= \bar{\eta}^{\mathrm{T}}(k,\tau)\bar{\Theta}\bar{\eta}(k,\tau) \tag{5.164}$$

其中

$$\bar{\Theta} = \begin{bmatrix} \Theta_{11} & \Theta_{12} & \dfrac{1}{\alpha}P_1BF_e & 0 \\ \star & \Theta_{22} & 0 & P_2M \\ \star & \star & -\dfrac{1}{\beta}P_3 & 0 \\ \star & \star & \star & -I \end{bmatrix} + \dfrac{1}{\beta}\Psi^{\mathrm{T}}P_3\Psi + \begin{bmatrix} \Upsilon^{\mathrm{T}} \\ 0 \end{bmatrix} \begin{bmatrix} \Upsilon & 0 \end{bmatrix} \quad (5.165)$$

由引理 5.1 可知，如果 $\bar{\Theta} < 0$，则 $V(k,\tau)$ 在区间 $[kT,(k+1)T]$，$k \in \mathbb{Z}_+$ 内单调递减，从而系统 (5.151) 鲁棒渐近稳定。由于 $\bar{\Theta} < 0$ 不是线性矩阵不等式，由 Schur 补引理 3.4 得到 $\bar{\Theta} < 0$ 等价于

$$\begin{bmatrix} \bar{\Theta}_{11} & \bar{\Theta}_{12} & \dfrac{1}{\alpha}P_1BF_e & 0 & 0 & \bar{\Theta}_{16} & \bar{\Theta}_{17} & \bar{\Theta}_{18} \\ \star & \bar{\Theta}_{22} & 0 & P_2B_d & P_2M & \bar{\Theta}_{26} & \bar{\Theta}_{27} & \bar{\Theta}_{28} \\ \star & \star & -\dfrac{1}{\beta}P_3 & 0 & 0 & \bar{\Theta}_{36} & \bar{\Theta}_{37} & F_e^{\mathrm{T}}N_1^{\mathrm{T}} \\ \star & \star & \star & -\gamma^2 I & 0 & 0 & 0 & 0 \\ \star & \star & \star & \star & -I & 0 & 0 & 0 \\ \star & \star & \star & \star & \star & -\dfrac{1}{\beta}P_3 & 0 & 0 \\ \star & \star & \star & \star & \star & \star & -I & 0 \\ \star & \star & \star & \star & \star & \star & \star & -I \end{bmatrix} < 0 \quad (5.166)$$

其中

$$\begin{cases} \bar{\Theta}_{11} = \dfrac{1}{\alpha}P_1(A + BF_{p1}) + \dfrac{1}{\alpha}(A^{\mathrm{T}} + F_{p1}^{\mathrm{T}}B^{\mathrm{T}})P_1 \\[2mm] \bar{\Theta}_{12} = \dfrac{1}{\alpha}P_1(L - BF_e)C \\[2mm] \bar{\Theta}_{16} = -\dfrac{1}{\beta}(C^{\mathrm{T}} + F_{p1}^{\mathrm{T}}D^{\mathrm{T}})P_3 \\[2mm] \bar{\Theta}_{17} = -C^{\mathrm{T}} - F_{p1}^{\mathrm{T}}D^{\mathrm{T}} \\[2mm] \bar{\Theta}_{18} = N_0^{\mathrm{T}} + F_{p1}^{\mathrm{T}}N_1^{\mathrm{T}} \\[2mm] \bar{\Theta}_{22} = P_2(A - LC) + (A^{\mathrm{T}} - C^{\mathrm{T}}L^{\mathrm{T}})P_2 \\[2mm] \bar{\Theta}_{26} = -\dfrac{1}{\beta}C^{\mathrm{T}}(1 - F_e^{\mathrm{T}}D^{\mathrm{T}})P_3 \\[2mm] \bar{\Theta}_{27} = -C^{\mathrm{T}} + C^{\mathrm{T}}F_e^{\mathrm{T}}D^{\mathrm{T}} \\[2mm] \bar{\Theta}_{28} = N_0^{\mathrm{T}} - C^{\mathrm{T}}F_e^{\mathrm{T}}N_1^{\mathrm{T}} \\[2mm] \bar{\Theta}_{36} = \dfrac{1}{\beta}(1 - F_e^{\mathrm{T}}D^{\mathrm{T}})P_3 \\[2mm] \bar{\Theta}_{37} = 1 - F_e^{\mathrm{T}}D^{\mathrm{T}} \end{cases} \quad (5.167)$$

在式 (5.166) 的两边分别左乘、右乘对角矩阵 $\mathrm{diag}\{\alpha X_1,\ X_2,\ \beta X_3,\ I,\ I,\ \beta X_3,\ I,I\}$，根据定义 3.10 和引理 3.5，存在

$$\bar{X}_2 = USX_{11}S^{-1}U^{\mathrm{T}} \tag{5.168}$$

使得

$$CX_2 = \bar{X}_2 C \tag{5.169}$$

并且

$$\bar{X}_2^{-1} = USX_{11}^{-1}S^{-1}U^{\mathrm{T}} \tag{5.170}$$

定义

$$W_1 = F_{p1}X_1, \quad W_2 = L\bar{X}_2, \quad W_3 = F_e\bar{X}_2, \quad W_4 = F_eX_3 \tag{5.171}$$

得到线性矩阵不等式 (5.153)。

接下来考虑系统的 H_∞ 扰动抑制水平。

设定性能指标

$$J(k,\tau) = \nabla V(k,\tau) + e^{\mathrm{T}}(k,\tau)e(k,\tau) - \gamma^2 \Delta d^{\mathrm{T}}(k,\tau)\Delta d(k,\tau) \tag{5.172}$$

由二维空间范数定义和边界条件 (2.33) 可得

$$\sum_{k=0}^{\infty}\int_0^T J(k,\tau)\mathrm{d}\tau$$

$$= \|e\|_2^2 - \gamma^2\|\Delta d\|_2^2 + \sum_{k=0}^{\infty}\int_0^T \nabla V(k,\tau)\mathrm{d}\tau$$

$$= \|e\|_2^2 - \gamma^2\|\Delta d\|_2^2 + \sum_{k=0}^{\infty}[V_1(k,T) - V_1(k,0)] + \int_0^T [V_2(\infty,\tau) - V_2(-1,\tau)]\mathrm{d}\tau$$

$$= \|e\|_2^2 - \gamma^2\|\Delta d\|_2^2 + \Delta x^{\mathrm{T}}(\infty,T)P\Delta x(\infty,T) + \int_0^T e^{\mathrm{T}}(\infty,\tau)\frac{1}{\beta}P_3 e(\infty,\tau)\mathrm{d}\tau \tag{5.173}$$

其中

$$\nabla V(k,\tau) = \bar{\eta}^{\mathrm{T}}(k,\tau)\Theta\bar{\eta}(k,\tau) + \Delta x_\delta^{\mathrm{T}}(k,\tau)P_2 B_d\Delta d(k,\tau) \tag{5.174}$$

从而 H_∞ 扰动抑制性能要求 (5.150) 等价于 $J(k,\tau) < 0$。

定义

$$H(k,\tau) = J(k,\tau) - \left[\Gamma^{\mathrm{T}}(k,\tau)\Gamma(k,\tau) - \eta^{\mathrm{T}}(k,\tau)\Upsilon^{\mathrm{T}}\Upsilon\eta(k,\tau)\right]$$

$$= \bar{\eta}^{\mathrm{T}}(k,\tau)\bar{\Theta}\bar{\eta}(k,\tau) + \Delta x_\delta^{\mathrm{T}}(k,\tau)P_2 B_d \Delta d(k,\tau)$$

$$+ \bar{\eta}^{\mathrm{T}}(k,\tau)\Upsilon^{\mathrm{T}}\Upsilon\bar{\eta}(k,\tau) - \gamma^2 \Delta d^{\mathrm{T}}(k,\tau)\Delta d(k,\tau) \tag{5.175}$$

由矩阵不等式 (5.166) 可得 $H(k,\tau) < 0$，结合不等式 (5.163)，即得 $J(k,\tau) < 0$。
□

注释 5.4 定理 5.7 以线性矩阵不等式形式给出了闭环系统 (5.151) 满足 H_∞ 扰动抑制水平 γ 的充分条件，包含在条件中的两个调节参数 α 和 β 用来实现对控制和学习行为的优先调节。具体地，α 调节 $V_1(k,\tau)$ 中的权矩阵 P_1，β 调节 $V_2(k,\tau)$ 中的权矩阵 P_3，而 $V_1(k,\tau)$ 和 $V_2(k,\tau)$ 是两个直接关联控制和学习行为的二次项，因而 α 和 β 调节式 (5.155) 中的可行解 F_p 和 F_e，进而实现对控制和学习行为的优先调节。

下面的推论给出基于状态观测器的标称重复控制系统渐近稳定的充分条件 [38]。

推论 5.2 给定正调节参数 α、β 和 γ，如果存在正定对称矩阵 X_1、X_{11}、X_{22} 和 X_3，以及具有合适维数的矩阵 W_1、W_2、W_3 和 W_4，使得线性矩阵不等式

$$\begin{bmatrix} \tilde{\Phi}_{11} & \tilde{\Phi}_{12} & \beta BW_4 & 0 & \tilde{\Phi}_{15} & \tilde{\Phi}_{16} \\ \star & \tilde{\Phi}_{22} & 0 & B_d & \tilde{\Phi}_{25} & \tilde{\Phi}_{26} \\ \star & \star & -\beta X_3 & 0 & \tilde{\Phi}_{35} & \tilde{\Phi}_{36} \\ \star & \star & \star & -\gamma^2 I & 0 & 0 \\ \star & \star & \star & \star & -\beta X_3 & 0 \\ \star & \star & \star & \star & \star & -I \end{bmatrix} < 0 \tag{5.176}$$

成立，其中输出矩阵 C 的奇异值分解式为 $C = U[S\ \ 0]V^{\mathrm{T}}$，且

$$\begin{cases} X_2 = V \begin{bmatrix} X_{11} & 0 \\ 0 & X_{22} \end{bmatrix} V^{\mathrm{T}} \\ \tilde{\Phi}_{11} = \alpha A^{\mathrm{T}} X_1 + \alpha X_1 A + \alpha BW_1 + \alpha W_1^{\mathrm{T}} B^{\mathrm{T}} \\ \tilde{\Phi}_{12} = W_2 C - BW_3 C \\ \tilde{\Phi}_{15} = -\alpha X_1 C^{\mathrm{T}} - \alpha W_1^{\mathrm{T}} D^{\mathrm{T}} \\ \tilde{\Phi}_{16} = -\alpha X_1 C^{\mathrm{T}} - \alpha W_1^{\mathrm{T}} D^{\mathrm{T}} \\ \tilde{\Phi}_{22} = X_2 A^{\mathrm{T}} - C^{\mathrm{T}} W_2^{\mathrm{T}} + A X_2 - W_2 C \\ \tilde{\Phi}_{25} = -X_2 C^{\mathrm{T}} + C^{\mathrm{T}} W_3^{\mathrm{T}} D^{\mathrm{T}} \\ \tilde{\Phi}_{26} = -X_2 C^{\mathrm{T}} + C^{\mathrm{T}} W_3^{\mathrm{T}} D^{\mathrm{T}} \\ \tilde{\Phi}_{35} = \beta X_3 - \beta W_4^{\mathrm{T}} D^{\mathrm{T}} \\ \tilde{\Phi}_{36} = \beta X_3 - \beta W_4^{\mathrm{T}} D^{\mathrm{T}} \end{cases} \tag{5.177}$$

则基于状态观测器的标称重复控制系统渐近稳定，并且具有 H_∞ 扰动抑制水平 γ，二维控制律增益为

$$\tilde{F}_p = \left[\begin{array}{cc} \tilde{F}_{p1} & \tilde{F}_{p2} \end{array} \right] = \left[\begin{array}{cc} W_1 X_1^{-1} & -W_4 X_3^{-1} C \end{array} \right], \quad \tilde{F}_e = W_4 X_3^{-1} = W_3 \bar{X}_2^{-1} \tag{5.178}$$

以及状态观测器增益为

$$\tilde{L} = W_2 U S X_{11}^{-1} S^{-1} U^{\mathrm{T}} \tag{5.179}$$

4. 控制器设计

根据定理 5.7，下面给出图 5.11 中反馈控制器和状态观测器参数的设计算法。

算法 5.4 基于状态观测器的基本重复控制系统鲁棒控制器设计算法。

步骤 1 对于给定的性能指标 γ，选择调节参数 α 和 β 使线性矩阵不等式 (5.153) 成立；

步骤 2 由式 (5.155) 计算二维控制律增益 F_p 和 F_e；

步骤 3 由式 (5.156) 计算状态观测器增益 L；

步骤 4 由式 (5.149) 计算反馈控制器增益 K_e 和 K_p。

5. 数值仿真与分析

假设不确定性被控对象 (5.140) 的系数矩阵为

$$\left\{ \begin{array}{l} A = \left[\begin{array}{cc} -2 & 3 \\ 4 & -5 \end{array} \right], \quad B = \left[\begin{array}{c} 1 \\ 2 \end{array} \right], \quad B_d = \left[\begin{array}{c} 0 \\ 1.4 \end{array} \right], \quad C = \left[\begin{array}{cc} 5 & 0 \end{array} \right], \quad D = 1 \\[2mm] M = \left[\begin{array}{cc} 1 & 0 \\ 0 & 1 \end{array} \right], \quad N_0 = \left[\begin{array}{cc} 0 & 1 \\ 0 & 0.1 \end{array} \right], \quad N_1 = \left[\begin{array}{c} 0 \\ 0.5 \end{array} \right] \\[2mm] E(t) = \left[\begin{array}{cc} \sin 0.2\pi t & 0 \\ 0 & \sin 0.2\pi t \end{array} \right] \end{array} \right. \tag{5.180}$$

给定的扰动抑制性能指标为

$$\gamma = 0.4 \tag{5.181}$$

考虑对周期参考输入

$$r(t) = \cos 0.2\pi t + 0.5 \cos 0.4\pi t + 0.5 \cos 0.6\pi t \tag{5.182}$$

的跟踪问题以及对外界扰动

$$d(t) = \left\{ \begin{array}{ll} 0 & t < 30\mathrm{s} \\ 0.1 \cos 0.125\pi t + 0.05 \sin 0.25\pi t + 0.05 \sin 0.375\pi t, & 30 \leqslant t \leqslant 80\mathrm{s} \\ 0 & t > 80\mathrm{s} \end{array} \right. \tag{5.183}$$

的抑制问题。

参考输入周期 $T = 10\text{s}$，由算法 5.4 进行反馈控制器设计，选取性能评价指标函数

$$J = \frac{1}{2} \sum_{k=0}^{9} \int_{kT}^{(k+1)T} e^2(t)\mathrm{d}t \tag{5.184}$$

评价调节参数对系统性能的影响。

如注释 5.4 所述，改变参数 α 和 β 的取值可以优先调节重复控制过程中的控制和学习行为，仿真在没有扰动的作用下进行，仅考虑系统输出对参考输入的跟踪情况。

这里通过对比 3 个不同参数组合的仿真结果来说明调节参数对系统性能的调节作用：

$$\alpha = 0.001, \quad \beta = 1 \tag{5.185a}$$

$$\alpha = 1, \quad \beta = 1 \tag{5.185b}$$

$$\alpha = 1, \quad \beta = 0.0001 \tag{5.185c}$$

对应的性能评价指标函数值分别为

$$J^a = 0.7308, \quad J^b = 0.1443, \quad J^c = 0.0185 \tag{5.186}$$

参数调节过程如图 5.12 所示，由此可知，第 1 个周期的跟踪误差表示系统的控制性能，周期之间的跟踪误差收敛速度表示系统的学习性能。对于参数组 (5.185a)，跟踪误差收敛较慢，经过 6 个周期后误差为 0；通过将 α 从 0.001 增加到 1，参数组 (5.185b) 对应系统的控制性能得到较大改善，系统的学习速度也有所加快，但还不够快，跟踪误差经过 4 个周期后为 0；进一步调节参数 β，学习速度得到较大改善，参数组 (5.185c) 所对应的系统经过 2 个周期后能够实现对参考信号的完全跟踪。注意到控制和学习行为之间存在耦合关系，由图 5.12 中的仿真结果 (b) 和 (c) 可知，改变参数 β 后同样也较强地影响到系统的控制行为。基于此，我们以实现性能评价函数指标大小关系 $J^c < J^b < J^a$ 进行参数 α 和 β 的调节。在上述三组参数中，式 (5.185c) 对应的系统具有最好的总体控制和学习性能。

基于性能评价指标函数 (5.184)，最终选取调节参数

$$\alpha = 55, \quad \beta = 10^{-6} \tag{5.187}$$

对应的反馈控制器增益分别为

$$K_e = 44.3275, \quad K_p = \begin{bmatrix} -5.0463 & 0.0477 \end{bmatrix} \tag{5.188}$$

以及状态观测器的增益为

$$L = \begin{bmatrix} 1.6687 \\ 2.2813 \end{bmatrix} \qquad (5.189)$$

此时最优的性能评价指标函数值为

$$J = 0.0019 \qquad (5.190)$$

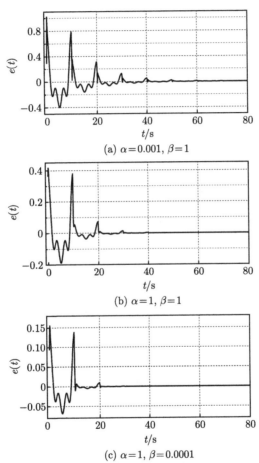

(a) $\alpha = 0.001$, $\beta = 1$

(b) $\alpha = 1$, $\beta = 1$

(c) $\alpha = 1$, $\beta = 0.0001$

图 5.12 参数组 (5.185) 所对应的跟踪误差

仿真结果如图 5.13 所示，由此可知，经过 2 个周期后，系统输出便进入稳定状态，并且能够充分地抑制外界扰动对系统输出的影响。

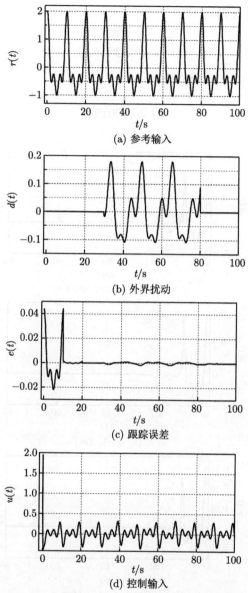

(a) 参考输入

(b) 外界扰动

(c) 跟踪误差

(d) 控制输入

图 5.13　参数组 (5.187) 的扰动抑制仿真结果

5.3.5　基于状态反馈的改进型重复控制系统鲁棒性设计

为了扩大重复控制的应用范围，这里针对不确定性严格正则线性系统，首先提出基于状态反馈的鲁棒重复控制系统结构；然后利用"提升"方法，建立基于状态反馈的不确定性改进型重复控制系统二维混合模型和二维控制律，对控制和学习行为进行准确描述，将鲁棒改进型重复控制系统的设计问题转化为一类二维系统的状态反馈控制问题；随后采用二维李雅普诺夫泛函分析闭环系统的鲁棒稳定性，以线性矩阵不等式的形式给出闭环系统内部稳定的充分条件；最后基于稳定性条件给出控制器设计算法，给出总体性能评价指标函数，通过调节稳定性条件中的两个调节参数，设计鲁棒重复控制器和状态反馈控制器增益，实现对重复控制过程中控制和学习行为的优先调节，从而改善系统的暂态性能，提高系统的跟踪能力。

1. 问题描述

考虑如图 5.3 所示的改进型重复控制系统，包括不确定性被控对象、改进型重复控制器和反馈控制器。被控对象为一类不确定性严格正则线性系统

$$\begin{cases} \dot{x}_p(t) = [A + \delta A(t)] x_p(t) + Bu(t) \\ y(t) = Cx_p(t) \end{cases} \tag{5.191}$$

其中，$x_p(t) \in \mathbb{R}^n$ 为状态变量；$u(t) \in \mathbb{R}^p$ 为控制输入；$y(t) \in \mathbb{R}^q$ 为控制输出；A、B 和 C 为具有合适维数的实数矩阵；不确定性 $\delta A(t)$ 满足式 (5.3) 和假设 5.1。

改进型重复控制器的状态空间模型为

$$\begin{cases} \dot{x}_f(t) = -\omega_c x_f(t) + \omega_c x_f(t-T) + \omega_c e(t) \\ v(t) = e(t) + x_f(t-T) \end{cases} \tag{5.192}$$

其中，$x_f(t)$ 为低通滤波器的状态变量；$v(t)$ 为重复控制器的输出；$e(t) [= r(t)-y(t)]$ 为重复控制系统的跟踪误差；ω_c 为低通滤波器的截止频率；T 为参考输入的周期。

基于状态反馈建立线性控制律

$$u(t) = K_e v(t) + K_p x_p(t) \tag{5.193}$$

其中，K_e 为重复控制器的增益；K_p 为状态反馈增益。那么，图 5.11 所示改进型重复控制系统的设计问题为：对于给定的截止频率 ω_c，设计反馈控制器增益 K_e 和 K_p，使系统在控制律 (5.193) 的作用下鲁棒稳定，同时具有满意的稳态跟踪性能和动态响应性能。

2. 二维混合模型

令 $r(t) = 0$，得到图 5.3 所示的不确定性重复控制系统二维混合模型和二维控制律

$$\begin{cases} \dot{x}(k,\tau) = \tilde{A}x(k,\tau) + \tilde{A}_d x(k-1,\tau) + \tilde{B}u(k,\tau) \\ e(k,\tau) = \tilde{C}x(k,\tau) \end{cases} \tag{5.194a}$$

$$u(k,\tau) = \begin{bmatrix} F_p & 0 \end{bmatrix} x(k,\tau) + \begin{bmatrix} 0 & F_e \end{bmatrix} x(k-1,\tau) \tag{5.194b}$$

其中

$$
\begin{cases}
x(k,\tau) = \begin{bmatrix} x_p^{\mathrm{T}}(k,\tau) & x_f^{\mathrm{T}}(k,\tau) \end{bmatrix}^{\mathrm{T}} \\[2mm]
\tilde{A} = \begin{bmatrix} A + \delta A(k,\tau) & 0 \\ -\omega_c C & -\omega_c I \end{bmatrix}, \ \tilde{A}_d = \begin{bmatrix} 0 & 0 \\ 0 & \omega_c I \end{bmatrix} \\[4mm]
\tilde{B} = \begin{bmatrix} B \\ 0 \end{bmatrix}, \ \tilde{C} = \begin{bmatrix} -C & 0 \end{bmatrix}
\end{cases}
\tag{5.195}
$$

反馈控制器增益与二维控制律增益满足

$$
F_p = -K_e C + K_p, \ F_e = K_e \tag{5.196}
$$

将本周期前的系统状态信息理解为控制经验，则学习指的是将本周期前的控制经验作用到当前控制输入中，与之相对应地，控制是利用本周期的系统信息调节当前周期的控制输入。与一维时域控制律 (5.193) 相比，二维控制律 (5.194b) 可以通过调节控制增益 F_p 和 F_e 来分别调节系统的控制和学习行为，从而加快系统收敛和误差跟踪速度，改善系统的暂态性能。

二维控制律 (5.194b) 是线性控制律 (5.193) 在二维空间中的描述，可以通过调节控制律 (5.194b) 中的反馈增益 F_p 和 F_e 来调节控制和学习行为。低通滤波器使得描述控制和学习行为的状态变量混合在一起，因此无论如何设计二维控制律增益 F_p 和 F_e，都不能实现这两种行为的独立调节，只能进行优先调节。

由此可见，图 5.3 所示的改进型重复控制系统设计问题等价为：给定截止频率 ω_c，设计二维控制律增益 F_p 和 F_e 使二维混合系统 (5.194) 鲁棒稳定，同时具有满意的控制和学习性能。

3. 稳定性分析

基于以上分析，系统 (5.53) 鲁棒渐近稳定的充分条件可由定理 5.3 给出[30]。

注释 5.5　定理 5.3 中含有参数 α 和 β，通过调节这两个参数来实现控制和学习行为的调节。具体地说，调节 α 和 β 进而相应调节权重矩阵 P_1 和 Q_2，从而调节了线性矩阵不等式 (5.57) 中的可行解 F_p 和 F_e，这将在后面的数值仿真与分析中进行详细说明。

4. 控制器设计

如注释 5.5 所述，可以通过 α 和 β 来分别调节控制和学习行为。首先，因为在第 1 个周期内没有学习行为，选取

$$
J_1 = \frac{1}{2} \int_0^T e^2(t)\mathrm{d}t \tag{5.197}
$$

来评价系统的控制性能。然后，为了准确评价学习性能，考虑跟踪误差曲线的包络线，曲线方程为

$$e(t) = e_0 + \lambda e^{-\frac{t}{\sigma}} \tag{5.198}$$

其中，参数值 $1/\sigma$ 表示跟踪误差的下降速度，可以作为评判系统学习效率的标准。

最后，选取性能评价指标函数

$$J = \frac{1}{2} \sum_{k=0}^{9} \int_{kT}^{(k+1)T} e^2(t) \mathrm{d}t \tag{5.199}$$

评价系统总体跟踪性能。

根据定理 5.3，下面给出图 5.3 中反馈控制器参数的设计算法。

算法 5.5 基于状态反馈的改进型重复控制系统鲁棒控制器设计算法。

步骤 1　利用 α、β 与 J_1 之间的数量关系，寻找能够产生满意控制性能的调节参数取值范围，也就是使得 J_1 较小的 α 和 β 取值范围；

步骤 2　利用 α、β 与 σ 之间的数量关系，寻找能够产生满意学习性能的调节参数取值范围，也就是使得 σ 较小的 α 和 β 取值范围；

步骤 3　确定由步骤 1 和步骤 2 所产生的调节参数取值范围的交集；

步骤 4　在步骤 3 的交集内寻找能使 J 最小的参数 α 和 β；

步骤 5　对线性矩阵不等式 (5.55) 进行求解；

步骤 6　由式 (5.57) 计算二维控制律增益 F_p 和 F_e；

步骤 7　由式 (5.196) 计算反馈控制律增益 K_e 和 K_p。

5. 数值仿真与分析

这里考虑具有时变周期系数的卡盘工件系统，切削工件硬度系数发生周期性变化，在切削过程中产生系数励振振动[10]

$$m\ddot{x} + c\dot{x} + (k_s + k_{s1}\sin\omega t)x = 0 \tag{5.200}$$

其中，m 为等价质量；c 为阻尼系数；k_s 为比切削抵抗系数；k_{s1} 为比切削抵抗变动振幅。转化为状态空间形式后的系数矩阵为

$$\begin{cases} A = \begin{bmatrix} 0 & 1 \\ -1 & -1 \end{bmatrix}, \ B = \begin{bmatrix} 0 \\ 1 \end{bmatrix}, \ C = \begin{bmatrix} 1 & 1 \end{bmatrix} \\ M = \begin{bmatrix} 1 & 0 \\ 0 & 1 \end{bmatrix}, \ N_0 = \begin{bmatrix} 0 & 0 \\ 0.1 & 0 \end{bmatrix}, \ F(t) = \begin{bmatrix} \sin\pi t & 0 \\ 0 & \sin\pi t \end{bmatrix} \end{cases} \tag{5.201}$$

考虑对周期参考输入

$$r(t) = \sin \pi t + 0.5 \sin 2\pi t + 0.5 \sin 3\pi t \tag{5.202}$$

的跟踪问题。

　　参考输入周期 $T = 2\text{s}$，选择低通滤波器的截止频率 $\omega_c = 100\text{rad/s}$。由算法 5.5 得到调节参数 α、β 和控制性能指标函数 J_1 的数量关系如图 5.14 所示，由此可见，当 α 和 β 取值于区间

$$\begin{cases} \alpha \in [0.20, \ 0.60], & \beta \in (0.25, \ 0.55) \\ \alpha \in (0.80, \ 0.95), & \beta \in (0.30, \ 0.40) \end{cases} \tag{5.203}$$

时，J_1 的数值比较小。

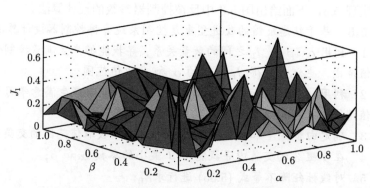

图 5.14　调节参数 α、β 与 J_1 之间的数量关系

　　调节参数 α、β 和学习性能指标函数的关系如图 5.15 所示，由此可知，当 α 和 β 取值于区间

$$\begin{cases} \alpha \in [0.20, \ 0.80], & \beta \in [0.35, \ 0.50] \\ \alpha \in [0.15, \ 0.40], & \beta \in (0.65, \ 0.90] \end{cases} \tag{5.204}$$

时，学习速度比较快。

　　J_1 和 σ 可以作为判断 α 和 β 的调节是否合适的标准，这里通过对比下面 2 个不同参数组合的仿真结果来说明：

$$\alpha = 0.15, \quad \beta = 0.85 \tag{5.205a}$$

$$\alpha = 0.90, \quad \beta = 0.35 \tag{5.205b}$$

其中，参数组 (5.205a) 和 (5.205b) 分别属于式 (5.203) 和 (5.204)，通过简单计算得到

$$\begin{cases} J_{1a} = 0.15, & J_{1b} = 0.11 \\ \sigma_a = 1.46, & \sigma_b = 1.66 \end{cases} \tag{5.206}$$

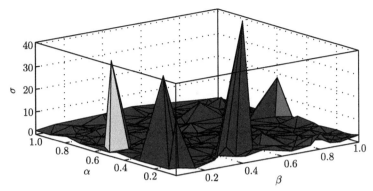

图 5.15   调节参数 α、β 与 σ 之间的数量关系

仿真结果如图 5.16 所示，由此可知，参数组 (5.205b) 对应系统的控制性能比参数组 (5.205a) 好，但是参数组 (5.205a) 对应系统的学习性能比参数组 (5.205b) 好。

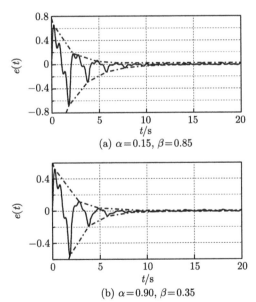

(a) $\alpha=0.15,\ \beta=0.85$

(b) $\alpha=0.90,\ \beta=0.35$

图 5.16   参数组 (5.205) 所对应的跟踪误差

最终选择 J 作为调节参数 α 和 β 在式 (5.203) 和式 (5.204) 交集内的选取标准，即

$$\alpha \in [0.20,\ 0.60], \quad \beta \in [0.35,\ 0.50] \tag{5.207}$$

由图 5.17 可知，评价性能指标在区间 (5.207) 内取值较小。

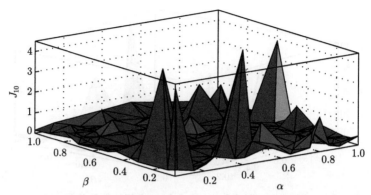

图 5.17　调节参数 α、β 与 J_{10} 之间的数量关系

基于性能评价指标函数 (5.199)，通过在区间 (5.207) 内进一步精调 α 和 β，最终选取调节参数

$$\alpha = 0.60, \quad \beta = 0.35 \tag{5.208}$$

对应的反馈控制器增益分别为

$$K_e = 136.72, \quad K_p = \begin{bmatrix} -43.814 & -17.674 \end{bmatrix} \tag{5.209}$$

控制和学习性能指标参数值分别为

$$J_{1c} = 0.02, \quad \sigma_c = 0.50 \tag{5.210}$$

此时最优的性能评价指标函数值为

$$J = 0.0168 \tag{5.211}$$

仿真结果如图 5.18 所示，由此可见，系统鲁棒稳定的同时具有满意的控制和学习性能。

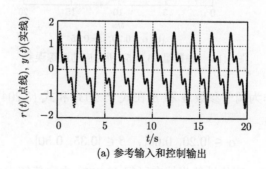

(a) 参考输入和控制输出

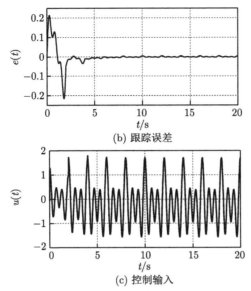

(b) 跟踪误差

(c) 控制输入

图 5.18 基于状态反馈的重复控制系统仿真结果

5.4 本 章 小 结

本章首先阐述了二维重复控制系统鲁棒性分析与设计问题,包括系统不确定性描述、系统鲁棒稳定性分析与镇定和鲁棒性能分析与设计;然后针对不同的反馈控制器结构,利用鲁棒控制理论和二维系统理性,进行了几种典型的二维重复控制系统鲁棒稳定性分析与镇定设计;最后针对不同的系统结构和不确定性,论述了对应的二维重复控制系统鲁棒性设计方法,实现了期望的性能要求。

参 考 文 献

[1] 黄琳. 稳定性与鲁棒性的理论基础. 北京: 科学出版社, 2003

[2] 褚健, 俞立, 苏宏业. 鲁棒控制理论及应用. 杭州: 浙江大学出版社, 1998

[3] Zhu M, Ye Y, Xiong Y, et al. Parameter robustness improvement for repetitive control in grid-tied inverters using iir filter. IEEE Transactions on Power Electronics, 2021, 36(7): 8454-8463

[4] Mahdianfar H, Ozgoli S, Momeni H R. Robust multiple model adaptive control: Modified using ν-gap metric. International Journal of Robust and Nonlinear Control, 2011, 21(18): 2027-2063

[5] Pandove G, Singh M. Robust repetitive control design for three-phase four wire shunt active power filter. IEEE Transactions on Industrial Informatics, 2019, 15(5): 2810-2818

[6]　Xu Z, Liu Q, Hu X. Uniform robust exact differentiator-based output feedback adaptive robust control for DC motor drive systems. Transactions of the Institute of Measurement and Control, 2021, 43(7): 1620-1628

[7]　Zhou L, She J H, Zhang X M, et al. Performance enhancement of RCS and application to tracking control of chuck-workpiece systems. IEEE Transactions on Industrial Electronics, 2020, 67(5): 4056-4065

[8]　吴敏, 何勇, 佘锦华. 鲁棒控制理论. 北京: 高等教育出版社, 2010

[9]　Masahiro D, Masami M, Yoshimi I, et al. A study on parametric vibration in chuck work. Japan Society of Mechanical Engineers, 1985, 28(245): 2774-2780

[10]　Omata T, Hara T, Nakano M. Repetitive control for linear periodic systems. Electrical Engineering in Japan, 1985, 105(3): 131-138

[11]　Li C, Zhang D, Zhuang X. Theory and application of the repetitive control. Proceedings of the SICE Annual Conference, Sapporo, 2004: 27-34

[12]　张冬纯, 曾鸣, 苏宝库. 重复控制系统收敛速度分析. 电机与控制学报, 2002, 6(1): 50-53

[13]　Gu̇venc L. Stability and performance robustness analysis of repetitive control systems using structured singular values. IEEE/ASME Journal of Dynamic Systems, Measurement, and Control, 1996, 118(3): 593-597

[14]　Li J, Tsao T C. Robust performance repetitive control systems. IEEE/ASME Journal of Dynamic Systems, Measurement, and Control, 2001, 123(3): 330-337

[15]　Kim B S, Tsao T C. Robust repetitive controller design with improved performance. Proceedings of the American Control Conference, Arlington, 2001: 58-63

[16]　Wang J Q, Tsao T C. Laser beam raster scan under variable process speed—An application of time varying model reference repetitive control system. Proceeding of the IEEE/ASME International Conference on Advanced Intelligent Mechatronics, Monterey, 2005: 1233-1239

[17]　Roh C L, Chung M J. Design of repetitive control system for an uncertain plant. Electronics Letters, 1995, 31(22): 1959-1960

[18]　Doh T Y, Chung M J. Repetitive control design for linear systems with time-varying uncertainties. IEE Proceedings - Control Theory Applications, 2003, 150(4): 427-432

[19]　Doh T Y, Ryoo J R. Robust stability condition of repetitive control systems and analysis on steady-state tracking errors. Proceedings of the SICE-ICASE International Joint Conference, Busan, 2006: 5169-5174

[20]　Doh T Y, Ryoo J R. Add-on type repetitive controller design for the feedback control system satisfying the robust performance condition. Proceedings of the 7th Asian Control Conference, Xi'an, 2009: 27-29

[21]　Moarten S. Repetitive control for systems with uncertain period-time. Automatica, 2002, 38(12): 2103-2109

[22]　Srinivasan K, Shaw F R. Analysis and design of repetitive control systems using the regeneration spectrum. Proceedings of the American Control Conference, San Diego, 1990: 1150-1155

[23] Yakubovich V A. S-procedure in nonlinear control theory (in Russian). Vestnik Leningradskogo Universiteta, Matematika, Mekhanika, Astronomija, 1977, 4(1): 73-93

[24] Petersen I R, Hollot C V. A Riccati equation approach to the stabilization of uncertain linear systems. Automatica, 1986, 22(4): 397-411

[25] Xie L H. Output feedback H_∞ of systems with parameter uncertainty. International Journal of Control, 1996, 63(4): 741-750

[26] 吴敏, 周兰, 佘锦华, 等. 一类不确定线性系统的输出反馈鲁棒重复控制设计. 中国科学: 信息科学, 2010, 40(1): 54-62

[27] Wu M, Zhou L, She J H, et al. Design of robust output-feedback repetitive controller for class of linear systems with uncertainties. Science China: Information Sciences, 2010, 53(5): 1006-1015

[28] 周兰, 吴敏, 佘锦华, 等. 具有状态观测器的鲁棒重复控制系统设计. 控制理论与应用, 2009, 26(9): 942-948

[29] She J H, Zhou L, Wu M, et al. State-observer based two-dimensional robust repetitive control. European Control Conference, Budapest, 2009: 1517-1522

[30] Zhou L, She J H, Wu M, et al. Design of robust modified repetitive-control system for linear periodic plants. IEEE/ASME Journal of Dynamic Systems, Measurement, and Control, 2012, 134(1): 011023

[31] 兰永红, 吴敏, 佘锦华, 等. 基于二维混合模型的保成本重复控制. 控制理论与应用, 2009, 26(1): 73-79

[32] Sulikowski B, Galkowski K, Rogers E. PI output feedback control of differential linear repetitive processes. Automatica, 2008, 44(5): 1442-1445

[33] Owens D H, Li L M, Banks S P. Multi-periodic repetitive control system: A Lyapunov stability analysis for MIMO systems. International Journal of Control, 2004, 77(5): 504-515

[34] 胡寿松. 自动控制原理. 4 版. 北京: 科学出版社, 2001

[35] 吴敏, 兰永红, 佘锦华. 基于二维混合模型的重复控制系统设计新方法. 自动化学报, 2008, 34(9): 1208-1213

[36] 李翠艳, 张东纯, 庄显义. 重复控制综述. 电机与控制学报, 2005, 9(1): 37-44

[37] Mita T, Xin X, Anderson B D O. Extended H_∞ control with unstable weights. Automatica, 2000, 36: 735-741

[38] Zhou L, Wu M, She J H. Design of H_∞ robust repetitive-control system base on a state-observer. China-Japan International Workshop on Information Technology and Control Applications, 2009, 56(6): 1452-1457

第 6 章　二维重复控制系统扰动抑制

实际控制系统中存在着不同类型的扰动，其扰动的动态特性未知且包含不同频率。重复控制可以有效消除周期扰动对系统性能的影响，但是以放大非周期扰动的影响为代价。如何抑制这类非周期、不确定的扰动是重复控制系统设计的关键问题。本章重点阐述基于等价输入干扰方法的重复控制系统扰动抑制。

6.1　重复控制系统的扰动抑制

工业过程和生产实践中存在着周期性扰动，如夹盘和金属切削系统中产生的偏心 [1,2]、交流功率调节系统中输出电压的周期跟踪误差 [3]、受波动负荷力矩影响的异步电动机的机械振动 [4]、物理结构导致的电机转速波动 [5] 等。重复控制对周期基频与谐波频率的完全抑制牺牲了它对非周期信号的控制性能，这里非周期信号指的是频率 $\omega \neq 2k\pi/T, \ k \in \mathbb{Z}_+$ 的周期信号和非周期信号。根据波德积分定理 [6]，重复控制系统在基频与谐波频率处的无穷大增益导致系统在其他频率处的增益降低，这使得系统在这些频率处的控制性能恶化。也就是说，尽管重复控制系统可以有效地抑制与控制周期相同的外界扰动，但对其他扰动而言，重复控制甚至可能会放大它们的影响。

6.1.1　扰动类型

根据扰动和控制输入是否在一个通道，可以将扰动分为两类：如果在一个通道，则为匹配扰动；反之，则为不匹配扰动。下面讨论这两类扰动抑制方法。

1. 匹配扰动

对于匹配扰动，可以基于内模原理 [7] 或前馈控制 [8,9] 等简单的方式抵消。内模原理对除内模以外的系统和控制器参数的变动不敏感，当参数发生变化时，只要保证闭环系统稳定，便可实现扰动的抑制 [10]。前馈控制通过将扰动在输入端进行反向补偿，从而实现对扰动的完全抑制。工程实践中很多扰动的信息难以获得且不能被完全补偿，因此限制了此类方法的应用范围。

自抗扰控制 [11] 针对积分链式或能够转化为积分链式的控制系统 [12-14]，将系统未知模型部分和外界扰动视为一个扩张的系统状态，然后构造非线性扩张状态观测器用于实时估计并补偿未知模型和外界扰动对系统输出的影响。自抗扰控制与重复控制的结合能够实现周期信号的高精度跟踪和外界扰动的有效抑制 [15,16]。

2. 不匹配扰动

为了拓宽扩张状态观测器的应用，使其适用于具有不匹配扰动的被控对象，Li 等提出了广义扩张状态观测器 (generalized extended state observer, GESO)[17]，针对满足一定假设条件的不匹配扰动，通过计算一个扰动补偿增益矩阵以抵消其对系统性能的影响，但是当其不满足假设条件时，没有给出扰动补偿增益的计算方法。此外，对于多输入多输出系统，扰动补偿增益矩阵还存在额外的设计要求。针对一般的不匹配扰动，Castillo 等提出干扰估计值的动态补偿控制策略[18]，该扰动补偿策略对广义扩张状态观测器的扰动抑制性能起着至关重要的作用。

6.1.2 扰动抑制问题

机械系统中普遍存在的非周期扰动会对工业系统或工程对象的运行造成不利影响：恶化系统性能、降低生产效率和增加能耗等。例如，光盘驱动器在高转速下可能存在偏心质量，由此产生的振动不但可能刮花光盘，而且会使光盘达不到特定的转速，进而影响光盘的使用寿命[19,20]。此外，元器件的磨损或老化、工作环境的温度变化和建模误差等使得无法获取系统的精确模型，这些不确定因素可等效为模型的时变参数摄动，导致跟踪控制与扰动抑制不能进行分离设计。

时滞现象普遍存在于实际系统中。例如，金属切削过程中刀具与工件之间易产生相对振动[21]，这种颤振现象会降低切削精度和切削效率[22]，严重时甚至会损坏刀具与工件[23-25]。被控对象中存在的时滞不仅使重复控制系统不能及时应对扰动，而且可能会导致系统不稳定。重复控制系统不仅要求闭环系统是稳定的，同时要求其具有满意的控制性能。显然，重复控制器中的时滞和被控对象的时滞导致闭环控制系统为一个双时滞系统，增加了受扰动作用的时滞重复控制系统的设计难度。

综上所述，重复控制系统扰动抑制的设计问题可分为两个方面：

(1) 如何在匹配或不匹配非周期扰动的作用下保证重复控制系统具有良好的跟踪和控制性能；

(2) 当重复控制系统存在不确定性和时滞等特性时，如何保证重复控制系统鲁棒稳定且实现期望的跟踪性能。

6.2 等价输入干扰方法

She 等提出一种基于等价输入干扰的主动扰动抑制方法[26]。该方法根据扰动对系统输出的作用效果，定义一个与外界扰动等价的输入端干扰，通过状态观测器获取扰动信息，对扰动进行估计，并映射到系统的输入通道反向补偿，从而提高整个控制系统的扰动抑制性能。该方法融合主动扰动抑制和被动扰动抑制的特点，使控制回路中包含基于内模原理的干扰抑制器，并利用等价输入干扰的思想设计主动干扰补偿器。

6.2.1　等价输入干扰

考虑如图 6.1 所示受外界扰动的被控对象

$$\begin{cases} \dot{x}_o(t) = Ax_o(t) + Bu(t) + B_d d(t) \\ y_o(t) = Cx_o(t) \end{cases} \tag{6.1}$$

其中，$x_o(t) \in \mathbb{R}^n$ 为状态变量；$u(t) \in \mathbb{R}^p$ 为控制输入；$y_o(t) \in \mathbb{R}^q$ 为控制输出；$d(t) \in \mathbb{R}^{n_d}$ 为未知的外界扰动；A、B、C 和 B_d 为具有合适维数的实数矩阵。

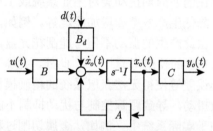

图 6.1　扰动 $d(t)$ 影响下的被控对象

B 和 B_d 可能具有不同维度，也就是说，扰动可能施加在控制输入通道之外的通道上，扰动和相关输入通道的数量也可能大于控制输入的通道数量。假设扰动只施加在控制输入通道上，则考虑如图 6.2 所示的被控对象

$$\begin{cases} \dot{x}_p(t) = Ax_p(t) + B[u(t) + d_e(t)] \\ y(t) = Cx_p(t) \end{cases} \tag{6.2}$$

其中，$x_p(t) \in \mathbb{R}^n$ 为状态变量；$y(t) \in \mathbb{R}^q$ 为控制输出；$d_e(t) \in \mathbb{R}^p$ 为等价于系统输入端的干扰。

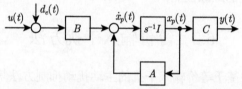

图 6.2　等价干扰 $d_e(t)$ 影响下的被控对象

下面给出等价输入干扰的定义。

定义 6.1[26] 对于图 6.1 和图 6.2 所示的被控对象,令控制输入 $u(t) = 0$,并且初始状态满足 $x_p(0) = x_o(0)$,如果被控对象的输出 $y(t)$ 和 $y_o(t)$ 满足 $y(t) \equiv y_o(t)$,$\forall t \geqslant 0$,则扰动 $d_e(t)$ 称为扰动 $d(t)$ 的等价输入干扰。

根据稳定逆的概念,下面给出等价输入干扰的存在性定义。

定义 6.2[26] 如果在扰动 $d(t)$ 作用下系统输出 $y_o(t)$ 满足 $y_o(t) \in \Phi$,则在被控对象输入端存在扰动 $d(t)$ 的等价输入干扰 $d_e(t)$,并且 $d_e(t) \in \Phi$,集合 Φ 的定义为

$$\Phi = \left\{ \sum_{i=0}^{n} a_i(t) \sin(\omega_i t + \varphi_i) \mid t \geqslant 0, \ n < \infty \right\} \tag{6.3}$$

其中, $a_i(t)$ 为时间 t 的多项式函数; $\omega_i \ (\geqslant 0)$ 和 φ_i 为常量, $i = 1, 2, \cdots, n$。

定义 6.2 从理论上保证了等价输入干扰的存在,这样便可以利用被控对象的输入和输出进行等价输入干扰的构造和计算。

针对被控对象 (6.2),构造全维状态观测器

$$\begin{cases} \dot{\hat{x}}_p(t) = A\hat{x}_p(t) + Bu_f(t) + L[y(t) - \hat{y}(t)] \\ \hat{y}(t) = C\hat{x}_p(t) \end{cases} \tag{6.4}$$

其中, $\hat{x}_p(t) \in \mathbb{R}^n$ 为观测器的状态变量,用于估计 $x_p(t)$; $u_f(t) \in \mathbb{R}^p$ 为观测器输入; $\hat{y}(t) \in \mathbb{R}^q$ 为观测器输出; L 为观测器增益。

注释 6.1 系统一旦受到外界扰动,被控对象的估计状态就可能与实际状态不同,其中包含了扰动的影响。因此,必须使用全维状态观测器来估计被控对象的状态,这是由于如果直接使用获取的状态,这种差异将降低跟踪精度。为了获得高精度的等价输入干扰,必须保证 $\hat{y}(t) - y(t)$ 收敛于 0。因而,使用全维状态观测器是可取的。

定义

$$x_\delta(t) = x_p(t) - \hat{x}_p(t) \tag{6.5}$$

为重构状态误差,由式 (6.2) 和式 (6.5) 得到

$$\dot{\hat{x}}_p(t) = A\hat{x}_p(t) + Bu(t) + \{Bd_e(t) + [-\dot{x}_\delta(t) + Ax_\delta(t)]\} \tag{6.6}$$

假设存在一个控制输入 $\Delta d(t)$ 满足

$$B\Delta d(t) = -\dot{x}_\delta(t) + Ax_\delta(t) \tag{6.7}$$

将式 (6.7) 代入式 (6.6),并定义

$$\hat{d}_e(t) = d_e(t) + \Delta d(t) \tag{6.8}$$

为等价输入干扰的估计值，则得到

$$\dot{\hat{x}}_p(t) = A\hat{x}_p(t) + B\left[u(t) + \hat{d}_e(t)\right] \tag{6.9}$$

注释 6.2　等价输入干扰估计器使用状态观测器进行设计，而不是被控对象的逆模型。这是等价输入干扰方法和干扰观测器方法在系统结构上的本质不同。

注释 6.3　由式 (6.8) 和式 (6.9) 可知，如果把包含等价输入干扰的被控对象状态看作 $\hat{x}_p(t)$，也就是观测器的状态，则被控对象状态与观测器状态之差相当于等价输入干扰精确值与估计值之间的差异，因此式 (6.9) 在等价输入干扰估计中起关键作用。

由式 (6.2)、式 (6.4)、式 (6.5) 和式 (6.9) 可得

$$B\left[\hat{d}_e(t) + u(t) - u_f(t)\right] = LCx_\delta(t) \tag{6.10}$$

求解式 (6.10) 中的 $\hat{d}_e(t)$，得到一个最小二乘解

$$\hat{d}_e(t) = B^+LCx_\delta(t) + u_f(t) - u(t) \tag{6.11}$$

在此基础上，引入一个低通滤波器 $F(s)$ 选择 $\hat{d}_e(t)$ 的频带，滤波后的扰动估计 $\tilde{d}_e(t)$ 为

$$\tilde{D}_e(s) = F(s)\hat{D}_e(s) \tag{6.12}$$

其中，$\tilde{D}_e(s)$ 和 $\hat{D}_e(s)$ 分别为 $\tilde{d}_e(t)$ 和 $\hat{d}_e(t)$ 的拉普拉斯变换。

将滤波后扰动估计值 $\tilde{d}_e(t)$ 反向补偿至系统输入端 $u(t)$，则补偿后的控制律为

$$u(t) = u_f(t) - \tilde{d}_e(t) \tag{6.13}$$

综上所述，等价输入干扰方法具有其他方法所没有的两个重要特征：

(1) 系统结构简单，无须知道扰动的先验信息，对匹配和不匹配扰动都具有很好的抑制性能，并且容易扩展到多输入多输出系统；

(2) 将滤波后的扰动估计值 $\tilde{d}_e(t)$ 反向补偿到系统控制输入端 $u(t)$，易于提高系统的抗扰性能。

对于第一个特征，补偿后的系统可以看作插入一个扰动估计器来增强原系统的抗扰性能，结构简单，易于理解。对于第二个特征，$\Omega_r = \{\omega,\ 0 \leqslant \omega \leqslant \omega_r\}$ 为干扰抑制的频带，设计合适的观测器保证 $\hat{d}_e(t)$ 收敛于 $d_e(t)$，以及适当的低通滤波器 $F(s)$ 保证 $\tilde{D}_e(j\omega) \approx \hat{D}_e(j\omega)$，$\forall \omega \in \Omega_r$。

注释 6.4　Umeno 等提出了一种用于扰动观测器设计的 $Q(s)$ 滤波器方法[27]。$Q(s)$ 滤波器的截止频率必须足够高于扰动的最高频率，以保证对控制输入进行扰动估计，等价输入干扰方法的低通滤波器 $F(s)$ 的作用也是如此。然而，正如文献 [28] 中所指出的，对于一个 $Q(s)$ 滤波器，要提高其抗扰性能，需要提高滤波

器的维数。为了保证因果关系，滤波器的维数不能低于被控对象的相对阶数。与之相比，等价输入干扰方法可以采用一阶低通滤波器 $F(s)$ 使系统获得令人满意的扰动抑制效果。

6.2.2 扰动抑制性能分析

考虑如图 6.3 所示的改进型重复控制系统，包括被控对象、状态观测器、改进型重复控制器、反馈补偿器 $K(s)$ 和等价输入干扰估计器。通过分析系统对等价干扰 $d_e(t)$ 的抑制性能来衡量对扰动 $d(t)$ 的抑制性能，当系统矩阵满足 $B_d = B$ 时，$d_e(t) = d(t)$，即 $d(t)$ 为其自身的等价输入干扰。

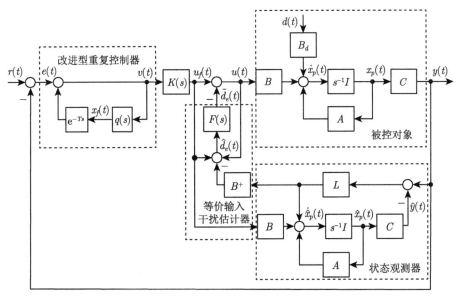

图 6.3 基于等价输入干扰的重复控制系统

为了方便分析引入等价输入干扰后系统的扰动抑制性能，图 6.3 经过结构变换可得如图 6.4 所示的等价系统，其中

$$P(s) = C(sI - A)^{-1}B \tag{6.14a}$$

$$C_K(s) = K(s)C_{\mathrm{MR}}(s), \quad C_{\mathrm{MR}}(s) = \frac{1}{1 - q(s)\mathrm{e}^{-Ts}} \tag{6.14b}$$

$$G_1(s) = C[sI - (A - LC)]^{-1}B, \quad G_2(s) = C(sI - A)^{-1}L \tag{6.14c}$$

令 $r(t) = 0$，则图 6.4 可以等价为图 6.5，其中

$$H(s) = B^+L\frac{F(s)}{1 - F(s)}\left[C_K(s)G_1(s) + \frac{1}{1 + G_2(s)}\right] \tag{6.15}$$

经过简单变换，最终得到等价图 6.6。

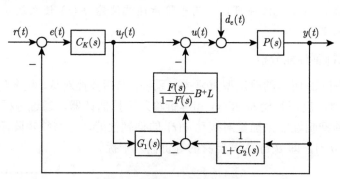

图 6.4　图 6.3 的等价系统

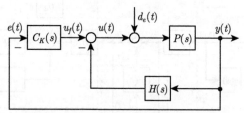

图 6.5　图 6.4 的等价系统 $(r(t) = 0)$

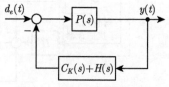

图 6.6　图 6.5 的等价系统

引入等价输入干扰后的改进型重复控制系统输入干扰-误差灵敏度函数为

$$G_{ed}(s) = \frac{E(s)}{D_e(s)} = -\frac{P(s)}{1 + [H(s) + C_K(s)] P(s)} \tag{6.16}$$

其中，$E(s)$ 和 $D_e(s)$ 分别为误差 $e(t)$ 和输入干扰 $d_e(t)$ 的拉普拉斯变换。

对于没有引入等价输入干扰的改进型重复控制系统，即 $H(s) = 0$，输入干扰-误差灵敏度函数为

$$G_{oed}(s) = \frac{E(s)}{D_e(s)} = -\frac{P(s)}{1 + C_K(s)P(s)} \tag{6.17}$$

引入等价输入干扰后的系统输入扰动抑制性能变化函数定义为

$$S(s) = \frac{G_{ed}(s)}{G_{oed}(s)} = \frac{1 + C_K(s)P(s)}{1 + [H(s) + C_K(s)] P(s)} \tag{6.18}$$

由此可见，引入等价输入干扰改善了系统扰动抑制性能，$|S(j\omega)|$ 的频率特性曲线直观地反映扰动抑制性能在各个频率处的变化，因此可以根据扰动的频率分布调整等价输入干扰估计器的参数，使得 $|S(j\omega)|$ 的频率特性随扰动频率分布变化，从而获得满意的扰动抑制性能。

由 $G_1(s)$ 和 $G_2(s)$ 的定义可得

$$
\begin{aligned}
&[1 + G_2(s)]\, G_1(s) \\
&= \left[1 + C(sI - A)^{-1}L\right] C[sI - (A - LC)]^{-1}B \\
&= C[sI - (A - LC)]^{-1}B + C(sI - A)^{-1}LC[sI - (A - LC)]^{-1}B \\
&= C(sI - A)^{-1}(sI - A)[sI - (A - LC)]^{-1}B \\
&\quad + C(sI - A)^{-1}LC[sI - (A - LC)]^{-1}B \\
&= C(sI - A)^{-1}B \\
&= P(s)
\end{aligned}
\tag{6.19}
$$

式 (6.14b)、式 (6.15) 和式 (6.19) 可将式 (6.18) 化简为

$$
\begin{aligned}
&S(s) \\
&= \frac{1 + C_K(s)P(s)}{1 + [H(s) + C_K(s)]\, P(s)} \\
&= [1 + G_2(s)]\,[1 - F(s)]\,[1 + C_K(s)P(s)] \,/\, \big\{\, [1 + G_2(s)]\,[1 - F(s)] \\
&\quad + B^+LF(s)\,[1 + C_K(s)P(s)]\,P(s) + [1 + G_2(s)]\,[1 - F(s)\,C_K(s)P(s)] \big\} \\
&= \frac{[1 + G_2(s)]\,[1 - F(s)]\,[1 + C_K(s)P(s)]}{[1 + G_2(s)]\,[1 - F(s)]\,[1 + C_K(s)P(s)] + B^+LF(s)P(s)\,[1 + C_K(s)P(s)]} \\
&= \frac{[1 - F(s)]\,[1 + G_2(s)]}{[1 - F(s)]\,[1 + G_2(s)] + B^+LF(s)P(s)} \\
&= \frac{1 - F(s)}{1 - F(s)G_3(s)}
\end{aligned}
\tag{6.20}
$$

其中

$$
G_3(s) = 1 - B^+LC\,[sI - (A - LC)]^{-1}B
\tag{6.21}
$$

由式 (6.20) 可知，为了使系统具有满意的扰动抑制性能，$F(s)$ 的幅频特性需要满足

$$
|F(j\omega)| \approx 1, \quad \omega \leqslant \omega_r
\tag{6.22}
$$

其中，ω_r 为扰动的最高频率。由于设计等价输入干扰估计器参数时需要考虑系统稳定性条件 $\|G_3 F\|_\infty < 1$，所以 $F(s)$ 的设计体现了扰动抑制性能和稳定性之间的折中。在工程上，等价输入干扰估计器中 $F(s)$ 的截止频率 ω_f 常常设置为 ω_r 的 5~10 倍。

注释 6.5　*式 (6.16) 给出了输入扰动-误差灵敏度函数，若 $d_o(t)$ 为输出扰动，对应地得到输出扰动-误差灵敏度函数为*

$$G_{ed_o}(s) = \frac{E(s)}{D_o(s)} = -\frac{1}{1 + [H(s) + C_K(s)]\, P(s)} \tag{6.23}$$

其中，$D_o(s)$ 为 $d_o(t)$ 的拉普拉斯变换。式 (6.17) 给出了没有引入等价输入干扰的改进型重复控制系统输入扰动-误差灵敏度函数，对应地得到输出扰动-误差灵敏度函数为

$$G_{oed_o}(s) = -\frac{1}{1 + C_K(s)P(s)} \tag{6.24}$$

由式 (6.23) 和式 (6.24) 可知，引入等价输入干扰后输出扰动抑制性能的变化函数仍为 $S(s)$，这说明等价输入干扰方法对重复控制系统的输出扰动和输入扰动具有相同的抑制性能。

6.2.3　跟踪性能分析

引入等价输入干扰是为了改善系统的扰动抑制性能，不希望该方法恶化系统的跟踪性能，下面分析引入等价输入干扰对系统跟踪性能的影响。令扰动 $d_e(t) = 0$，可得参考输入-输出传递函数为

$$G(s) = \frac{Y(s)}{R(s)}$$

$$= \frac{C_K(s)P(s) + C_K(s)P(s)G_1(s)\dfrac{F(s)}{1-F(s)}B^+L}{1 + C_K(s)P(s) + C_K(s)P(s)G_1(s)\dfrac{F(s)}{1-F(s)}B^+L + P(s)\dfrac{1}{1+G_2(s)}\dfrac{F(s)}{1-F(s)}B^+L} \tag{6.25}$$

其中，$R(s)$ 和 $Y(s)$ 分别为参考输入 $r(t)$ 和输出 $y(t)$ 的拉普拉斯变换。应用式 (6.19)，式 (6.25) 可变换为

$$G(s) = \frac{C_K(s)P(s)\left[1 + G_1(s)\dfrac{F(s)}{1-F(s)}B^+L\right]}{\left[1 + C_K(s)P(s)\right]\left[1 + G_1(s)\dfrac{F(s)}{1-F(s)}B^+L\right]}$$

$$= \frac{C_K(s)P(s)}{1 + C_K(s)P(s)} \tag{6.26}$$

由 $E(s) = R(s) - Y(s)$ 可得参考输入-误差灵敏度函数为

$$G_{er}(s) = \frac{E(s)}{R(s)} = \frac{1}{1 + C_K(s)P(s)} \tag{6.27}$$

由此可知，引入等价输入干扰后系统的参考输入-输出传递函数和参考输入-误差灵敏度函数与原改进型重复控制系统相同，引入等价输入干扰不会改变系统参考输入-输出关系，即不影响系统跟踪性能。因此，等价输入干扰估计器和跟踪控制器可以独立设计，降低系统设计难度。

6.2.4 鲁棒稳定性与鲁棒性能分析

下面将分析引入等价输入干扰方法后重复控制系统的鲁棒稳定性和鲁棒性能，并给出系统鲁棒稳定性条件。

假设被控对象包含乘性不确定性

$$P(s) = P_n(s)\left[1 + W(s)\Delta(s)\right] \tag{6.28}$$

其中，$P_n(s)$ 为被控对象的标称模型；$\Delta(s)$ 为规范化的乘性不确定性，即 $\Delta(s)$ 稳定且满足 $\|\Delta\|_\infty \leqslant 1$；$W(s)$ 为稳定的加权函数。

令 $r(t) = 0$ 和 $d(t) = 0$，包含乘性不确定性的控制系统等价为图 6.7 所示的系统，进一步等价为图 6.8，最终等价为图 6.9，其中 $C_K(s)$ 和 $H(s)$ 分别由式 (6.14b) 和式 (6.15) 给出，$z(t)$ 和 $w(t)$ 为引入的辅助变量，其中

$$T(s) = -\frac{\left[C_K(s) + H(s)\right]P_n(s)}{1 + \left[C_K(s) + H(s)\right]P_n(s)} \tag{6.29}$$

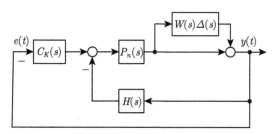

图 6.7 具有乘性不确定性的重复控制系统

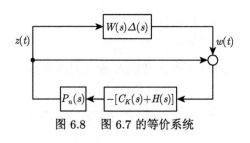

图 6.8　图 6.7 的等价系统

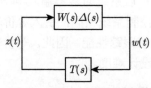

图 6.9　图 6.8 的等价系统

基于以上分析, 下面的定理给出图 6.9 所示系统鲁棒稳定的充分条件[29]。

定理 6.1　*如果*

(1) 引入等价输入干扰后的重复控制系统是稳定的;

(2) $\|TW\|_\infty < 1$

成立, 其中 $T(s)$ 由式 (6.29) 给出, 则图 6.4 所示基于等价输入干扰的重复控制系统鲁棒稳定。

接下来分析引入等价输入干扰对系统输入-输出特性的影响以及系统的鲁棒性能。

由图 6.4 可知被控对象 $P(s)$ 的输入-输出关系为

$$Y(s) = \frac{\left[1 - F(s) + G_1(s)F(s)B^+L\right]P(s)}{1 - F(s) + F(s)B^+L\dfrac{1}{1+G_2(s)}P(s)}U_f(s)$$

$$+ \frac{\left[1 - F(s)\right]P(s)}{1 - F(s) + F(s)B^+L\dfrac{1}{1+G_2(s)}P(s)}D_e(s)$$

$$= G_{u_f}(s)U_f(s) + G_{d_e}(s)D_e(s) \tag{6.30}$$

其中, $U_f(s)$ 为输入 $u_f(t)$ 的拉普拉斯变换。

由式 (6.19) 可得 $\left[1 + G_2(s)\right]G_1(s) = P_n(s)$, 则式 (6.30) 变为

$$Y(s) = \frac{\left[1 - F(s) + G_1(s)F(s)B^+L\right]P(s)}{1 - F(s) + F(s)B^+L\dfrac{G_1(s)}{P_n(s)}P(s)}U_f(s)$$

$$+ \frac{[1 - F(s)] P(s)}{1 - F(s) + F(s)B^+L\dfrac{G_1(s)}{P_n(s)}P(s)} D_e(s) \tag{6.31}$$

当 $F(s) \approx 1$ 时，$G_{u_f}(s) \approx P_n(s)$ 且 $G_{d_e}(s) \approx 0$，所以 $Y(s) \approx P_n(s)U_f(s)$，此时被控对象输入-输出关系近似由标称模型 $P_n(s)$ 决定，这说明在满足 $F(s) \approx 1$ 的频率范围内，等价输入干扰估计器有效抑制了外界扰动和不确定性对系统输出的影响，使被控对象的动态特性近似为标称模型的动态特性，提高了系统的鲁棒性。依据扰动与不确定性的频率分布设计 $F(s)$，能够保证系统对扰动和不确定性具有一定的鲁棒性。

6.3 等价输入干扰估计器结构

基于扰动估计与补偿的控制系统常常存在两个设计自由度：一个用于一般的反馈控制，处理系统镇定或跟踪控制；另一个则用于扰动估计与补偿控制，处理系统的外界扰动或不确定性。等价输入干扰方法是一种典型的基于扰动估计与补偿的二自由度主动扰动抑制方法，目前已经取得了一系列研究成果，从线性系统 [30,31] 扩展到非线性系统 [32]，且被成功应用于实际系统，如电机系统 [33]、电力系统 [34] 等，表现出满意的控制性能。随着对系统性能要求的不断提高，为了满足实际生产需要，发展出一系列扰动估计器结构，包括等价输入干扰估计器 [26]、改进型等价输入干扰估计器[35] 和广义等价输入干扰估计器 [36]。

6.3.1 等价输入干扰估计器

考虑图 6.10 所示的等价输入干扰估计器，其状态空间模型为

$$\hat{d}_e(t) = B^+LCx_\delta(t) + u_f(t) - u(t) \tag{6.32}$$

由式 (6.12) 和式 (6.22) 可知，低通滤波器的选择关系着扰动估计的效果，$F(s)$ 的状态空间模型为

$$\begin{cases} \dot{x}_F(t) = A_F x_F(t) + B_F \hat{d}_e(t) \\ \tilde{d}_e(t) = C_F x_F(t) \end{cases} \tag{6.33}$$

其中，$x_F(t) \in \mathbb{R}$ 为低通滤波器 $F(s)$ 的状态变量；$\tilde{d}_e(t) \in \mathbb{R}$ 为经过 $F(s)$ 滤波的等价输入干扰估计值；A_F、B_F 和 C_F 为具有合适维数的实数矩阵。

扰动补偿后的控制律为

$$u(t) = u_f(t) - \tilde{d}_e(t) \tag{6.34}$$

则可以通过设计状态观测器增益 L，使滤波后的扰动估计值 $\tilde{d}_e(t)$ 可以很好地估计出实际扰动 $d(t)$ 对系统输出的作用，并反向补偿到控制输入端，抵消外界扰动对系统输出的影响，从而使系统具有满意的扰动抑制性能。

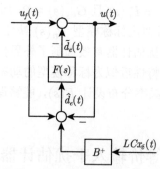

图 6.10　等价输入干扰估计器

6.3.2　改进型等价输入干扰估计器

与图 6.10 不同，图 6.11 所示的改进型等价输入干扰估计器在结构上引入了一个可调增益 K_L。

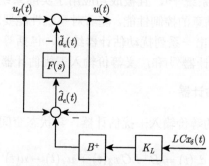

图 6.11　改进型等价输入干扰估计器

假设存在一个控制输入满足

$$B\Delta d(t) = -\dot{x}_\delta(t) + Ax_\delta(t) + (K_L - I)LCx_\delta(t) \tag{6.35}$$

由式 (6.2)、式 (6.5) 和式 (6.35) 可得

$$\dot{x}_p(t) = A\hat{x}_p(t) + B[u(t) + \hat{d}_e(t)] - (K_L - I)LCx_\delta(t) \tag{6.36}$$

则改进型等价输入干扰估计值为

$$\hat{d}_e(t) = B^+ K_L LCx_\delta(t) + u_f(t) - u(t) \tag{6.37}$$

下面的假设用于保证式 (6.37) 等号右边第一项 $B^+ K_L L$ 的存在性和唯一性。

假设 6.1 状态观测器增益 L 是列满秩的。

由于等价输入干扰估计器是基于

$$\hat{d}_e(t) + u(t) - u_f(t) = B^+ LC x_\delta(t) \tag{6.38}$$

构造的，这里通过引入更多的设计自由度获得估计关系

$$\hat{d}_e(t) + u(t) - u_f(t) = B^+ K_L LC x_\delta(t) \tag{6.39}$$

进一步地，由式 (6.12) 可得

$$\tilde{D}_e(s) = F(s)[I - F(s)]^{-1} B^+ K_L LC X_\delta(s) \tag{6.40}$$

令 $N(s) = [sI - (A - LC)]^{-1} B$，则得到

$$X_\delta(s) = N(s) \left[D_e(s) - \tilde{D}_e(s) \right] \tag{6.41}$$

由式 (6.40) 和式 (6.41) 可得

$$\tilde{D}_e(s) = [I - F(s)]^{-1} F(s) B^+ K_L LC N(s) \left[D_e(s) - \tilde{D}_e(s) \right] \tag{6.42}$$

令 $s = j\omega$，从而可得

$$[I - F(j\omega)] \tilde{D}_e(j\omega) = F(j\omega) B^+ K_L LC N(j\omega) \left[D_e(j\omega) - \tilde{D}_e(j\omega) \right] \tag{6.43}$$

保证闭环控制系统有界稳定。当 $\omega \leqslant \omega_r$ 时，式 (6.43) 的等号左边会趋近于 0，因此当 $F(j\omega) B^+ K_L LC N(j\omega)$ 满秩时，有

$$D_e(j\omega) - \tilde{D}_e(j\omega) \to 0, \quad \forall\, \omega \leqslant \omega_r \tag{6.44}$$

由式 (6.35) ～ 式(6.37) 可知，控制增益 K_L 可用于调节改进型等价输入干扰估计器的估计精度。当 $K_L = I$ 时，改进型等价输入干扰估计器与等价输入干扰估计器等价，所以等价输入干扰估计器是改进型等价输入干扰估计器的一个特殊形式。

6.3.3 广义等价输入干扰估计器

考虑如图 6.12 所示的广义等价输入干扰估计器，其状态空间模型为

$$\hat{d}_e(t) = K_g C x_\delta(t) + u_f(t) - u(t) \tag{6.45}$$

其中，K_g 为广义等价输入干扰估计器的增益。

注释 6.6　由式 (6.45) 可知，广义等价输入干扰估计器的控制输入受实际系统的控制输出与观测器输出之差的影响。

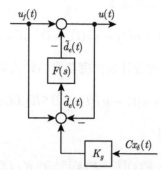

图 6.12　广义等价输入干扰估计器

与式 (6.32) 和式 (6.37) 相比，广义等价输入干扰估计器 (6.45) 不涉及控制矩阵 B 的 Moore-Penrose 广义逆，也就是说不要求控制矩阵 B 为列满秩矩阵，同时也解除了改进型等价输入干扰估计器对状态观测器矩阵 L 列满秩的要求，适用范围更广。

广义扩张状态观测器与广义等价输入干扰估计器同为主动扰动抑制方法，在原理上有着相似之处，下面来分析广义扩张状态观测器的干扰估计机制。

广义扩张状态观测器如图 6.13 所示，它将扰动或不确定性的估计值作为一个

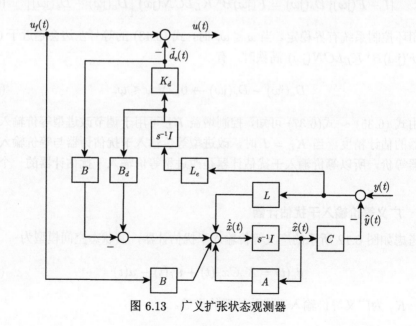

图 6.13　广义扩张状态观测器

扩张的状态引入到状态观测器动态，当为匹配扰动时，它能完全抵消干扰估计值对状态观测器的影响。

为了说明广义等价输入干扰估计器的优势之处，下面探讨这两种方法对匹配和不匹配扰动的抑制性能。

1. 匹配扰动

如果满足如下条件：

(1) 广义等价输入干扰估计器中低通滤波器 $F(s)$ 为一阶形式，即 $A_F = B_F$ 且 $C_F = 1$；

(2) $K_d L_e = B_F K_g$；

则广义等价输入干扰估计器与广义扩张状态观测器在结构上是等价的。

2. 不匹配扰动

下面分析这两种方法对不匹配扰动的抑制性能，假设不匹配扰动满足以下条件。

假设 6.2[17]

(1) $\bar{f}[d(t), t] = f[x(t), d(t), t]$；

(2) $\bar{f}[d(t), t]$ 和 $f[x(t), d(t), t]$ 有界；

(3) $\lim\limits_{t \to \infty} \dot{\bar{f}}[d(t), t] = \lim\limits_{t \to \infty} h(t) = 0$ 并且 $\lim\limits_{t \to \infty} \bar{f}[d(t), t] = d_c$；

其中，$f[x(t), d(t), t]$ 为集总扰动；$\bar{f}[d(t), t]$ 为系统状态的增广变量；$h(t)$ 为基于增广变量构造的扩张状态方程的状态变量；d_c 为一个有界的常数。

令 $r(t) = 0$，图 6.14 和图 6.15 分别为基于广义等价输入干扰估计器和广义扩张状态观测器的控制系统，其中 $M_1(s)$ 和 $N_1(s)$ 为系统输出 $y(t)$ 到状态反馈控制 $u_f(t)$ 的传递函数，$M_2(s)$ 和 $N_2(s)$ 为系统输出 $y(t)$ 到输出误差 $y_\delta(t)$ 的传递函数。

(1) 当满足假设 6.2 时，由梅森增益公式 [37] 可知，上述两种方法在抑制这种扰动的机制上是相似的，都是利用高增益来确保系统对不匹配扰动的稳态抑制性能。

(2) 当不满足假设 6.2 时，由图 6.13 可知，由于补偿控制增益 K_d 与状态观测器动态和补偿控制律直接相关，所以 K_d 直接影响不匹配扰动的估计和补偿性能。而广义等价输入干扰估计器是基于非因果稳定逆的概念，它直接估计作用于控制输入端的等效不匹配扰动，因此不涉及补偿控制增益的设计。具体的扰动抑制性能分析与比较将在后面的章节详细论述。

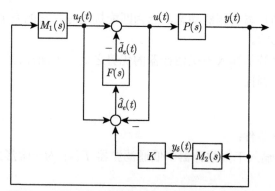

图 6.14   基于广义等价输入干扰估计器的控制系统

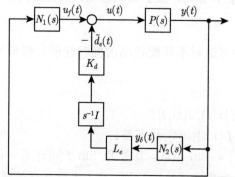

图 6.15   基于广义扩张状态观测器的控制系统

6.4   基于等价输入干扰方法的重复控制系统扰动抑制

在控制工程实践中, 系统在执行周期性任务时常常受到扰动、不确定性和时滞等特性的影响。对于存在扰动或不确定性的重复控制系统, 一般将扰动或不确定性视为等效总扰动, 应用等价输入干扰方法消除其对系统输出的影响；当系统本身具有时滞特性时, 这个时滞会与重复控制器的时滞构成双时滞系统, 增大系统设计难度。因此, 针对不同的被控对象, 本节提出基于等价输入干扰方法的重复控制系统扰动抑制策略。

6.4.1   重复控制系统非周期扰动抑制设计

这里针对一类受外界扰动的严格正则线性系统, 首先提出一种基于等价输入干扰的改进型重复控制系统结构, 并给出控制系统设计问题描述；然后应用小增益定理分析闭环系统的稳定性, 并推导得到系统的稳定性条件；最后基于稳定性条件给出控制器设计算法, 设计改进型重复控制器和状态观测器增益, 从而改善系统的扰动抑制性能, 提高系统的跟踪能力。

1. 问题描述

考虑如图 6.3 所示的改进型重复控制系统,针对被控对象 (6.2),构造全维状态观测器 (6.4)。

改进型重复控制器的状态空间模型为

$$\begin{cases} \dot{x}_f(t) = -\omega_c x_f(t) + \omega_c x_f(t-T) + \omega_c e(t) \\ v(t) = x_f(t-T) + e(t) \end{cases} \tag{6.46}$$

其中,$x_f(t)$ 为低通滤波器的状态变量;$v(t)$ 为重复控制器的输出;$e(t) = r(t) - y(t)$ 为重复控制系统的跟踪误差;ω_c 为低通滤波器的截止频率;T 为参考输入的周期。

基于状态反馈建立线性控制律

$$u_f(t) = K(s)v(t) \tag{6.47}$$

其中,$K(s)$ 为反馈补偿器,如 PID 控制器。由式 (6.10) ~ 式 (6.12) 可得扰动补偿后的控制律为

$$u(t) = u_f(t) - \tilde{d}_e(t) \tag{6.48}$$

则图 6.3 所示重复控制系统的设计问题为:设计反馈控制器 $K(s)$ 和状态观测器增益 L,使系统在控制律 (6.47) 的作用下稳定,同时具有满意的周期跟踪和扰动抑制性能。

注释 6.7 基于等价输入干扰的重复控制系统含有两个低通滤波器:重复控制器中的 $q(s)$ 和等价输入干扰估计器中的 $F(s)$。它们一方面影响闭环系统的稳定性;另一方面分别影响目标跟踪和扰动估计性能。在选择 $q(s)$ 和 $F(s)$ 时需要考虑闭环系统鲁棒稳定性和鲁棒性能的折中[38]。

2. 稳定性分析

基于以上分析,下面的定理给出图 6.3 所示系统渐近稳定的充分条件[39]。

定理 6.2 如果

(1) $G_3(s)$ 和 $F(s)$ 是稳定的;

(2) $\|G_3 F\|_\infty < 1$;

(3) 反馈补偿器 $K(s)$ 与被控对象 $P(s)$ 之间不存在不稳定零极点对消;

(4) $[1+G(s)]^{-1}G(s)$ 和 $q(s)$ 是稳定的;

(5) $\left\| q[1+G]^{-1} \right\|_\infty < 1$

同时成立,其中

$$\begin{cases} G_3(s) = 1 - B^+ LC[sI - (A - LC)]^{-1}B \\ P(s) = C(sI - A)^{-1}B \\ G(s) = K(s)P(s) \end{cases} \tag{6.49}$$

则图 6.3 所示的系统渐近稳定。

证明　外部输入和线性系统的内部稳定性无关，令 $r(t) = 0$ 和 $d(t) = 0$，图 6.3 等价于由两个子系统串联的图 6.16。由于子系统 1 和 2 之间不存在信息环路，所以整个系统稳定等价于子系统 1 和 2 同时稳定。

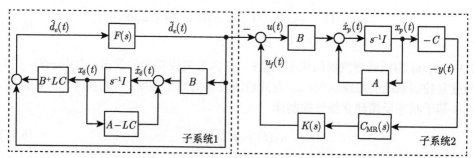

图 6.16　图 6.3 的等价系统 $(r(t) = 0,\ d(t) = 0)$

子系统 1 的待定参数存在于等价输入干扰估计器中，子系统 2 的待定参数分别存在于改进型重复控制器和反馈补偿器中，由于这两个子系统中待定参数不存在重叠，所以可以独立设计。

由小增益定理 3.1 可知，如果定理 6.2 中条件 (1) 和 (2) 同时得到满足，则子系统 1 稳定。如果定理 6.2 中条件 (3)～(5) 同时得到满足，则子系统 2 稳定。□

注释 6.8　在定理 6.2 中，条件 (1) 保证了状态观测器的收敛性，因为 $G_1(s)$ 稳定表明矩阵 $A - LC$ 是 Hurwitz 矩阵；同时，条件 (2) 保证了引入等价输入干扰估计器不会破坏整个系统的稳定性。

3. 控制器设计

根据定理 6.2，下面给出图 6.3 中反馈控制器、状态观测器和等价输入干扰估计器参数的设计算法。

算法 6.1　基于等价输入干扰的重复控制系统控制器设计算法。

步骤 1　设计低通滤波器 $q(s)$ 使定理 6.2 中条件 (5) 成立，其中 $q(s)$ 的设计是重复控制系统稳态性能与鲁棒稳定性之间的折中；

步骤 2　设计反馈控制器 $K(s)$ 使定理 6.2 中条件 (3) 和 (4) 成立，通常 $K(s)$ 可以选择 PID 控制器或超前-滞后补偿器；

步骤 3　根据低通滤波器特性与等价输入干扰估计器性能的关系设计 $F(s)$；

步骤 4　设计观测器增益 L，保证 $G_3(s)$ 稳定，并使等价输入干扰估计 $\tilde{d}_e(t)$ 快速收敛至扰动 $d(t)$，其中 L 的设计可以采用极点配置方法或完全调节方法；

步骤 5　检查定理 6.2 中条件 (2) 是否成立，如果不成立，则返回步骤 3，重新设计 $F(s)$ 和 L；如果成立，则结束。

注释 6.9 在步骤 4 中，观测器增益 L 的设计要考虑观测器收敛速度与实际可实行性的平衡。高增益 L 使观测器收敛速度快，但是可能难以实现，同时也会放大测量噪声，恶化观测器性能[37]。

4. 数值仿真与分析

这里考虑光盘驱动器的转速控制[40]，被控对象的传递函数为

$$P(s) = \frac{76.35}{s^2 + 62s + 153675.5} \tag{6.50}$$

转化为状态空间形式后的系数矩阵为

$$A = \begin{bmatrix} 0 & 1 \\ -153675.5 & -62 \end{bmatrix}, \quad B = \begin{bmatrix} 0 \\ 76.35 \end{bmatrix}, \quad C = \begin{bmatrix} 1 & 0 \end{bmatrix} \tag{6.51}$$

磁盘需要以恒定的转速 2400r/min 旋转，该装置在运行过程中受到与磁盘转速同步或异步的扰动，假设均为匹配扰动

$$\begin{cases} d_1(t) = 1 \times 10^5 \times (0.7\sin 80\pi t + 0.2\sin 160\pi t) \\ d_2(t) = \begin{cases} 0, & 0 \leqslant t < 0.3\text{s} \\ 4 \times 10^4 \times [\tanh(t-2) - \tanh(t-0.3)], & t \geqslant 0.3\text{s} \end{cases} \\ d_3(t) = 4 \times 10^3 \times (2\sin 177\pi t + 2\sin 277\pi t + \sin 377\pi t) \end{cases} \tag{6.52}$$

其中，$d_1(t)$ 为与参考输入周期相同的周期扰动；$d_2(t)$ 为非周期扰动；$d_3(t)$ 为与参考输入周期不同的周期扰动。

参考输入旋转周期为 0.025s，控制目标为确保稳态跟踪误差在 $[-10, 10]$nm。选择改进型重复控制器的低通滤波器为

$$q(s) = \frac{5000\pi}{s + 5000\pi} \tag{6.53}$$

等价输入干扰估计器的低通滤波器 $F(s)$ 为

$$F(s) = \frac{0.8366 \times 5000\pi}{s + 5000\pi} \tag{6.54}$$

一般而言，控制系统的带宽应高达 3000Hz 左右，在低频频带环路增益应大于 70dB。因此，选择反馈控制器为[40]

$$K(s) = \frac{3.87 \times 5.4 \times 10^6 \times (s + 1364)(s + 9425)}{(s + 942)(s + 87965)} \tag{6.55}$$

被控对象的极点为 $p = -30 \pm \mathrm{j}390.8$，观测器增益 L 采用极点配置方法设计，期望极点为 $p = -830 \pm \mathrm{j}800$，由算法 6.1 得到状态观测器增益为

$$L = \begin{bmatrix} 7047.46 \\ 5358.06 \end{bmatrix} \tag{6.56}$$

下面分析等价输入干扰方法的优越性。

首先考虑扰动与磁盘转速同步的情况，即仅 $d_1(t)$ 作用于重复控制系统，仿真结果如图 6.17 所示。由此可知，重复控制系统有效抑制了周期扰动，经过 1 个周期后，系统输出便进入稳定状态，稳态误差以较快的速度趋于 0。但是，等价输入干扰方法使重复控制系统的稳态跟踪误差由 $\pm 1.5\mathrm{nm}$ 减小到 $\pm 0.3\mathrm{nm}$，说明等价输入干扰方法可以提升系统的暂态和稳态性能。

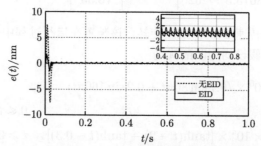

图 6.17　扰动 $d_1(t)$ 作用于重复控制系统的仿真结果

然后考虑扰动 $d(t) = d_1(t) + d_2(t) + d_3(t)$ 作用于重复控制系统，仿真结果如图 6.18 所示。由此可知，与图 6.17 相比，一方面，重复控制系统的稳态跟踪误差从 $\pm 1.5\mathrm{nm}$ 增加到 $\pm 20\mathrm{nm}$，说明重复控制不能有效地抑制非周期扰动，不能达到期望的控制目标 $[-10, 10]\mathrm{nm}$；另一方面，等价输入干扰方法使系统的稳态跟踪误差由 $\pm 20\mathrm{nm}$ 减小到 $\pm 5.6\mathrm{nm}$。这里所提方法显著改善了重复控制系统的非周期扰动抑制性能，保证了系统的跟踪精度。

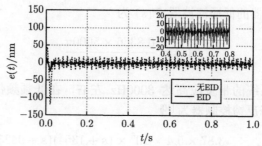

图 6.18　扰动 $d_1(t) + d_2(t) + d_3(t)$ 同时作用于重复控制系统的仿真结果

最后考虑重复控制系统对扰动的瞬态响应，$d_1(t)$ 和 $d_3(t)$ 从 $t = 0$s 同时作用于系统，$d_2(t)$ 从 $t = 0.3$s 作用于系统，仿真结果如图 6.19 所示。由此可知，等价输入干扰方法显著抑制扰动 $d_1(t)$ 和 $d_3(t)$，系统最大的瞬态跟踪误差从 86nm 减小到 18nm，对于扰动 $d_2(t)$，系统最大的瞬态跟踪误差从 62nm 减小到 22nm，系统的稳态跟踪误差在 $[-5, 5]$nm 范围内，说明系统可以满足期望的控制目标。

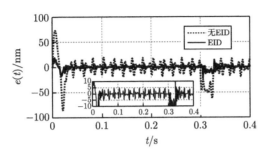

图 6.19　扰动 $d_2(t)$ 于第 0.3s 作用于重复控制系统的仿真结果

6.4.2　时滞重复控制系统扰动抑制设计

针对一类严格正则的状态时滞系统，提出一种基于改进型等价输入干扰的重复控制系统结构。首先利用分离定理将系统简化为两个子系统：状态反馈子系统和由状态观测器及改进型等价输入干扰估计器构成的子系统；然后利用李雅普诺夫泛函和时滞信息分析闭环系统的稳定性，得到线性矩阵不等式形式的稳定条件，将两个子系统的设计问题转化为对线性矩阵不等式的求解问题；最后基于稳定性条件给出控制器设计算法，设计改进型重复控制器、状态观测器和改进型等价输入干扰估计器的增益，从而改善系统的扰动抑制性能，提高系统的跟踪能力。

1. 问题描述

考虑如图 6.20 所示的状态时滞重复控制系统，包括被控对象、状态观测器、改进型重复控制器、反馈控制器和改进型等价输入干扰估计器。被控对象为一类受外界扰动的状态时滞系统

$$\begin{cases} \dot{x}_p(t) = Ax(t) + A_d x_p(t-h) + Bu(t) + B_d d(t) \\ y(t) = Cx_p(t) \\ x(t) = \varepsilon(t),\ t \in [-h,\ 0] \end{cases} \tag{6.57}$$

其中，$x(t) \in \mathbb{R}^n$ 为状态变量；$u(t) \in \mathbb{R}$ 为控制输入；$y(t) \in \mathbb{R}$ 为控制输出；$d(t) \in \mathbb{R}^{nd}$ 为未知的外界扰动；A、B、C、A_d 和 B_d 为具有合适维数的实数矩阵；$\varepsilon(t)$ 为初始状态的函数；h 为已知的时间延迟。

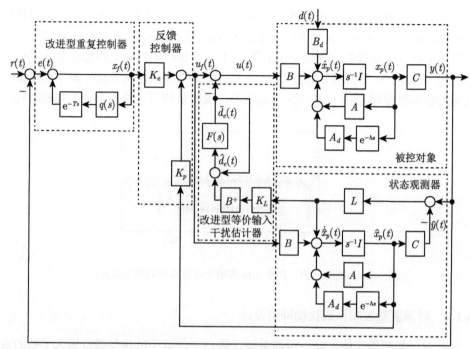

图 6.20　基于改进型等价输入干扰估计器的状态时滞重复控制系统

下面给出时滞系统可检测性的定义。

定义 6.3　令

$$S_d = \left\{ s : \det \left(sI - A - A_d e^{-hs} \right) = 0, \ \mathrm{Re}\,(s) \geqslant -\nu_0 \right\} \tag{6.58}$$

其中，ν_0 是一个非负数，当且仅当

$$\mathrm{rank} \begin{bmatrix} sI - A - A_d e^{-hs} \\ C \end{bmatrix} = n, \ \forall \, s \in S_d \tag{6.59}$$

成立，则被控对象 (6.57) 是可检测的。

时滞系统的可镇定性定义可根据系统可检测性与可镇定性的对偶关系推出。

针对被控对象 (6.57)，构造全维状态观测器

$$\begin{cases} \dot{\hat{x}}_p(t) = A\hat{x}_p(t) + A_d\hat{x}_p(t-h) + Bu_f(t) + L[y(t) - \hat{y}(t)] \\ \hat{y}(t) = C\hat{x}_p(t) \end{cases} \tag{6.60}$$

其中，$\hat{x}_p(t) \in \mathbb{R}^n$ 为观测器的状态变量，用于估计 $x_p(t)$；$\hat{x}_p(t-h) \in \mathbb{R}^n$ 为 $x_p(t-h)$ 的估计变量；$u_f(t) \in \mathbb{R}$ 为观测器输入；$\hat{y}(t) \in \mathbb{R}$ 为观测器输出；L 为观测器增益。

改进型重复控制器的状态空间描述为

$$\dot{x}_f(t) = -\omega_c x_f(t) + \omega_c x_f(t-T) + \omega_c e(t) + \dot{e}(t) \tag{6.61}$$

其中，$x_f(t) \in \mathbb{R}$ 为重复控制器的输出；$e(t)\,[= r(t) - y(t)]$ 为重复控制系统的跟踪误差；ω_c 为低通滤波器 $q(s)$ 的截止频率；T 为参考输入的周期。

基于状态观测器重构的状态反馈建立线性控制律

$$u_f(t) = K_e x_f(t) + K_p \hat{x}_p(t) \tag{6.62}$$

其中，K_e 为重复控制器的增益；K_p 为状态观测器重构的状态反馈增益。由式 (6.11) 和式 (6.12)、式 (6.33) 和式 (6.62) 可得扰动补偿后控制律为

$$u(t) = u_f(t) - \tilde{d}_e(t) \tag{6.63}$$

则图 6.20 所示状态时滞重复控制系统的设计问题为：设计反馈控制器增益 K_e 和 K_p，以及状态观测器增益 L 和改进型等价输入干扰估计器增益 K_L，使系统在控制律 (6.63) 的作用下稳定，同时具有满意的周期跟踪和扰动抑制性能。

2. 稳定性分析

令 $r(t) = 0$ 和 $d(t) = 0$，根据分离原理，图 6.20 等价为图 6.21，子系统 1 和子系统 2 独立设计。

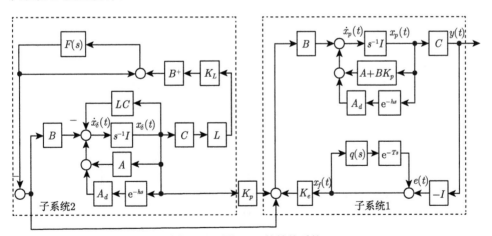

图 6.21 图 6.20 的等价系统

图 6.21 中子系统 1 的状态空间模型为

$$\dot{x}_1(t) = \tilde{A}_K x_1(t) + \tilde{A}_{d1} x_1(t-T) + \tilde{A}_{d2} x_1(t-h) \tag{6.64}$$

其中

$$\left\{\begin{array}{l} x_1(t) = \left[\begin{array}{cc} x_p^{\mathrm{T}}(t) & x_f^{\mathrm{T}}(t) \end{array}\right]^{\mathrm{T}} \\ \tilde{A}_K = \tilde{A} + \tilde{B}K, \quad \tilde{A}_{d1} = \left[\begin{array}{cc} 0 & 0 \\ 0 & \omega_c I \end{array}\right], \quad \tilde{A}_{d2} = \left[\begin{array}{cc} A_d & 0 \\ -CA_d & 0 \end{array}\right] \\ \tilde{A} = \left[\begin{array}{cc} A & 0 \\ -\omega_c C - CA & -\omega_c I \end{array}\right], \quad \tilde{B} = \left[\begin{array}{c} B \\ -CB \end{array}\right], \quad K = \left[\begin{array}{cc} K_p & K_e \end{array}\right] \end{array}\right. \tag{6.65}$$

注释 6.10　T 是重复控制的周期，与控制任务相关。而 h 是被控对象的状态延迟，由对象本身的属性决定。这两个时间延迟通常是无关的。

下面的引理用来推导子系统 (6.64) 的稳定性条件。

引理 6.1[41]　设 $x_p(t) \in \mathbb{R}^n$ 为具有连续一阶导数的向量函数，对具有任意合适维数的矩阵 $M_1 \in \mathbb{R}^{n \times n}$ 和 $M_2 \in \mathbb{R}^{n \times n}$，正定对称矩阵 $R \in \mathbb{R}^{n \times n}$，以及标量函数 $h \geqslant 0$，不等式

$$-\int_{t-h}^t \dot{x}_p^{\mathrm{T}}(s) R \dot{x}_p(s) \mathrm{d}s \leqslant x_2^{\mathrm{T}}(t) \left[\begin{array}{cc} M_1^{\mathrm{T}} + M_1 & -M_1^{\mathrm{T}} + M_2 \\ \star & -M_2^{\mathrm{T}} - M_2 \end{array}\right] x_2(t)$$

$$+ h x_2^{\mathrm{T}}(t) \left[\begin{array}{c} M_1^{\mathrm{T}} \\ M_2^{\mathrm{T}} \end{array}\right] R^{-1} \left[\begin{array}{cc} M_1 & M_2 \end{array}\right] x_2(t) \tag{6.66}$$

成立，其中

$$x_2(t) = \left[\begin{array}{cc} x_p^{\mathrm{T}}(t) & x_p^{\mathrm{T}}(t-h) \end{array}\right]^{\mathrm{T}} \tag{6.67}$$

基于引理 6.1，下面的定理给出了子系统 (6.64) 渐近稳定的充分条件[42]。

定理 6.3　给定任意调节参数 λ_1 和 λ_2，正调节参数 μ_1 和 μ_2，如果存在正定对称矩阵 X、Y_1、Y_2、Z_1 和 Z_2，以及具有合适维数的矩阵 W_0，使得线性矩阵不等式

$$\left[\begin{array}{ccccccc} \Phi_{11} & T\Phi_{12} & h\Phi_{13} & T\Phi_{14}^{\mathrm{T}} & h\Phi_{15}^{\mathrm{T}} & \Phi_{16} & \Phi_{17} \\ \star & -TZ_1 & 0 & 0 & 0 & 0 & 0 \\ \star & \star & -hZ_2 & 0 & 0 & 0 & 0 \\ \star & \star & \star & -TZ_1 & 0 & 0 & 0 \\ \star & \star & \star & \star & -hZ_2 & 0 & 0 \\ \star & \star & \star & \star & \star & -Y_1 & 0 \\ \star & \star & \star & \star & \star & \star & -Y_2 \end{array}\right] < 0 \tag{6.68}$$

成立，其中

$$\begin{cases} \varPhi_{11} = \begin{bmatrix} \varXi_{11} & \varXi_{12} & \varXi_{13} \\ \star & \varXi_{22} & 0 \\ \star & \star & \varXi_{33} \end{bmatrix} \\ \varPhi_{12} = \varPhi_{13} = \begin{bmatrix} \varXi_1^{\mathrm{T}} & \varXi_2^{\mathrm{T}} & \varXi_3^{\mathrm{T}} \end{bmatrix}^{\mathrm{T}} \\ \varPhi_{14} = \begin{bmatrix} 0 & Z_1 & 0 \end{bmatrix} \\ \varPhi_{15} = \begin{bmatrix} 0 & 0 & Z_2 \end{bmatrix} \\ \varPhi_{16} = \varPhi_{17} = \begin{bmatrix} X & 0 & 0 \end{bmatrix}^{\mathrm{T}} \end{cases} \tag{6.69}$$

$$\begin{cases} \varXi_{11} = \tilde{A}X + X\tilde{A}^{\mathrm{T}} + \tilde{B}W_0 + W_0^{\mathrm{T}}\tilde{B}^{\mathrm{T}} - \lambda_1\mu_1^{-1}\tilde{A}_{d1}Y_1 - \lambda_1\mu_1^{-1}Y_1\tilde{A}_{d1}^{\mathrm{T}} \\ \qquad\quad - \lambda_2\mu_2^{-1}(\tilde{A}_{d2}Y_2 + Y_2\tilde{A}_{d2}^{\mathrm{T}}) - \lambda_1^2\mu_1^{-2}Y_1 - \lambda_2^2\mu_2^{-2}Y_2 \\ \varXi_{12} = \mu_1^{-1}\tilde{A}_{d1}Y_1 + X + \lambda_1\mu_1^{-1}Y_1 + \lambda_1\mu_1^{-2}Y_1 \\ \varXi_{13} = \mu_2^{-1}\tilde{A}_{d2}Y_2 + X + \lambda_2\mu_2^{-1}Y_2 + \lambda_2\mu_2^{-2}Y_2 \\ \varXi_{22} = -2\mu_1^{-1}Y_1 - \mu_1^{-2}Y_1 \\ \varXi_{33} = -2\mu_2^{-1}Y_2 - \mu_2^{-2}Y_2 \\ \varXi_1 = X\tilde{A}^{\mathrm{T}} + W_0^{\mathrm{T}}\tilde{B}^{\mathrm{T}} - \lambda_1\mu_1^{-1}Y_1\tilde{A}_{d1}^{\mathrm{T}} - \lambda_2\mu_2^{-1}Y_2\tilde{A}_{d2}^{\mathrm{T}} \\ \varXi_2 = \mu_1^{-1}Y_1\tilde{A}_{d1}^{\mathrm{T}} \\ \varXi_3 = \mu_2^{-1}Y_2\tilde{A}_{d2}^{\mathrm{T}} \end{cases} \tag{6.70}$$

则子系统 (6.64) 渐近稳定, 并且反馈控制器增益为

$$K = W_0 X^{-1} \tag{6.71}$$

证明 构造李雅普诺夫泛函

$$V(t) = V_1(t) + V_2(t) + V_3(t) + V_4(t) + V_5(t) \tag{6.72}$$

其中

$$\begin{cases} V_1(t) = x_1^{\mathrm{T}}(t)Px_1(t), & P = X^{-1} > 0 \\ V_2(t) = \displaystyle\int_{t-T}^{t} x_1^{\mathrm{T}}(s)Q_1x_1(s)\mathrm{d}s, & Q_1 = Y_1^{-1} > 0 \\ V_3(t) = \displaystyle\int_{t-h}^{t} x_1^{\mathrm{T}}(s)Q_2x_1(s)\mathrm{d}s, & Q_2 = Y_2^{-1} > 0 \\ V_4(t) = \displaystyle\int_{-T}^{0}\int_{t+\theta}^{t} \dot{x}_1^{\mathrm{T}}(s)R_1\dot{x}_1(s)\mathrm{d}s\mathrm{d}\theta, & R_1 = Z_1^{-1} > 0 \\ V_5(t) = \displaystyle\int_{-h}^{0}\int_{t+\theta}^{t} \dot{x}_1^{\mathrm{T}}(s)R_2\dot{x}_1(s)\mathrm{d}s\mathrm{d}\theta, & R_2 = Z_2^{-1} > 0 \end{cases} \tag{6.73}$$

考虑闭环子系统 (6.64)，其泛函增量为

$$\nabla V(t) = \frac{\mathrm{d}V_1(t)}{\mathrm{d}t} + \frac{\mathrm{d}V_2(t)}{\mathrm{d}t} + \frac{\mathrm{d}V_3(t)}{\mathrm{d}t} + \frac{\mathrm{d}V_4(t)}{\mathrm{d}t} + \frac{\mathrm{d}V_5(t)}{\mathrm{d}t} \tag{6.74}$$

其中

$$\begin{cases} \dfrac{\mathrm{d}V_1(t)}{\mathrm{d}t} = 2x_1^{\mathrm{T}}(t)P\dot{x}_1(t) \\[2mm] \dfrac{\mathrm{d}V_2(t)}{\mathrm{d}t} = x_1^{\mathrm{T}}(t)Q_1 x_1(t) - x_1^{\mathrm{T}}(t-T)Q_1 x_1(t-T) \\[2mm] \dfrac{\mathrm{d}V_3(t)}{\mathrm{d}t} = x_1^{\mathrm{T}}(t)Q_2 x_1(t) - x_1^{\mathrm{T}}(t-h)Q_2 x_1(t-h) \\[2mm] \dfrac{\mathrm{d}V_4(t)}{\mathrm{d}t} = T\dot{x}_1^{\mathrm{T}}(t)R_1 \dot{x}_1(t) - \displaystyle\int_{t-T}^{t} \dot{x}_1^{\mathrm{T}}(s)R_1 \dot{x}_1(s)\mathrm{d}s \\[2mm] \dfrac{\mathrm{d}V_5(t)}{\mathrm{d}t} = h\dot{x}_1^{\mathrm{T}}(t)R_2 \dot{x}_1(t) - \displaystyle\int_{t-h}^{t} \dot{x}_1^{\mathrm{T}}(s)R_2 \dot{x}_1(s)\mathrm{d}s \end{cases} \tag{6.75}$$

利用引理 6.1 可得

$$\begin{aligned} -\int_{t-T}^{t} \dot{x}_1^{\mathrm{T}}(s)R_1 \dot{x}_1(s)\mathrm{d}s \leqslant {} & \eta_1^{\mathrm{T}}(t) \begin{bmatrix} M_{11}^{\mathrm{T}} + M_{11} & -M_{11}^{\mathrm{T}} + M_{21} \\ \star & -M_{21}^{\mathrm{T}} - M_{21} \end{bmatrix} \eta_1(t) \\ & + T\eta_1^{\mathrm{T}}(t) \begin{bmatrix} M_{11}^{\mathrm{T}} \\ M_{21}^{\mathrm{T}} \end{bmatrix} R_1^{-1} \begin{bmatrix} M_{11} & M_{21} \end{bmatrix} \eta_1(t) \end{aligned} \tag{6.76}$$

和

$$\begin{aligned} -\int_{t-h}^{t} \dot{x}_1^{\mathrm{T}}(s)R_2 \dot{x}_1(s)\mathrm{d}s \leqslant {} & \eta_2^{\mathrm{T}}(t) \begin{bmatrix} M_{12}^{\mathrm{T}} + M_{12} & -M_{12}^{\mathrm{T}} + M_{22} \\ \star & -M_{22}^{\mathrm{T}} - M_{22} \end{bmatrix} \eta_2(t) \\ & + h\eta_2^{\mathrm{T}}(t) \begin{bmatrix} M_{12}^{\mathrm{T}} \\ M_{22}^{\mathrm{T}} \end{bmatrix} R_2^{-1} \begin{bmatrix} M_{12} & M_{22} \end{bmatrix} \eta_2(t) \end{aligned} \tag{6.77}$$

其中

$$\eta_1(t) = \begin{bmatrix} x_1^{\mathrm{T}}(t) & x_1^{\mathrm{T}}(t-T) \end{bmatrix}^{\mathrm{T}}, \quad \eta_2(t) = \begin{bmatrix} x_1^{\mathrm{T}}(t) & x_1^{\mathrm{T}}(t-h) \end{bmatrix}^{\mathrm{T}} \tag{6.78}$$

将式 (6.76) 和式 (6.77) 代入式 (6.74)，可得

$$\begin{aligned} \nabla V(t) \leqslant {} & \bar{\eta}_1^{\mathrm{T}}(t)[\Theta_{11} + T\Theta_{12}^{\mathrm{T}}R_1\Theta_{12} + h\Theta_{13}^{\mathrm{T}}R_2\Theta_{13} \\ & + T\Theta_{14}^{\mathrm{T}}R_1^{-1}\Theta_{14} + h\Theta_{15}^{\mathrm{T}}R_2^{-1}\Theta_{15}]\bar{\eta}_1(t) \end{aligned} \tag{6.79}$$

其中

$$
\begin{cases}
\bar{\eta}_1(t) = \begin{bmatrix} x_1^{\mathrm{T}}(t) & x_1^{\mathrm{T}}(t-T) & x_1^{\mathrm{T}}(t-h) \end{bmatrix}^{\mathrm{T}} \\
\Theta_{11} = \begin{bmatrix} \Omega_{11} & \Omega_{12} & \Omega_{13} \\ \star & \Omega_{22} & 0 \\ \star & \star & \Omega_{33} \end{bmatrix} \\
\Theta_{12} = \Theta_{13} = \begin{bmatrix} \tilde{A}_K & \tilde{A}_{d1} & \tilde{A}_{d2} \end{bmatrix} \\
\Theta_{14} = \begin{bmatrix} M_{11} & M_{21} & 0 \end{bmatrix} \\
\Theta_{15} = \begin{bmatrix} M_{12} & 0 & M_{22} \end{bmatrix}
\end{cases}
\tag{6.80}
$$

$$
\begin{cases}
\Omega_{11} = P\tilde{A} + \tilde{A}^{\mathrm{T}}P + P\tilde{B}K + K^{\mathrm{T}}\tilde{B}^{\mathrm{T}}P + Q_1 + Q_2 \\
\qquad + M_{11}^{\mathrm{T}} + M_{11} + M_{12}^{\mathrm{T}} + M_{12} \\
\Omega_{12} = P\tilde{A}_{d1} - M_{11}^{\mathrm{T}} + M_{21} \\
\Omega_{13} = P\tilde{A}_{d2} - M_{12}^{\mathrm{T}} + M_{22} \\
\Omega_{22} = -Q_1 - M_{21}^{\mathrm{T}} - M_{21} \\
\Omega_{33} = -Q_2 - M_{22}^{\mathrm{T}} - M_{22}
\end{cases}
\tag{6.81}
$$

由 Schur 补引理 3.4 可知，式 (6.79) 等价于矩阵不等式

$$
\begin{bmatrix}
\Theta_{11} & T\Theta_{12}^{\mathrm{T}} & h\Theta_{13}^{\mathrm{T}} & T\Theta_{14}^{\mathrm{T}} & h\Theta_{15}^{\mathrm{T}} \\
\star & -TR_1^{-1} & 0 & 0 & 0 \\
\star & \star & -hR_2^{-1} & 0 & 0 \\
\star & \star & \star & -TR_1 & 0 \\
\star & \star & \star & \star & -hR_2
\end{bmatrix} < 0
\tag{6.82}
$$

令

$$
W = \begin{bmatrix} P & 0 & 0 \\ M_{11} & M_{21} & 0 \\ M_{12} & 0 & M_{22} \end{bmatrix}, \quad
\Lambda = \begin{bmatrix} \tilde{A}_K & \tilde{A}_{d1} & \tilde{A}_{d2} \\ I & -I & 0 \\ I & 0 & -I \end{bmatrix}
\tag{6.83}
$$

可得

$$
\begin{cases}
\Theta_{11} = W^{\mathrm{T}}\Lambda + \Lambda^{\mathrm{T}}W + Q \\
\Theta_{14} = \begin{bmatrix} 0 & I & 0 \end{bmatrix}W \\
\Theta_{15} = \begin{bmatrix} 0 & 0 & I \end{bmatrix}W \\
Q = \mathrm{diag}\{Q_1 + Q_2, \ -Q_1, \ -Q_2\}
\end{cases}
\tag{6.84}
$$

定义

$$M_{11} = \lambda_1 P, \quad M_{12} = \lambda_2 P, \quad M_{21} = \mu_1 Q_1, \quad M_{22} = \mu_2 Q_2 \qquad (6.85)$$

其中，$\mu_1 \neq 0$ 且 $\mu_2 \neq 0$，则

$$W = \begin{bmatrix} P & 0 & 0 \\ \lambda_1 P & \mu_1 Q_1 & 0 \\ \lambda_2 P & 0 & \mu_2 Q_2 \end{bmatrix}, \quad W^{-1} = \begin{bmatrix} P^{-1} & 0 & 0 \\ -\lambda_1 \mu_1^{-1} Q_1^{-1} & \mu_1^{-1} Q_1^{-1} & 0 \\ -\lambda_2 \mu_2^{-1} Q_2^{-1} & 0 & \mu_2^{-1} Q_2^{-1} \end{bmatrix} \qquad (6.86)$$

在式 (6.82) 的两边分别左乘、右乘对角矩阵 $\mathrm{diag}\{W^{-1}, \ I, \ I, \ R_1^{-1}, \ R_2^{-1}\}$，得到线性矩阵不等式

$$\begin{bmatrix} \Omega_{11} & TW^{-\mathrm{T}}\Theta_{12}^{\mathrm{T}} & hW^{-\mathrm{T}}\Theta_{13}^{\mathrm{T}} & T\Omega_{14}^{\mathrm{T}} & h\Omega_{15}^{\mathrm{T}} \\ \star & -TR_1^{-1} & 0 & 0 & 0 \\ \star & \star & -hR_2^{-1} & 0 & 0 \\ \star & \star & \star & -TR_1^{-1} & 0 \\ \star & \star & \star & \star & -hR_2^{-1} \end{bmatrix} < 0 \qquad (6.87)$$

其中

$$\begin{cases} \Omega_{11} = \Lambda W^{-1} + W^{-\mathrm{T}}\Lambda^{\mathrm{T}} + W^{-\mathrm{T}}QW^{-1} \\ W^{-\mathrm{T}}\Theta_{12}^{\mathrm{T}} = W^{-\mathrm{T}}\Theta_{13}^{\mathrm{T}} = \begin{bmatrix} P^{-1}\bar{A}_K^{\mathrm{T}} - \lambda_1\mu_1^{-1}Q_1^{-1}\bar{A}_{d1}^{\mathrm{T}} - \lambda_2\mu_2^{-1}Q_2^{-1}\bar{A}_{d2}^{\mathrm{T}} \\ \mu_1^{-1}Q_1^{-1}\bar{A}_{d1}^{\mathrm{T}} \\ \mu_2^{-1}Q_2^{-1}\bar{A}_{d2}^{\mathrm{T}} \end{bmatrix} \\ \Omega_{14} = \begin{bmatrix} 0 & R_1^{-1} & 0 \end{bmatrix} \\ \Omega_{15} = \begin{bmatrix} 0 & 0 & R_2^{-1} \end{bmatrix} \end{cases} \qquad (6.88)$$

定义

$$W_0 = KX \qquad (6.89)$$

由式 (6.87) 和式 (6.89) 得到式 (6.68) 和式 (6.71)。　　□

注释 6.11　和前面章节系统稳定性条件与控制任务的周期无关相比，这里得到的稳定性条件与控制任务的周期相关，仅针对单一的周期控制任务，重复控制器的周期 T 和被控对象的状态延迟 h 都是已知的。

图 6.21 中子系统 2 的状态空间模型为

$$\dot{x}_3(t) = \tilde{A}_L x_3(t) + \tilde{A}_{d1} x_3(t-h) \qquad (6.90)$$

其中

$$
\begin{cases}
x_3(t) = \begin{bmatrix} x_\delta^{\mathrm{T}}(t) & x_F^{\mathrm{T}}(t) \end{bmatrix}^{\mathrm{T}} \\
\tilde{A}_L = \begin{bmatrix} A - LC & -BC_F \\ B_F B^+ K_L LC & A_F + B_F C_F \end{bmatrix}, \quad \tilde{A}_{d1} = \begin{bmatrix} A_d & 0 \\ 0 & 0 \end{bmatrix}
\end{cases}
\tag{6.91}
$$

令 $L_0 = B_F B^+ K_L L$，假设 6.1 中 L 的列满秩性质确保变量 L_0 存在且唯一 [43]。

下面的定理给出子系统 (6.90) 渐近稳定的充分条件 [44]。

定理 6.4　给定正调节参数 α 和 β，如果存在正定对称矩阵 N_1、N_2、S_1 和 S_2，以及具有合适维数的矩阵 W_1 和 W_2，使得线性矩阵不等式

$$
\begin{bmatrix}
\Pi_{11} & \Pi_{12} & \alpha N_1 A_d & 0 \\
\star & \Pi_{22} & 0 & 0 \\
\star & \star & -S_1 & 0 \\
\star & \star & \star & -S_2
\end{bmatrix} < 0
\tag{6.92}
$$

成立，其中

$$
\begin{cases}
\Pi_{11} = \alpha N_1 A + \alpha A^{\mathrm{T}} N_1 - \alpha W_1 C - \alpha C^{\mathrm{T}} W_1^{\mathrm{T}} + S_1 \\
\Pi_{12} = -\alpha N_1 B C_F + \beta C^{\mathrm{T}} W_2^{\mathrm{T}} \\
\Pi_{22} = \beta N_2 (A_F + B_F C_F) + \beta (A_F^{\mathrm{T}} + C_F^{\mathrm{T}} B_F^{\mathrm{T}}) N_2^{\mathrm{T}} + S_2
\end{cases}
\tag{6.93}
$$

则子系统 (6.90) 渐近稳定，并且状态观测器增益和改进型等价输入干扰估计器增益为

$$
L = N_1^{-1} W_1, \quad L_0 = N_2^{-1} W_2, \quad K_L = B B_F^{-1} L_0 L^+
\tag{6.94}
$$

证明　构造李雅普诺夫泛函

$$
V(t) = V_1(t) + V_2(t)
\tag{6.95}
$$

其中

$$
\begin{cases}
V_1(t) = x_3^{\mathrm{T}}(t) N x_3(t) \\
N = \mathrm{diag}\{\alpha N_1, \ \beta N_2\}, \quad N_1 > 0, \quad N_2 > 0 \\
V_2(t) = \displaystyle\int_{t-h}^{t} x_3^{\mathrm{T}}(s) S x_3(s) \mathrm{d}s \\
S = \mathrm{diag}\{S_1, \ S_2\}, \quad S_1 > 0, \quad S_2 > 0
\end{cases}
\tag{6.96}
$$

考虑闭环子系统 (6.90)，其泛函增量为

$$
\nabla V(t) = \frac{\mathrm{d}V_1(t)}{\mathrm{d}t} + \frac{\mathrm{d}V_2(t)}{\mathrm{d}t}
\tag{6.97}
$$

其中

$$
\begin{cases}
\dfrac{\mathrm{d}V_1(t)}{\mathrm{d}t} = 2x_3^{\mathrm{T}}(t)N\dot{x}_3(t) \\[2mm]
\dfrac{\mathrm{d}V_2(t)}{\mathrm{d}t} = x_3^{\mathrm{T}}(t)Sx_3(t) - x_3^{\mathrm{T}}(t-h)Sx_3(t-h)
\end{cases}
\tag{6.98}
$$

进一步得到

$$
\nabla V(t) = \bar{\eta}_2^{\mathrm{T}}(t)\varPhi\bar{\eta}_2(t)
\tag{6.99}
$$

其中

$$
\begin{cases}
\bar{\eta}_2(t) = \begin{bmatrix} x_3^{\mathrm{T}}(t) & x_3^{\mathrm{T}}(t-h) \end{bmatrix}^{\mathrm{T}} \\[2mm]
\varPi = \begin{bmatrix} N\tilde{A}_L + \tilde{A}_L^{\mathrm{T}}N + S & N\tilde{A}_{d1} \\ \star & -S \end{bmatrix}
\end{cases}
\tag{6.100}
$$

定义

$$
W_1 = N_1 L, \quad W_2 = N_2 L_0
\tag{6.101}
$$

得到线性矩阵不等式 (6.92)。   □

为了说明改进型等价输入干扰方法的优越性，这里与 6.4.1 节的等价输入干扰估计器进行对比。这时，子系统 2 的状态空间模型为

$$
\dot{x}_4(t) = \bar{A}_L x_4(t) + \bar{A}_{d1}x_4(t-h)
\tag{6.102}
$$

其中

$$
\begin{cases}
x_4(t) = \begin{bmatrix} x_\delta^{\mathrm{T}}(t) & x_F^{\mathrm{T}}(t) \end{bmatrix}^{\mathrm{T}} \\[2mm]
\bar{A}_L = \begin{bmatrix} A-LC & -BC_F \\ B_F B^+ LC & A_F + B_F C_F \end{bmatrix}, \quad \bar{A}_{d1} = \begin{bmatrix} A_d & 0 \\ 0 & 0 \end{bmatrix}
\end{cases}
\tag{6.103}
$$

下面的推论给出子系统 (6.102) 渐近稳定的充分条件。

推论 6.1 给定正调节参数 γ 和 χ，如果存在正定对称矩阵 N_{11}、N_{22}、N_4、S_3 和 S_4，以及具有合适维数的矩阵 W_3，使得线性矩阵不等式

$$
\begin{bmatrix}
\varPsi_{11} & \varPsi_{12} & \gamma A_d N_3 & 0 \\
\star & \varPsi_{22} & 0 & 0 \\
\star & \star & -S_3 & 0 \\
\star & \star & \star & -S_4
\end{bmatrix} < 0
\tag{6.104}
$$

成立，输出矩阵 C 的结构奇异值分解式为 $C = U\begin{bmatrix} S & 0 \end{bmatrix}V^{\mathrm{T}}$，且

$$\begin{cases} N_3 = V\begin{bmatrix} N_{11} & 0 \\ 0 & N_{22} \end{bmatrix}V^{\mathrm{T}} \\ \Psi_{11} = \gamma A N_3 + \gamma N_3 A^{\mathrm{T}} - \gamma W_3 C - \gamma C^{\mathrm{T}} W_3^{\mathrm{T}} + S_3 \\ \Psi_{12} = -\chi B C_F N_4 + \gamma C^{\mathrm{T}} W_3^{\mathrm{T}}(B^+)^{\mathrm{T}} B_F^{\mathrm{T}} \\ \Psi_{22} = \chi(A_F + B_F C_F)N_3 + \chi N_3^{\mathrm{T}}(A_F^{\mathrm{T}} + C_F^{\mathrm{T}} B_F^{\mathrm{T}}) + S_4 \end{cases} \tag{6.105}$$

则子系统 (6.102) 渐近稳定，并且状态观测器的增益为

$$L = W_3 U S N_{11}^{-1} S^{-1} U^{\mathrm{T}} \tag{6.106}$$

证明 推论 6.1 的证明与文献 [45] 中定理 1 的证明类似，这里省略。 □

3. 控制器设计

根据定理 6.3 和定理 6.4，下面给出图 6.20 中反馈控制器、状态观测器和改进型等价输入干扰估计器参数的设计算法。

算法 6.2 基于改进型等价输入干扰的时滞重复控制系统控制器设计算法。

步骤 1 选择低通滤波器 $q(s)$ 的截止频率 ω_c；

步骤 2 设计改进型等价输入干扰估计器的低通滤波器 $F(s)$；

步骤 3 选择调节参数 λ_1、λ_2、μ_1 和 μ_2 使线性矩阵不等式 (6.68) 成立；

步骤 4 由式 (6.71) 计算反馈控制增益 K；

步骤 5 选择调节参数 α 和 β 使线性矩阵不等式 (6.92) 成立；

步骤 6 由式 (6.94) 计算状态观测器增益 L 和改进型等价输入干扰估计器增益 K_L。

定理 6.3 中的调节参数 λ_1、λ_2、μ_1 和 μ_2 用于调节反馈控制器增益 K，定理 6.4 中的调节参数 α 和 β 用于调节状态观测器增益 L 和改进型等价输入干扰估计器增益 K_L。选择合适的调节参数可以确保线性矩阵不等式 (6.68) 和 (6.92) 成立，同时系统获得满意的控制性能。虽然目前没有系统的参数调节方法，但是在选择调节参数 λ_1、λ_2、μ_1 和 μ_2 时，应避免使式 (6.68) 的块对角矩阵正定，例如，避免选择使 Ξ_{22} 中 $(-2\mu_1^{-1} - \mu_1^{-2})$ 大于或等于 0。

4. 数值仿真与分析

这里针对存在再生型颤振效应的受扰单点正交切削系统

$$\begin{cases} \dot{x}(t) = \begin{bmatrix} 0 & 1 \\ -\left(\omega_n^2 + \dfrac{bk_c}{m}\right) & -2\xi\omega_n \end{bmatrix} x(t) + \begin{bmatrix} 0 & 1 \\ \dfrac{bk_c}{m} & 0 \end{bmatrix} x(t-\tau) \\ \qquad + \begin{bmatrix} 0 \\ \dfrac{1}{m} \end{bmatrix} [u(t) + d(t)] \\ y(t) = \begin{bmatrix} 1 & 0 \end{bmatrix} x(t) \end{cases} \tag{6.107}$$

其中，$x(t)$ 为切削过程的状态变量；$y(t)$ 为刀具与工件之间的相对位移；$u(t)$ 为作用在刀具上的切削力；m 为有效质量；k_c 为依赖工件材料的切削系统刚度；b 为切割深度；ω_n 为切削系统自然角频率；ξ 为阻尼系数；τ 为依赖主轴旋转周期的时间延迟。参数取值为 $m = 1.16\text{kg}$，$\omega_n = 83\pi\text{rad/s}$，$k_c = 0.5m\omega_n^2$，$b = 2\text{mm}$，$\xi = 0.1$，$\tau = 6/55\text{s}$。考虑对周期参考输入

$$r(t) = 3 \times 10^{-3} \sin \pi t \tag{6.108}$$

的跟踪问题，单位为 mm，以及对外界扰动

$$d(t) = d_1(t) + d_2(t) \tag{6.109}$$

的抑制问题，其中 $d_1(t)$ 为周期性扰动，$d_2(t)$ 为非周期性扰动，单位为 N，有

$$\begin{cases} d_1(t) = 4\sin 1.5\pi t, & 12 \leqslant t \leqslant 68\text{s} \\ d_2(t) = 2\sin 0.5\pi t + 4\tanh(t-56) - 4\tanh(t-24), & 16 \leqslant t \leqslant 64\text{s} \end{cases} \tag{6.110}$$

参考输入周期 $T = 2\text{s}$，选择低通滤波器 $q(s)$ 的截止频率 $\omega_c = 200\text{rad/s}$，等价输入干扰估计器的低通滤波器 $F(s)$ 为

$$F(s) = \frac{100}{s + 100.1} \tag{6.111}$$

其中，状态方程系数为

$$A_F = -100.1, \quad B_F = 100, \quad C_F = 1 \tag{6.112}$$

初步选定 $\mu_1 = 0.001$ 和 $\mu_2 = 0.001$，通过反复试凑 λ_1 和 λ_2，搜索满足式 (6.68) 的一组调节参数。找到一组可行的调节参数后，根据网格搜索算法，在该组调节参数的邻域进一步搜索能获得满意控制性能的调节参数组合，并求解状态反馈控制增益 K。一般而言，虽然高增益能够提高控制性能，但过大的控制增益会放大测量噪声，从而恶化控制性能，因此 K 的选择应该考虑控制系统的跟踪

性能和噪声抑制性能。类似地，L 和 K_L 的选择也应该考虑扰动估计性能和噪声抑制性能。

通过试凑最终选定参数

$$\lambda_1 = 0.2, \quad \lambda_2 = 1, \quad \mu_1 = 0.001, \quad \mu_2 = 0.01, \quad \alpha = 2, \quad \beta = 1 \times 10^{-7} \quad (6.113)$$

由算法 6.2 得到状态反馈控制器增益分别为

$$K_e = 7.5939 \times 10^6, \quad K_p = \left[\begin{array}{cc} -5.1491 \times 10^6 & -2.5597 \times 10^4 \end{array} \right] \quad (6.114)$$

以及状态观测器增益和改进型等价输入干扰估计器增益分别为

$$L = \left[\begin{array}{c} 1.0431 \times 10^3 \\ 6.3085 \times 10^5 \end{array} \right], \quad K_L = \left[\begin{array}{cc} 0.0000 & 0.0000 \\ -1.0495 \times 10^{-7} & -6.3469 \times 10^{-5} \end{array} \right] \quad (6.115)$$

仿真结果如图 6.22 所示，由此可知，经过 4 个周期后，系统输出便进入稳定状态，稳态跟踪误差为 3.2441×10^{-5}mm，仅为参考输入的 1.08%。改进型等价输入干扰估计器可实时估计外界扰动对系统输出的影响。

为了检验这里所提方法在实际控制应用中的扰动抑制性能，将带宽有限的白噪声 (信噪比为 26dB) 加入切削系统的测量输出。金属切削系统的跟踪误差如图 6.23 所示，表明这里所提方法具有较好的噪声抑制性能。

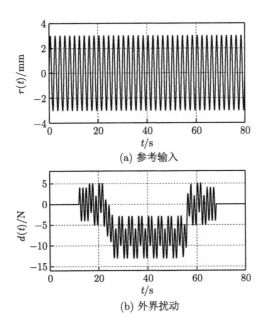

(a) 参考输入

(b) 外界扰动

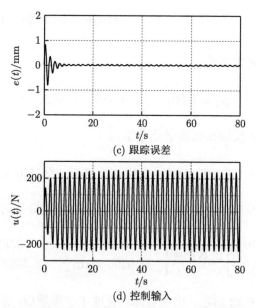

(c) 跟踪误差

(d) 控制输入

图 6.22　基于改进型等价输入干扰估计器的状态时滞重复控制系统仿真结果

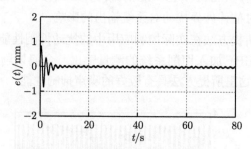

图 6.23　考虑测量噪声的控制系统跟踪误差

为了检验这里所提方法的鲁棒性，当切削系统的有效质量和阻尼系数存在 100% 变化且自然频率存在周期性波动时，考虑上述控制增益对参数变化后系统的控制效果。变化后切削系统的相关参数为

$$m = 1.16 \times (1 + 100\%), \quad \xi = 0.1 \times (1 + 100\%), \quad \omega_n = 83\pi + \sin \pi t \qquad (6.116)$$

仿真结果如图 6.24 所示，由此可知，金属切削系统鲁棒稳定且具有满意的控制性能，说明这里所提方法对参数摄动具有较好的鲁棒性。

为了与基于等价输入干扰构造的子系统 (6.102) 进行对比，通过反复试凑选择参数 $\gamma = 19$，$\chi = 1 \times 10^{-9}$，得到状态观测器增益

$$L = \begin{bmatrix} 4.4473 \times 10^3 \\ -4.8841 \times 10 \end{bmatrix} \qquad (6.117)$$

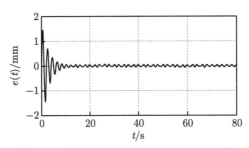

图 6.24 参数变化后控制系统的跟踪误差

仅考虑系统输出对外界扰动的抑制情况，仿真结果如图 6.25 所示，由此可知，改进型等价输入干扰估计器的估计精度远高于等价输入干扰估计器。

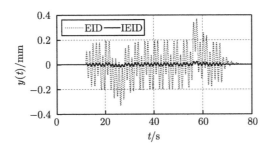

图 6.25 不同等价输入干扰方法扰动抑制的对比结果

在基于等价输入干扰估计器的系统设计中，通常采用输出矩阵的奇异值分解技术和矩阵可交换条件将非线性矩阵不等式转化为易于求解的线性矩阵不等式，但这给系统设计带来了保守性。在基于改进型等价输入干扰估计器的系统设计中，可调控制增益 K_L 的引入增加了设计自由度，避免了非线性矩阵不等式到线性矩阵不等式的转化，解除了系统参数矩阵秩的特殊结构限制，因而能够获得更好的扰动抑制性能。

6.4.3 二维重复控制系统鲁棒扰动抑制设计

针对一类受外界扰动的不确定性严格正则线性系统，首先提出一种基于等价输入干扰的双通道重复控制系统结构，该结构在改进型重复控制器的基础上，增加一个新的时滞反馈环节 we^{-Ts}，构成双通道重复控制器 (dual-channel of repetitive controller, DCRC)；然后利用"提升"方法，建立系统的二维混合模型和二维控制律，准确描述控制和学习行为；随后采用二维李雅普诺夫泛函分析闭环系统的鲁棒稳定性，以线性矩阵不等式的形式给出闭环系统内部稳定的充分条件；最后基于稳定性条件给出控制器设计算法，通过调节稳定性条件中的两个调节参数，设计鲁棒重复控制器、状态反馈控制器和状态观测器增益，实现对重复控制过程中控制和学习行为的优先调节，从而提高重复控制系统对非周期扰动的抑制性能。

1. 问题描述

考虑如图 6.26 所示的基于等价输入干扰的时变参数不确定性重复控制系统，包括被控对象、状态观测器、双通道重复控制器、反馈控制器和等价输入干扰估计器。被控对象为一类受外界扰动的不确定性线性系统

$$\begin{cases} \dot{x}_p(t) = [A + \delta A(t)]x_p(t) + [B + \delta B(t)]u(t) + B_d d(t) \\ y(t) = C x_p(t) \end{cases} \tag{6.118}$$

其中，$x_p(t) \in \mathbb{R}^n$ 为状态变量；$u(t) \in \mathbb{R}$ 为控制输入；$y(t) \in \mathbb{R}$ 为控制输出；$d(t) \in \mathbb{R}^{n_d}$ 为未知的外界扰动；A、B、C 和 B_d 为具有合适维数的实数矩阵；不确定性 $\delta A(t)$ 和 $\delta B(t)$ 满足式 (5.3) 和假设 5.1。

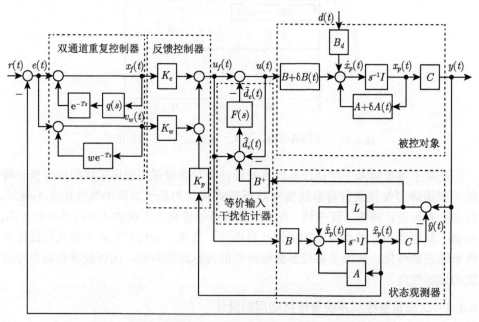

图 6.26   基于等价输入干扰的时变参数不确定性重复控制系统

双通道重复控制器的状态空间模型为

$$\begin{cases} \dot{x}_f(t) = -\omega_c x_f(t) + \omega_c x_f(t - T) + \omega_c e(t) + \dot{e}(t) \\ v_w(t) = e(t) + w v_w(t - T) \end{cases} \tag{6.119}$$

其中，$x_f(t) \in \mathbb{R}$ 为双通道重复控制器的一个输出；$v_w(t)$ 为双通道重复控制器的另一个输出；$e(t)\,[= r(t) - y(t)]$ 为重复控制系统的跟踪误差；ω_c 为低通滤波器 $q(s)$ 的截止频率；T 为参考输入的周期；$w \in [0,\,1)$ 为双通道重复控制器参数。

基于状态观测器重构的状态反馈建立线性控制律

$$u_f(t) = K_e x_f(t) + K_w v_w(t) + K_p \hat{x}_p(t) \tag{6.120}$$

其中，K_e 和 K_w 为双通道重复控制器的增益；K_p 为状态观测器重构的状态反馈增益。

由式 (6.4)、式 (6.11)、式 (6.12)、式 (6.33) 和式 (6.120) 可得扰动补偿控制律为

$$u(t) = u_f(t) - \tilde{d}_e(t) \tag{6.121}$$

则图 6.26 所示时变参数不确定重复控制系统的设计问题为：设计控制增益 K_e、K_w 和 K_p，以及状态观测器增益 L，使系统在控制律 (6.121) 的作用下鲁棒稳定，同时具有满意的周期跟踪和扰动抑制性能。

2. 二维混合模型

通过"提升"方法，将图 6.26 所示的双通道重复控制系统等距同构投射到二维空间，得到二维混合模型和二维控制律

$$\begin{cases} \dot{x}(k,\tau) = \tilde{A}x(k,\tau) + \tilde{A}_d x(k-1,\tau) + \tilde{B}u_f(k,\tau) \\ v_w(k,\tau) = \tilde{C}x(k,\tau) + w v_w(k-1,\tau) \end{cases} \tag{6.122a}$$

$$u_f(k,\tau) = \begin{bmatrix} \tilde{K}_p & -K_w C & 0 & K_e \end{bmatrix} x(k,\tau) + w K_w v_w(k-1,\tau) \tag{6.122b}$$

其中

$$\begin{cases} x(k,\tau) = \begin{bmatrix} \hat{x}_p^{\mathrm{T}}(k,\tau) & x_\delta^{\mathrm{T}}(k,\tau) & x_F^{\mathrm{T}}(k,\tau) & x_f^{\mathrm{T}}(k,\tau) \end{bmatrix}^{\mathrm{T}} \\ \tilde{A} = \begin{bmatrix} A & LC & 0 & 0 \\ \delta A(k,\tau) & \tilde{A}_{22} & \tilde{A}_{23} & 0 \\ 0 & \tilde{A}_{32} & \tilde{A}_{33} & 0 \\ \tilde{A}_{41} & \tilde{A}_{42} & \tilde{A}_{43} & -\omega_c I \end{bmatrix} \\ \tilde{B} = \begin{bmatrix} B^{\mathrm{T}} & \delta B^{\mathrm{T}}(k,\tau) & 0 & -B^{\mathrm{T}}C^{\mathrm{T}} - \delta B^{\mathrm{T}}(k,\tau)C^{\mathrm{T}} \end{bmatrix}^{\mathrm{T}} \\ \tilde{C} = \begin{bmatrix} -C & -C & 0 & 0 \end{bmatrix} \\ \tilde{A}_d = \mathrm{diag}\{0, \ 0, \ 0, \ \omega_c I\} \\ \tilde{K}_p = -K_w C + K_p \end{cases} \tag{6.123}$$

$$
\begin{cases}
\tilde{A}_{22} = A + \delta A(k,\tau) - LC \\
\tilde{A}_{23} = -\left[B + \delta B(k,\tau)\right]C_F \\
\tilde{A}_{32} = B_F B^+ LC \\
\tilde{A}_{33} = A_F + B_F C_F \\
\tilde{A}_{41} = \tilde{A}_{42} = -\left[\omega_c C + CA + C\delta A(k,\tau)\right] \\
\tilde{A}_{43} = CBC_F + C\delta B(k,\tau)C_F
\end{cases}
\tag{6.124}
$$

　　由二维控制律 (6.122b) 可知，状态变量 $v_w(k-1,\tau)$ 表示对前一周期的学习作用，即学习变量，而状态变量 $x(k,\tau)$ 表示对当前周期的控制作用，即控制变量。由此可见，图 6.26 所示的双通道重复控制系统设计问题等价为：设计状态反馈增益 K_e、K_w 和 K_p 使二维混合系统 (6.122) 稳定，同时具有满意的控制和学习性能。

3. 稳定性分析

　　将二维控制律 (6.122b) 代入二维混合模型 (6.122a)，得到二维闭环系统

$$
\begin{bmatrix} \dot{x}(k,\tau) \\ v_w(k,\tau) \end{bmatrix}
= \begin{bmatrix} \bar{A} + \delta\bar{A} & \bar{B} + \delta\bar{B} \\ \bar{C} & wI \end{bmatrix}
\begin{bmatrix} x(k,\tau) \\ v_w(k-1,\tau) \end{bmatrix}
$$
$$
+ \begin{bmatrix} \bar{A}_d & 0 \\ 0 & 0 \end{bmatrix}
\begin{bmatrix} x(k-1,\tau) \\ v_w(k-2,\tau) \end{bmatrix}
\tag{6.125}
$$

其中

$$
\begin{cases}
\bar{A} = \begin{bmatrix}
\bar{A}_{11} & \bar{A}_{12} & 0 & BK_e \\
0 & \bar{A}_{22} & -BC_F & 0 \\
0 & \bar{A}_{32} & \bar{A}_{33} & 0 \\
\bar{A}_{41} & \bar{A}_{42} & CBC_F & \bar{A}_{44}
\end{bmatrix} \\[4ex]
\delta\bar{A} = \begin{bmatrix}
0 & 0 & 0 & 0 \\
\delta\bar{A}_{21} & \delta\bar{A}_{22} & \delta\bar{A}_{23} & \delta B(k,\tau)K_e \\
0 & 0 & 0 & 0 \\
\delta\bar{A}_{41} & \delta\bar{A}_{42} & \delta\bar{A}_{43} & -C\delta B(k,\tau)K_e
\end{bmatrix} \\[4ex]
\bar{B} = \begin{bmatrix} wBK_w \\ 0 \\ 0 \\ -wCBK_w \end{bmatrix}, \quad
\delta\bar{B} = \begin{bmatrix} 0 \\ w\delta B(k,\tau)K_w \\ 0 \\ -wC\delta B(k,\tau)K_w \end{bmatrix}, \quad
\bar{C} = \tilde{C}, \quad \bar{A}_d = \tilde{A}_d
\end{cases}
\tag{6.126}
$$

$$\begin{cases} \bar{A}_{11} = A + B\tilde{K}_p \\ \bar{A}_{12} = LC - BK_wC \\ \bar{A}_{22} = A - LC \\ \bar{A}_{32} = B_FB^+LC \\ \bar{A}_{33} = A_F + B_FC_F \\ \bar{A}_{41} = -C(\omega_cI + A + B\tilde{K}_p) \\ \bar{A}_{42} = -C(\omega_cI + A + BK_wC) \\ \bar{A}_{44} = -\omega_cI - CBK_e \end{cases} \tag{6.127}$$

$$\begin{cases} \delta\bar{A}_{21} = \delta A(k,\tau) + \delta B(k,\tau)\tilde{K}_p \\ \delta\bar{A}_{22} = \delta A(k,\tau) - \delta B(k,\tau)K_wC \\ \delta\bar{A}_{23} = -\delta B(k,\tau)C_F \\ \delta\bar{A}_{41} = -C\delta A(k,\tau) - C\delta B(k,\tau)\tilde{K}_p \\ \delta\bar{A}_{42} = -C\delta A(k,\tau) + C\delta B(k,\tau)K_wC \\ \delta\bar{A}_{43} = C\delta B(k,\tau)C_F \end{cases} \tag{6.128}$$

下面的定理给出系统 (6.122) 鲁棒渐近稳定的充分条件[45]。

定理 6.5 给定截止频率 ω_c, 参数 $w \in [0, 1)$, 正调节参数 α、β、χ 和 γ, 如果存在正数 ε, 正定对称矩阵 X_1、X_{11}、X_{22}、X_3、X_4、Y_1、Y_2 和 Y_3, 以及具有合适维数的矩阵 W_1、W_2、W_3 和 W_4, 使得线性矩阵不等式

$$\begin{bmatrix} \Phi_{11} & \varepsilon\Phi_{12} & \Phi_{13} & \Phi_{14} & \Phi_{15} \\ \star & -\varepsilon I & 0 & 0 & 0 \\ \star & \star & -\varepsilon I & 0 & 0 \\ \star & \star & \star & -Y & 0 \\ \star & \star & \star & \star & -\gamma\bar{X}_2 \end{bmatrix} < 0 \tag{6.129}$$

成立, 其中输出矩阵 C 的结构奇异值分解式为 $C = U[S\ 0]V^T$, 且

$$\begin{cases} X_2 = V\begin{bmatrix} X_{11} & 0 \\ 0 & X_{22} \end{bmatrix}V^T, \quad \bar{X}_2 = USX_{11}S^{-1}U^T \\ \Phi_{11} = \begin{bmatrix} \Xi_{11} & \Xi_{12} & \Xi_{13} + wX\tilde{C}^T \\ \star & -Y & 0 \\ \star & \star & \gamma(w^2-1)\bar{X}_2 \end{bmatrix} \\ \Phi_{12} = \begin{bmatrix} 0 & M^T & 0 & -(CM)^T & 0 & 0 & 0 & 0 & 0 \end{bmatrix}^T \\ \Phi_{13} = \begin{bmatrix} \Xi_1 & \Xi_2 & \Xi_3 & \Xi_4 & 0 & 0 & 0 & 0 & \Xi_9 \end{bmatrix} \\ \Phi_{14} = \begin{bmatrix} X^T & 0 & 0 \end{bmatrix}^T \\ \Phi_{15} = \begin{bmatrix} \tilde{C} & 0 & 0 \end{bmatrix} \end{cases} \tag{6.130}$$

$$
\begin{cases}
\Xi_{11} = \begin{bmatrix}
\Theta_{11} & \Theta_{12} & 0 & \Theta_{14} \\
\star & \Theta_{22} & \Theta_{23} & \Theta_{24} \\
\star & \star & \Theta_{33} & X_3 C_F^{\mathrm{T}} B^{\mathrm{T}} C^{\mathrm{T}} \\
\star & \star & \star & \Theta_{44}
\end{bmatrix} \\
\Xi_{12} = \mathrm{diag}\left\{0,\ 0,\ 0,\ \gamma\omega_c\bar{X}_2\right\} \\
\Xi_{13} = \begin{bmatrix} \gamma w W_3^{\mathrm{T}} B^{\mathrm{T}} & 0 & 0 & -\gamma w W_3^{\mathrm{T}} B^{\mathrm{T}} C^{\mathrm{T}} \end{bmatrix}^{\mathrm{T}} \\
\Xi_1 = \alpha(N_0 X_1 + N_1 W_1) \\
\Xi_2 = \beta(N_0 X_2 - N_1 W_3 C) \\
\Xi_3 = -N_1 C_F X_3 \\
\Xi_4 = \chi N_1 W_4 \\
\Xi_9 = \gamma w N_1 W_3 \\
X = \mathrm{diag}\{\alpha X_1, \beta X_2, X_3, \chi X_4\} \\
Y = \mathrm{diag}\{Y_1, Y_2, Y_3, \gamma\bar{X}_2\}
\end{cases}
\tag{6.131}
$$

$$
\begin{cases}
\Theta_{11} = \alpha(A X_1 + X_1 A^{\mathrm{T}} + B W_1 + W_1^{\mathrm{T}} B^{\mathrm{T}}) \\
\Theta_{12} = \beta(W_2 C - B W_3 C) \\
\Theta_{14} = \chi B W_4 - (\alpha\omega_c X_1 + \alpha X_1 A^{\mathrm{T}} + \alpha W_1^{\mathrm{T}} B^{\mathrm{T}}) C^{\mathrm{T}} \\
\Theta_{22} = \beta(A X_2 + X_2 A^{\mathrm{T}} - W_2 C - C^{\mathrm{T}} W_2^{\mathrm{T}}) \\
\Theta_{23} = -B C_F X_3 + \beta C^{\mathrm{T}} W_2^{\mathrm{T}} (B^+)^{\mathrm{T}} B_F^{\mathrm{T}} \\
\Theta_{24} = -\beta(\omega_c X_2 C^{\mathrm{T}} + X_2 A^{\mathrm{T}} C^{\mathrm{T}} - C^{\mathrm{T}} W_3^{\mathrm{T}} B^{\mathrm{T}} C^{\mathrm{T}}) \\
\Theta_{33} = (A_F + B_F C_F) X_3 + X_3 (A_F + B_F C_F)^{\mathrm{T}} \\
\Theta_{44} = -2\chi\omega_c X_4 - \chi C B W_4 - (\chi C B W_4)^{\mathrm{T}}
\end{cases}
\tag{6.132}
$$

则系统 (6.125) 鲁棒渐近稳定, 并且二维控制律增益为

$$
\begin{cases}
K_e = W_4 X_4^{-1}, \quad K_w = W_3 U S X_{11}^{-1} S^{-1} U^{\mathrm{T}} \\
\tilde{K}_p = W_1 X_1^{-1}, \quad K_p = \tilde{K}_p + K_w C
\end{cases}
\tag{6.133}
$$

以及状态观测器增益为

$$
L = W_2 U S X_{11}^{-1} S^{-1} U^{\mathrm{T}}
\tag{6.134}
$$

证明　构造二维李雅普诺夫泛函

$$
V(k,\tau) = V_1(k,\tau) + V_2(k,\tau)
\tag{6.135}
$$

其中

$$
\begin{cases}
V_1(k,\tau) = x^{\mathrm{T}}(k,\tau)Px(k,\tau) + \displaystyle\int_{\tau-T}^{\tau} x^{\mathrm{T}}(k,s)Qx(k,s)\mathrm{d}s \\[2mm]
P = \mathrm{diag}\left\{\dfrac{1}{\alpha}P_1,\ \dfrac{1}{\beta}P_2,\ P_3,\ \dfrac{1}{\chi}P_4\right\} \\[2mm]
P_1 = X_1^{-1} > 0,\quad P_2 = X_2^{-1} > 0,\quad P_3 = X_3^{-1} > 0,\quad P_4 = X_4^{-1} > 0 \\[2mm]
V_2(k,\tau) = \dfrac{1}{\gamma}v_w^{\mathrm{T}}(k-1,\tau)Q_4 v_w(k-1,\tau) \\[2mm]
Q = \mathrm{diag}\left\{Q_1,\ Q_2,\ Q_3,\ \dfrac{1}{\gamma}Q_4\right\} \\[2mm]
Q_1 = Y_1^{-1} > 0,\quad Q_2 = Y_2^{-1} > 0,\quad Q_3 = Y_3^{-1} > 0,\quad Q_4 = Y_4^{-1} > 0
\end{cases} \tag{6.136}
$$

考虑闭环系统 (6.125)，其泛函增量为

$$
\nabla V(k,\tau) = \frac{\mathrm{d}V_1(k,\tau)}{\mathrm{d}\tau} + \Delta V_2(k,\tau) \tag{6.137}
$$

其中

$$
\begin{cases}
\dfrac{\mathrm{d}V_1(k,\tau)}{\mathrm{d}\tau} = 2x^{\mathrm{T}}(k,\tau)P\dot{x}(k,\tau) + x^{\mathrm{T}}(k,\tau)Qx(k,\tau) - x^{\mathrm{T}}(k-1,\tau)Qx(k-1,\tau) \\[2mm]
\qquad = \eta^{\mathrm{T}}(k,\tau)\left\{\Lambda + HF(k,\tau)E + [HF(k,\tau)E]^{\mathrm{T}}\right\}\eta(k,\tau) \\[2mm]
\Delta V_2(k,\tau) = \dfrac{1}{\gamma}v_w^{\mathrm{T}}(k,\tau)Q_4 v_w(k,\tau) - \dfrac{1}{\gamma}v_w^{\mathrm{T}}(k-1,\tau)Q_4 v_w(k-1,\tau) \\[2mm]
\qquad = \eta^{\mathrm{T}}(k,\tau)\Gamma\eta(k,\tau)
\end{cases} \tag{6.138}
$$

这里

$$
\begin{cases}
\eta(k,\tau) = \begin{bmatrix} x^{\mathrm{T}}(k,\tau) & x^{\mathrm{T}}(k-1,\tau) & v_w(k-1,\tau) \end{bmatrix}^{\mathrm{T}} \\[2mm]
\Lambda = \begin{bmatrix} \Lambda_{11}+Q & \Lambda_{12} & \Lambda_{13} \\ \star & -Q & 0 \\ \star & \star & 0 \end{bmatrix} \\[4mm]
H = \begin{bmatrix} 0 & H_2^{\mathrm{T}} & 0 & H_4^{\mathrm{T}} & 0 & 0 & 0 & 0 & 0 \end{bmatrix}^{\mathrm{T}} \\[2mm]
E = \begin{bmatrix} E_1 & E_2 & -N_1 C_F & N_1 K_e & 0 & 0 & 0 & 0 & E_9 \end{bmatrix} \\[2mm]
\Gamma = \begin{bmatrix} \dfrac{1}{\gamma}\tilde{C}^{\mathrm{T}}Q_4\tilde{C} & 0 & \dfrac{1}{\gamma}w\tilde{C}^{\mathrm{T}}Q_4 \\ \star & 0 & 0 \\ \star & \star & \dfrac{1}{\gamma}(w^2-1)Q_4 \end{bmatrix}
\end{cases} \tag{6.139}
$$

$$
\begin{cases}
\Lambda_{11} = \begin{bmatrix} \Psi_{11} & \Psi_{12} & 0 & \Psi_{14} \\ \star & \Psi_{22} & \Psi_{23} & \Psi_{24} \\ \star & \star & \Psi_{33} & \dfrac{1}{\chi}C_F^{\mathrm{T}}B^{\mathrm{T}}C^{\mathrm{T}}P_4 \\ \star & \star & \star & \Psi_{44} \end{bmatrix} \\[2.5em]
\Lambda_{12} = \mathrm{diag}\left\{0,\ 0,\ 0,\ \dfrac{1}{\chi}\omega_c P_4\right\} \\[1.5em]
\Lambda_{13} = \begin{bmatrix} \dfrac{1}{\alpha}wK_w^{\mathrm{T}}B^{\mathrm{T}}P_1^{\mathrm{T}} & 0 & 0 & -\dfrac{1}{\chi}wK_w^{\mathrm{T}}B^{\mathrm{T}}C^{\mathrm{T}}P_4^{\mathrm{T}} \end{bmatrix}^{\mathrm{T}} \\[1.5em]
H_2 = \dfrac{1}{\beta}P_2 M, \quad H_4 = -\dfrac{1}{\chi}P_4 CM \\[1em]
E_1 = N_0 + N_1\tilde{K}_p, \quad E_2 = N_0 - N_1 K_w C, \quad E_9 = wN_1 K_w
\end{cases}
\tag{6.140}
$$

$$
\begin{cases}
\Psi_{11} = \dfrac{1}{\alpha}P_1(A + B\tilde{K}_p) + \dfrac{1}{\alpha}(A + B\tilde{K}_p)^{\mathrm{T}}P_1 \\[1em]
\Psi_{12} = \dfrac{1}{\alpha}P_1(LC - BK_w C) \\[1em]
\Psi_{14} = \dfrac{1}{\alpha}P_1 BK_e - \dfrac{1}{\chi}(\omega_c I + A + B\tilde{K}_p)^{\mathrm{T}}C^{\mathrm{T}}P_4 \\[1em]
\Psi_{22} = \dfrac{1}{\beta}P_2(A - LC) + \dfrac{1}{\beta}(A - LC)^{\mathrm{T}}P_2 \\[1em]
\Psi_{23} = -\dfrac{1}{\beta}P_2 BC_F + C^{\mathrm{T}}L^{\mathrm{T}}(B^+)^{\mathrm{T}}B_F^{\mathrm{T}}P_3 \\[1em]
\Psi_{24} = -\dfrac{1}{\chi}(\omega_c C + CA + CBK_w C)^{\mathrm{T}}P_4 \\[1em]
\Psi_{33} = P_3(A_F + B_F C_F) + (A_F + B_F C_F)^{\mathrm{T}}P_3 \\[1em]
\Psi_{44} = -\dfrac{1}{\chi}\left[2\omega_c P_4 + P_4 CBK_e + (P_4 CBK_e)^{\mathrm{T}}\right]
\end{cases}
\tag{6.141}
$$

进一步得到

$$
\nabla V(k,\tau) = \eta^{\mathrm{T}}(k,\tau)\left\{\Omega + HF(k,\tau)E + E^{\mathrm{T}}F^{\mathrm{T}}(k,\tau)H^{\mathrm{T}}\right\}\eta(k,\tau)
\tag{6.142}
$$

其中

$$
\Omega = \begin{bmatrix} \Lambda_{11} + Q + \dfrac{1}{\gamma}\tilde{C}^{\mathrm{T}}Q_4\tilde{C} & \Lambda_{12} & \Lambda_{13} + \dfrac{1}{\gamma}w\tilde{C}^{\mathrm{T}}Q_4 \\[1em] \star & -Q & 0 \\[0.5em] \star & \star & \dfrac{1}{\gamma}(w^2 - 1)Q_4 \end{bmatrix}
\tag{6.143}
$$

由此可见, 如果

$$
\Omega + HF(k,\tau)E + E^{\mathrm{T}}F^{\mathrm{T}}(k,\tau)H^{\mathrm{T}} < 0
\tag{6.144}
$$

成立，则系统 (6.125) 鲁棒渐近稳定。

根据引理 5.2，不等式 (6.144) 等价于存在 $\varepsilon > 0$ 使得

$$
\begin{bmatrix}
\Omega & \varepsilon H & E^{\mathrm{T}} \\
\star & -\varepsilon I & 0 \\
\star & \star & -\varepsilon I
\end{bmatrix} < 0 \tag{6.145}
$$

由 Schur 补引理 3.4 可知，不等式 (6.145) 等价于

$$
\begin{bmatrix}
\bar{\Omega} & \varepsilon H & E^{\mathrm{T}} & \bar{Q} & \bar{C}^{\mathrm{T}} \\
\star & -\varepsilon I & 0 & 0 & 0 \\
\star & \star & -\varepsilon I & 0 & 0 \\
\star & \star & \star & -Q & 0 \\
\star & \star & \star & \star & -\gamma Q_4^{-1}
\end{bmatrix} < 0 \tag{6.146}
$$

其中

$$
\begin{cases}
\bar{\Omega} = \begin{bmatrix}
\Lambda_{11} & \Lambda_{12} & \Lambda_{13} + \dfrac{1}{\gamma} w \tilde{C}^{\mathrm{T}} Q_4 \\
\star & -Q & 0 \\
\star & \star & \dfrac{1}{\gamma}(w^2 - 1) Q_4
\end{bmatrix} \\
\bar{Q} = \begin{bmatrix} Q^{\mathrm{T}} & 0 & 0 \end{bmatrix}^{\mathrm{T}}, \quad \bar{C} = \begin{bmatrix} \tilde{C} & 0 & 0 \end{bmatrix}
\end{cases} \tag{6.147}
$$

根据定义 3.10 和引理 3.5，存在

$$
\bar{X}_2 = U S X_{11} S^{-1} U^{\mathrm{T}} \tag{6.148}
$$

使得

$$
C X_2 = \bar{X}_2 C \tag{6.149}
$$

并且

$$
\bar{X}_2^{-1} = U S X_{11}^{-1} S^{-1} U^{\mathrm{T}} \tag{6.150}
$$

定义

$$
W_1 = \tilde{K}_p X_1, \ W_2 = L \bar{X}_2, \ W_3 = K_w \bar{X}_2 = K_w Y_4, \ W_4 = K_e X_4, \ Y_4 = \bar{X}_2 \tag{6.151}
$$

在式 (6.129) 的两边分别左乘、右乘对角矩阵 $\mathrm{diag}\{\alpha X_1, \beta X_2, X_3, \chi X_4, Y_1, Y_2, Y_3, \gamma Y_4, \gamma Y_4, I, I, Y_1, Y_2, Y_3, \gamma Y_4, I\}$，得到线性矩阵不等式 (6.129)。 $\qquad \square$

注释 6.12　图 6.26 中的双通道重复控制器比改进型重复控制器多一条重复控制回路，不仅为稳定性条件 (6.129) 的求解提供了一个松弛变量 W_3，增加了系统设计的灵活性；而且提高了重复控制器的增益，降低了闭环重复控制系统的灵敏度函数增益，改善重复控制系统对非周期扰动的抑制性能。

注释 6.13　在二维李雅普诺夫函数中引入调节参数 α、β、χ 和 γ，分别影响式 (6.129) 中的 X_1、X_{11}、X_4 和 Y_4，从而间接调整控制增益矩阵 K_e、K_w、K_p 和 L。由式 (6.122b) 和式 (6.129) 可知，β 和 γ 影响增益 K_w，而且 K_w 同时影响控制和学习行为。也就是说，参数调节对控制和学习行为的作用是相互耦合的，但利用这四个调节参数能够优先调节重复控制系统控制性能。因此，可以先通过试凑选择使式 (6.129) 成立的一组调节参数 α、β、χ 和 γ，然后扩大调节参数的取值范围，基于给定性能指标搜索满足式 (6.129) 的最优调节参数组合。

4. 控制器设计

根据定理 6.5，下面给出图 6.26 中双通道重复控制器、反馈控制器、状态观测器和等价输入干扰估计器参数的设计算法。

算法 6.3　基于等价输入干扰的不确定性重复控制系统控制器设计算法。

步骤 1　选择低通滤波器 $q(s)$ 的截止频率 ω_c 和参数 $w \in [0,\ 1)$；

步骤 2　设计等价输入干扰估计器的低通滤波器 $F(s)$；

步骤 3　选择调节参数 α、β、χ 和 γ 使线性矩阵不等式 (6.129) 成立；

步骤 4　由式 (6.133) 计算反馈控制增益矩阵 K_e、K_w 和 K_p 以及状态观测器增益矩阵 L。

5. 数值仿真与分析

假设被控对象 (6.118) 的系数矩阵和时变结构不确定性分别为

$$\begin{cases} A = \begin{bmatrix} 0 & 1 \\ -1 & -1 \end{bmatrix},\ B = \begin{bmatrix} 1 \\ 0 \end{bmatrix},\ B_d = \begin{bmatrix} 1 \\ 1.2 \end{bmatrix},\ C = \begin{bmatrix} 1 & 0 \end{bmatrix} \\ M = \begin{bmatrix} 1 & 0 \\ 0 & 1 \end{bmatrix},\ N_0 = \begin{bmatrix} 1 & 0 \\ 0 & 0.1 \end{bmatrix},\ N_1 = \begin{bmatrix} 0.1 \\ 0 \end{bmatrix} \\ F(t) = \begin{bmatrix} \sin 0.6\pi t & 0 \\ 0 & \sin 0.6\pi t \end{bmatrix} \end{cases} \quad (6.152)$$

其中，时变参数的变化周期为 10/3s。考虑对周期参考输入

$$r(t) = \sin 0.5\pi t + 0.5 \sin \pi t \quad (6.153)$$

的跟踪问题以及对外界扰动

$$d(t) = d_1(t) + d_2(t) \quad (6.154)$$

的抑制问题，其中 $d_1(t)$ 为周期扰动且与重复控制周期不同，$d_2(t)$ 为非周期扰动

$$\begin{cases} d_1(t) = 2\sin 0.4\pi t, & 45 \leqslant t \leqslant 65\mathrm{s} \\ d_2(t) = 2\sin \pi t + 0.5\tanh(t-55) - 0.5\tanh(t-45), & t \geqslant 40\mathrm{s} \end{cases} \quad (6.155)$$

参考输入周期 $T = 4\mathrm{s}$，给定 $w = 0.5$，选择低通滤波器的截止频率 $\omega_c = 600\mathrm{rad/s}$，等价输入干扰估计器的低通滤波器 $F(s)$ 为

$$F(s) = \frac{100}{s + 101} \quad (6.156)$$

其中，状态方程系数为

$$A_F = -101, \quad B_F = 100, \quad C_F = 1 \quad (6.157)$$

这里通过对比 3 个不同参数组合的仿真结果来说明参数 α、β、χ 和 γ 对系统控制和学习性能的调节作用：

$$\alpha = 1, \quad \beta = 0.01, \quad \chi = 1, \quad \gamma = 0.03 \quad (6.158\mathrm{a})$$

$$\alpha = 1, \quad \beta = 0.07, \quad \chi = 1, \quad \gamma = 0.02 \quad (6.158\mathrm{b})$$

$$\alpha = 0.5, \quad \beta = 0.08, \quad \chi = 0.7, \quad \gamma = 0.01 \quad (6.158\mathrm{c})$$

仿真结果如图 6.27 所示，由此可知，调节 β 和 γ 对系统性能的影响大于调节 α 和 χ。

选取性能评价指标函数

$$J = \frac{1}{2}\sum_{k=0}^{19}\int_{kT}^{(k+1)T} e^2(t)\mathrm{d}t \quad (6.159)$$

评价调节参数对系统性能的影响，并结合网格搜索算法寻找优化系统控制性能的调节参数 α、β、χ 和 γ 组合。由于调节 β 和 γ 对重复控制系统性能的影响大于 α 和 χ，所以初步设定调节参数搜索范围和相关的搜索步长为

$$\begin{cases} \alpha \in (0,\ 1], \quad \beta \in [0.1,\ 0.2], \quad \chi \in (0,\ 1], \quad \gamma \in [0.01,\ 0.02] \\ \Delta\alpha = 0.1, \quad \Delta\beta = 0.001, \quad \Delta\chi = 0.1, \quad \Delta\gamma = 0.001 \end{cases} \quad (6.160)$$

最终选取调节参数

$$\alpha = 0.1, \quad \beta = 0.106, \quad \chi = 1, \quad \gamma = 0.012 \quad (6.161)$$

由算法 6.3 得到反馈控制器增益和状态观测器增益分别为

$$
\begin{cases}
K_e = 1.8318 \times 10^2, \quad K_w = 2.4497 \times 10^2, \quad K_p = \begin{bmatrix} -7.4510 & -2.2437 \times 10^{-1} \end{bmatrix} \\
L = \begin{bmatrix} 1.6889 \times 10^2 \\ 1.5651 \times 10^2 \end{bmatrix}
\end{cases}
$$

$$(6.162)$$

此时最优的性能评价指标函数值为

$$J = 0.0318 \tag{6.163}$$

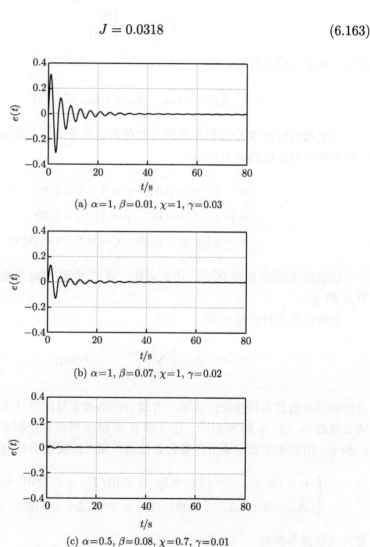

(a) $\alpha=1,\ \beta=0.01,\ \chi=1,\ \gamma=0.03$

(b) $\alpha=1,\ \beta=0.07,\ \chi=1,\ \gamma=0.02$

(c) $\alpha=0.5,\ \beta=0.08,\ \chi=0.7,\ \gamma=0.01$

图 6.27　参数组 (6.158) 所对应的跟踪误差

　　仿真结果如图 6.28 所示,由此可知,经过 10 个周期后,系统输出便进入稳定状态,最大的瞬态跟踪误差为 2.3749×10^{-2},最大稳态跟踪误差为 2.6666×10^{-4}。等价输入干扰估计器能够动态实时地估计并补偿参数不确定和不匹配 $(B_d \neq B)$ 扰动的综合影响,周期性扰动和非周期性扰动都被很好地抑制。

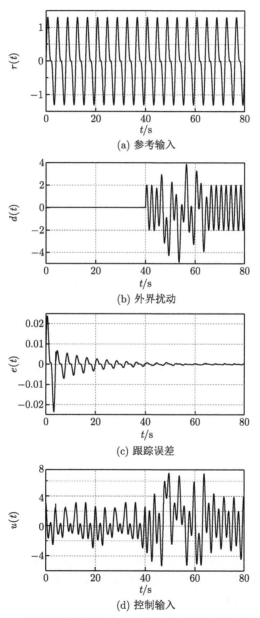

(a) 参考输入

(b) 外界扰动

(c) 跟踪误差

(d) 控制输入

图 6.28　基于改进型等价输入干扰的重复控制系统仿真结果

双通道重复控制器引入的控制回路传递函数为 $G_{RCw}(s) = K_w/(1 - we^{-Ts})$。图 6.29 给出了双通道重复控制器与改进型重复控制器的幅频特性曲线。图中，改进型重复控制器的传递函数曲线为点线，双通道重复控制器的传递函数曲线为实线。由此可见，双通道重复控制器中额外的重复控制回路 $G_{RCw}(s)$ 通过提高非周期信号频率成分的控制增益，改进了重复控制系统对非周期扰动的抑制性能。

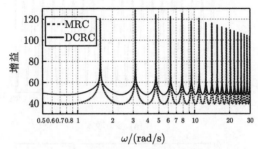

图 6.29   不同重复控制器的幅频特性曲线

文献 [46] 针对一类不确定性被控对象，利用等价输入干扰估计器估计与补偿干扰和参数不确定的影响，并设计状态反馈镇定重复控制系统，但没有利用重复控制过程的二维特性。

两种方法对比的仿真结果如图 6.30 所示，由此可知，这里所提方法具有更好的跟踪控制效果。从 $40 \sim 50\text{s}$ 阶段可以看出这里所提方法对外界扰动的抑制性能优于文献 [46] 的方法，这验证了所提双通道重复控制器比改进型重复控制器对非周期性扰动具有更好的抑制性能。

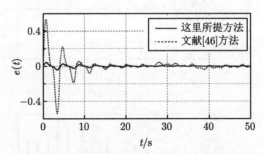

图 6.30   这里所提方法与文献 [46] 的对比结果

线性自抗扰控制 (linear active disturbance rejection control, LADRC) 将控制器增益和观测器增益的设计简化为控制器带宽和观测器带宽的选择，下面给出这里所提方法与线性自抗扰控制方法的比较结果。

图 6.31 为基于线性自抗扰控制的重复控制系统，为公平起见，重复控制器结

构和控制增益 K_e、K_w 与这里所提方法一样。观测器的带宽取为

$$\omega_o = 85\text{rad/s} \tag{6.164}$$

得到状态观测器增益为

$$L = \begin{bmatrix} 170 \\ 7225 \end{bmatrix} \tag{6.165}$$

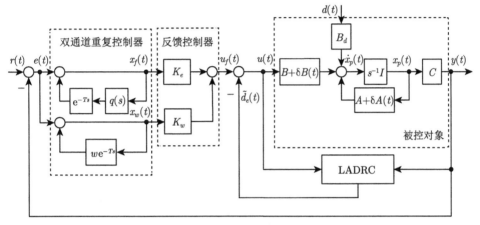

图 6.31　基于线性自抗扰控制的重复控制系统

将扰动 (6.154) 分别加入图 6.26 和 6.31 所示的控制系统中,仅考虑外界扰动和不确定性对系统输出的影响,仿真结果如图 6.32 所示。利用性能评价指标 (6.159) 评价这里所提方法和线性自抗扰控制方法对不确定性和外界扰动的抑制性能,得到线性自抗扰控制方法的性能指标为 1.0030×10^{-3},这里所提方法对应的性能指标为 6.8578×10^{-4},说明针对不确定性和外界扰动这里所提方法具有更好的抑制性能;另外,上述线性自抗扰控制方法中状态观测器增益明显大于这里所提方法的状态观测器增益,说明这里所提方法更方便于工程实际应用。

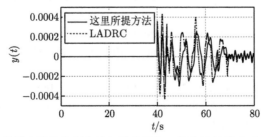

图 6.32　线性自抗扰控制方法与等价输入干扰方法的输出响应对比结果

6.5　本　章　小　结

本章首先考察了重复控制系统的扰动抑制问题，其中扰动分为匹配和不匹配两种；然后重点阐述了基于扰动估计与补偿的主动扰动抑制方法——等价输入干扰方法，并分析了引入该方法后系统扰动抑制性能、跟踪性能和鲁棒性能的变化，证明该方法的引入可以有效抑制非周期扰动且不会对原系统性能造成不利影响；随后进一步总结了几种常用的等价输入干扰估计器结构；最后针对线性系统、时滞系统和不确定性系统，论述了基于等价输入干扰方法的重复控制系统扰动抑制设计方案。

参 考 文 献

[1] Doi M, Masuko M, Ito Y, et al. A study on parametricvibration in chuckwork. Bulletin of the JSME-JAPAN society of Mechanical Engineers, 1985, 28(245): 2774-2780

[2] Zhou L, She J H, Zhang X M, et al. Performance enhancement of RCS and application to tracking control of chuck-workpiece systems. IEEE Transactions on Industrial Electronics, 2020, 67(5): 4056-4065

[3] Liu Z C, Zhang B, Zhou K L, et al. Virtual variable sampling repetitive control of single-phase DC/AC PWM converters. IEEE Journal of Emerging and Selected Topics in Power Electronics, 2019, 7(3): 1837-1845

[4] Su T, Hattori S, Ishida M, et al. Suppression control method for torque vibration of AC motor utilizing repetitive controller with Fourier transform. IEEE Transactions on Industry Applications, 2002, 38(5): 1316-1325

[5] Kobayashi F, Hara S, Tanaka H. Reduction of motor speed fluctuation using repetitive control. Proceedings of the 29th IEEE Conference on Decision and Control, Honolulu, 1990: 1697-1702

[6] Freudenberg J S, Looze D P. Right half plane poles and zeros and design tradeoffs in feedback systems. IEEE Transactions on Automatic Control, 1985, 30(6): 555-565

[7] Francis B A, Wonham W M. Internal model principle of control theory. Automatica, 1976, 12(5): 457-465

[8] Yasuda M, Osaka T, Ikeda M. Feedforward control of a vibration isolation system for disturbance suppression. Proceedings of the 35th IEEE Conference on Decision and Control, Kobe, 1996: 1229-1233

[9] Pawlowski A, Guzmán J L, Normey-Rico J E, et al. Improving feedforward disturbance compensation capabilities in generalized predictive control. Journal of Process Control, 2012, 22(3): 527-539

[10] 傅勤, 曲文波, 杨成梧. 带有界扰动的一类非线性系统的鲁棒控制. 自动化学报, 2007, 33(11): 1209-1210

[11] 韩京清.·自抗扰控制器及其应用. 控制与决策, 1998, 13(1): 19-23

[12] Li P, Wang L, Zhong B, et al. Linear active disturbance rejection control for two-mass systems via singular perturbation approach. IEEE Transactions on Industrial Informatics, 2022, 18(5): 3022-3032

[13] Yang Z Y, Yan Z D, Lu Y F, et al. Double DOF strategy for continuous-wave pulse generator based on extended Kalman filter and adaptive linear active disturbance rejection control. IEEE Transactions on Power Electronics, 2022, 37(2): 1382-1393

[14] Tao L, Wang P, Wang Y F, et al. Variable structure ADRC-based control for load-side buck interface converter: Formation, analysis, and verification. IEEE Transactions on Industrial Electronics, 2022, 69(6): 6236-6246

[15] Sayem A H M, Cao Z W, Man Z H. Performance enhancement of ADRC using RC for load frequency control of power system. Proceedings of the 8th IEEE Conference on Industrial Electronics and Applications, Melbourne, 2013: 433-438

[16] Sayem A H M, Cao Z W, Man Z H, et al. Performance comparison of SO and ESO based RC. Proceedings of the IEEE Conference on Systems, Process & Control, Kuala Lumpur, 2013: 13-15

[17] Li S H, Yang J, Chen W H, et al. Generalized extended state observer based on control for systems with mismatched uncertainties. IEEE Transactions on Industrial Electronics, 2012, 59(12): 4792-4802

[18] Castillo A, Garcia P, Sanz R, et al. Enhanced extended state observer-based control for systems with mismatched uncertainties and disturbances. ISA Transactions, 2018, 73: 1-10

[19] Lee C W, Chung C C. Design of a new multi-loop disturbance observer for optical disk drive systems. IEEE Transactions on Magnetics, 2009, 45(5): 2224-2227

[20] Lim J S, Ryoo J R, Lee Y I, et al. Design of a fixed-order controller for the track-following control of optical disc drives. IEEE Transactions on Control Systems Technology, 2012, 20(1): 205-213

[21] Meng H F, Kang Y, Chen Z Y, et al. Stability analysis and stabilization of a class of cutting systems with chatter suppression. IEEE/ASME Transactions on Mechatronics, 2015, 20(2): 991-996

[22] Jian B L, Wang C C, Chang J Y, et al. Machine tool chatter identification based on dynamic errors of different self-synchronized chaotic systems of various fractional orders. IEEE Access, 2019, 7: 67278-67286

[23] Wang Y, Zhang L, Chen T, et al. Chatter suppression with piezoelectric film for microstructure surface structuring. Proceedings of the 13th Annual IEEE International Conference on Nano/Micro Engineered and Molecular Systems, Singapore, 2018: 599-602

[24] Brand Z, Arogeti S. Extended model and control of regenerative chatter vibrations in orthogonal cutting. Proceedings of the 15th International Conference on Control, Automation, Robotics and Vision, Singapore, 2018: 727-732

[25] Etxebarria A, Barcena R, Mancisidor I. Active control of regenerative chatter in turning by compensating the variable cutting force. IEEE Access, 2020, 8: 224006-224019

[26] She J H, Fang M X, Ohyama Y, et al. Improving disturbance rejection performance based on an equivalent-input-disturbance approach. IEEE Transactions on Industrial Electronics, 2008, 55(1): 380-389

[27] Umeno T, Kaneko T, Hori Y. Robust servosystem design with two degrees of freedom and its application to novel motion control of robot manipulators. IEEE Transactions on Industrial Electronics, 1993, 40(5): 473-485

[28] Komada S, Machii N, Hori T. Control of redundant manipulators considering order of disturbance observer. IEEE Transactions on Industrial Electronics, 2000, 47(2): 413-419

[29] 徐宝岗. 基于等价输入干扰的重复控制系统设计. 长沙: 中南大学, 2012

[30] Liu R J, Liu G P, Wu M, et al. Robust disturbance rejection based on equivalent-input-disturbance approach. IET Control Theory & Applications, 2013, 7(9): 1261-1268

[31] Du Y W, Cao W H, She J H, et al. Disturbance rejection for input-delay system using observer-predictor-based output feedback control. IEEE Transactions on Industrial Informatics, 2020, 16(7): 4489-4497

[32] Cai W J, She J H, Wu M, et al. Disturbance suppression for quadrotor UAV using sliding-mode-observer-based equivalent-input-disturbance approach. ISA Transaction, 2019, 92: 286-297

[33] 胡文金, 周东华. 基于输入等价干扰的 DC-DC 变换器自适应控制. 第 27 届中国控制会议, 昆明, 2008: 38-42

[34] She J H, Xin X, Pan Y D. Equivalent-input-disturbance approach-analysis and application to disturbance rejection in dual-stage feed drive control system. IEEE/ASME Transactions on Mechatronics, 2011, 16(2): 330-340

[35] Yu P, Wu M, She J H, et al. Robust tracking and disturbance rejection for linear uncertain system with unknown state delay and disturbance. IEEE/ASME Transactions on Mechatronics, 2018, 23(3): 1445-1455

[36] Tian S N, Wu M, Zhang M L, et al. Disturbance rejection of two-dimensional repetitive control system based on T-S fuzzy model. Proceedings of the 59th IEEE Conference on Decision and Control, Jeju Island, 2020: 6094-6099

[37] 胡寿松. 自动控制原理. 北京: 科学出版社, 2001

[38] Sakthivel R, Mohanapriya S, Selvaraj P, et al. EID estimator-based modified repetitive control for singular systems with time-varying delay. Nonlinear Dynamics, 2017, 89(2): 1141-1156

[39] Wu M, Xu B G, Cao W H, et al. Disturbance rejection in repetitive-control systems based on equivalent-input-disturbance approach. Proceedings of the 50th IEEE Conference on Decision and Control and European Control Conference, Orlando, 2011: 940-945

[40] Doh T Y, Chung M J. Design of a repetitive controller: An application to the track-following servo system of optical disk drives. IEE Proceedings - Control Theory Applications, 2006, 153(3): 323-330

[41] Zhang X M, Wu M, She J H, et al. Delay-dependent stabilization of linear systems with time-varying state and input delays. Automatica, 2005, 41(8): 1405-1412

[42] 余攀. 基于扰动估计与补偿的鲁棒重复控制. 长沙: 中南大学, 2019

[43] Ben-Israel A, Greville T N E. Generalized Inverses: Theory and Applications. Berlin: Springer Science & Business Media, 2003

[44] Yu P, Wu M, She J H, et al. An improved equivalent-input-disturbance approach for repetitive control system with state delay and disturbance. IEEE Transactions on Industrial Electronics, 2018, 65: 521-531

[45] Yu P, Wu M, She J H, et al. Robust repetitive control and disturbance rejection based on two-dimensional model and equivalent-input-disturbance approach. Asian Journal of Control, 2016, 18(6): 2325-2335

[46] Liu R J, Liu G P, Wu M, et al. Robust disturbance rejection in modified repetitive control system. Systems & Control Letters, 2014, 70(8): 100-108

第 7 章　非线性系统重复控制与扰动抑制

线性系统的重复控制研究取得了不少成果，但非线性普遍存在于实际控制系统中，会影响系统性能，甚至导致系统不稳定。此外，外界扰动也可能会改变非线性系统的平衡点，增加系统设计的难度。重复控制可以有效抑制周期性扰动，但是对于不同周期或者非周期性扰动比较敏感。本章针对非线性系统的重复控制与扰动抑制问题，进行非线性重复控制系统设计。

7.1　非线性系统的重复控制与扰动抑制问题

控制系统各元件的动态特性和静态特性都存在非线性，如饱和、死区和间隙特性[1,2]，也就是说，所有实际系统在严格意义上都是非线性系统。当非线性程度不严重，如死区较小、输入信号幅值较小或传动机构间隙不大时，可以忽略非线性特性的影响；当系统工作在某一数值附近的较小范围内时，可运用小偏差法将非线性模型线性化。以上两种情况可将非线性系统近似为线性系统，采用线性系统方法加以分析和设计。但是，对于非线性程度比较严重或者系统工作范围较大的非线性系统，基于线性化方法难以满足高精度的控制要求，必须针对非线性系统的数学模型，采用非线性控制理论进行研究。

7.1.1　重复控制问题

早期的非线性重复控制主要研究满足一定条件的非线性系统，包括 Lipschitz 条件[3] 或扇形条件[4,5]。Hara 等深入研究了一类满足 Lipschitz 条件的非线性系统周期轨迹高精度跟踪问题[3,6]，利用无源定理，给出了系统 L_2 意义下的稳定性条件，并通过三连杆机械手的周期轨迹控制系统进行了实验验证。Alleyne 等和 Ghosh 等进一步通过融合反馈线性化和反步法[7,8]，丰富了非线性系统的重复控制设计方法[9-11]，使得一些非线性系统可以在一定的限制条件下转化为线性重复控制系统和非线性项的组合，直接应用现有的方法，进行重复控制系统设计。然而，有一些系统的非线性项难以处理，如果简单地应用线性近似理论去研究这类非线性系统的重复控制问题，很难反映非线性系统的本质。例如，采用线性模型综合某一实际系统后，尽管得到的被控对象模型从理论和仿真上都是理想的，但在实际控制中可能会出现系统不稳定或者自持续振荡的情况。

重复控制系统人为地引入了一个正反馈时滞环节[12,13]，而同时处理重复控制系统的这个时滞环节和非线性比较困难。如何准确消除系统非线性对重复控制系统的影响，并深入分析非线性重复控制的特性，对研究非线性系统二维重复控制设计具有重要意义。

非线性系统的重复控制还有以下问题亟待解决：

(1) 非线性系统的执行器非线性及参数不确定容易使闭环系统不稳定，这类问题在线性重复控制系统中可以用频域方法进行分析，但针对非线性系统如何对这类问题进行分析还没有一种统一的方法。

(2) 由于缺乏非线性系统分析和设计的工具，现有的控制方法大多基于精确的非线性数学模型，然而想要获得描述非线性系统特性的精确模型十分困难。对于重复控制这种特殊的跟踪控制，基于非线性模型的重复控制设计具有极大的挑战性。

7.1.2 扰动抑制问题

在实际工程中，具有不同扰动信号的非线性系统，期望的性能指标也不同。可将扰动抑制问题转化为一个 H_2、H_∞ 和 l_1 等的优化控制问题。实际应用中一般要求控制器同时满足多个性能指标，因此通常需要求解多目标优化问题，这增加了系统扰动抑制的难度。

前馈控制能简单有效地处理可测的外界扰动，但是在工程实践中，外界扰动常常无法直接测量或者测量成本高，因而前馈控制方法的应用范围比较有限。对于动态特性未知的扰动，常见的抑制方法有干扰观测器方法[14,15]、自适应控制方法[16,17] 和滑模控制方法[18] 等，但干扰观测器方法可能会导致不稳定的零极点对消，自适应控制方法需要推导系统的误差动力学方程，传统的滑模控制结构容易引起高频振荡。为实现高精度非线性重复控制，迫切需要研究一种既不需要扰动的具体动态特性，又能简单运用到实际系统中的控制方法。

7.2 基于估计与补偿的非线性重复控制

可以将一些特殊的非线性视为扰动，通过估计与补偿的方法抵消其对系统输出的影响。基于估计与补偿的重复控制系统具有两个自由度，可以分别设计非线性补偿和目标跟踪控制，从而使非线性重复控制系统具有较好的综合控制性能。

7.2.1 非线性补偿的思想

非线性系统的分析远比线性系统复杂，常用的线性化方法难以精确地描述和控制非线性系统，缺乏一种有效且能统一处理的数学工具。如何处理非线性特性是一个亟待解决的问题。

很多非线性控制系统先应用麦克劳林级数将非线性系统转化为线性系统或通过微分同胚将非线性系统转化为伪线性系统，然后采用线性系统控制理论进行研究[19]。反馈线性化方法设计简单，广泛用于处理非线性系统的控制问题，但是它需要获取系统的精确模型，在实际控制系统中难以实现，此外，很多非线性特性不满足反馈线性化条件。因此，反馈线性化具有一定的局限性。

对于非线性重复控制系统，如果只关注非线性特性对系统输出的影响，可应用非线性估计与补偿的思想消除非线性对重复控制系统的影响，获取期望的控制性能。Shahruz 等将系统输出分解为线性时不变和与扰动相关的两个部分，构造一个干扰观测器估计并补偿非线性特性对系统的影响。该设计方法可以确保系统具有较好的鲁棒稳定性和鲁棒性能，但是设计干扰观测器需要被控对象的逆模型，即需要精度较高的被控对象模型，限制了该方法的应用[20]。韩京清相继完善了非线性跟踪微分器[21] 和扩张状态观测器[22] 等新型非线性动态结构，并提出了一种有效且不依赖被控对象模型的自抗扰控制方法[23]。该方法将系统不确定性、非线性特性和外界扰动等因素视为总扰动，利用扩张状态观测器直接估计系统状态和总扰动，具有抗干扰能力强、鲁棒稳定性好、可以同时处理系统不确定性和外界扰动等优点，但是自抗扰控制结构相对固定，需要设计的参数多且相互影响，整定较为困难。

这里将非线性对系统输出的影响视为线性重复控制系统的一种外界扰动，采用第 6 章基于等价输入干扰的扰动估计与补偿控制的思想，补偿非线性对重复控制系统输出的影响。

7.2.2 具有执行器非线性的重复控制系统设计

输入死区和间隙是控制系统中常见的两种执行器非线性。它们预测困难，无法直接应用线性系统分析方法进行处理，这里以死区非线性为例，阐述具有执行器非线性的重复控制系统设计方法，基于等价输入干扰实时估计非线性对系统输出的影响，并且将估计值反向补偿到系统的输入端，消除其对重复控制系统性能的影响。

死区非线性常见于测量元件，一般非对称死区非线性如图 7.1 所示，其数学描述如下：

$$\Phi\left[u(t)\right] = \begin{cases} u(t) - r_+, & u(t) > r_+ \\ 0, & r_- \leqslant u(t) \leqslant r_+ \\ u(t) - r_-, & u(t) < r_- \end{cases} \tag{7.1}$$

其中，$r_+ > 0$ 和 $r_- < 0$ 为死区非线性参数。

死区非线性可以分解为

$$\Phi\left[u(t)\right] = u(t) + d\left[u(t)\right] \tag{7.2}$$

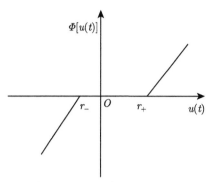

图 7.1 非对称死区非线性

其中，$u(t)$ 为线性相关部分；$d[u(t)]$ 为扰动相关部分，且

$$d[u(t)] = \begin{cases} -r_+, & u(t) > r_+ \\ -u(t), & r_- \leqslant u(t) \leqslant r_+ \\ -r_-, & u(t) < r_- \end{cases} \tag{7.3}$$

1. 问题描述

考虑如图 7.2 所示的重复控制系统，包括被控对象、状态观测器、改进型重复控制器、反馈控制器和等价输入干扰估计器。

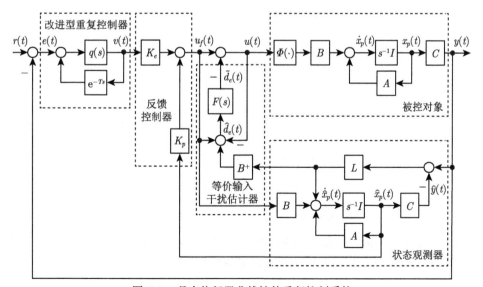

图 7.2 具有执行器非线性的重复控制系统

被控对象为一类具有执行器非线性的标称系统

$$\begin{cases} \dot{x}_p(t) = Ax_p(t) + B\Phi\left[u(t)\right] \\ y(t) = Cx_p(t) \end{cases} \tag{7.4}$$

其中，$x_p \in \mathbb{R}^n$ 为状态变量；$u(t) \in \mathbb{R}^p$ 为控制输入；$y(t) \in \mathbb{R}^q$ 为控制输出；$\Phi\left[u(t)\right]$ 为执行器非线性；A、B 和 C 为具有合适维数的实数矩阵。

将式 (7.2) 代入式 (7.4)，得到

$$\begin{cases} \dot{x}_p(t) = Ax_p(t) + B\left\{u(t) + d\left[u(t)\right]\right\} \\ y(t) = Cx_p(t) \end{cases} \tag{7.5}$$

系统满足如下假设。

假设 7.1　$\left\|d\left[u(t)\right]\right\| \leqslant d_M$，其中 d_M 为已知的正实数。

上述假设为实际条件约束，说明参数 r_+ 和 r_- 有界，由于不知道这些参数的具体值，所以无法直接构造系统的逆模型。

针对被控对象 (7.5)，构造全维状态观测器

$$\begin{cases} \dot{\hat{x}}_p(t) = A\hat{x}_p(t) + Bu_f(t) + L[y(t) - \hat{y}(t)] \\ \hat{y}(t) = C\hat{x}_p(t) \end{cases} \tag{7.6}$$

其中，$\hat{x}_p(t) \in \mathbb{R}^n$ 为观测器的状态变量，用于估计 $x_p(t)$；$u_f(t) \in \mathbb{R}^p$ 为观测器输入；$\hat{y}(t) \in \mathbb{R}^q$ 为观测器输出；L 为观测器增益。

定义

$$x_\delta(t) = x_p(t) - \hat{x}_p(t) \tag{7.7}$$

为重构状态误差，由式 (7.5)~ 式 (7.7) 推导出状态误差方程为

$$\dot{x}_\delta(t) = (A - LC)\,x_\delta(t) + B\left\{u(t) - u_f(t) + d[u(t)]\right\} \tag{7.8}$$

改进型重复控制器的状态空间模型为

$$\dot{v}(t) = -\omega_c v(t) + \omega_c v(t - T) + \omega_c e(t) \tag{7.9}$$

其中，$v(t)$ 为重复控制器的输出；$e(t)$ $[= r(t) - y(t)]$ 为重复控制系统的跟踪误差；ω_c 为低通滤波器 $q(s)$ 的截止频率；T 为参考输入的周期。

基于状态观测器重构的状态反馈建立线性控制律

$$u_f(t) = K_e v(t) + K_p \hat{x}_p(t) \tag{7.10}$$

其中，K_e 为重复控制器的增益；K_p 为状态观测器重构的状态反馈增益。

构造等价输入干扰来等效 $d[u(t)]$ 对系统输出的影响 [24]，等价输入干扰估计值为

$$\hat{d}_e(t) = B^+ LCx_\delta(t) + u_f(t) - u(t) \tag{7.11}$$

引入低通滤波器 $F(s)$ 选择 $\hat{d}_e(t)$ 的频带，滤波后的扰动估计值 $\tilde{d}_e(t)$ 为

$$\tilde{D}_e(s) = F(s)\hat{D}_e(s) \tag{7.12}$$

其中，$\tilde{D}_e(s)$ 和 $\hat{D}_e(s)$ 分别为 $\tilde{d}_e(t)$ 和 $\hat{d}_e(t)$ 的拉普拉斯变换。

$F(s)$ 的设计思想与第 6 章类似，其状态空间模型为

$$\begin{cases} \dot{x}_F(t) = A_F x_F(t) + B_F \hat{d}_e(t) \\ \tilde{d}_e(t) = C_F x_F(t) \end{cases} \tag{7.13}$$

其中，$x_F(t) \in \mathbb{R}$ 为低通滤波器 $F(s)$ 的状态变量；$\tilde{d}_e(t)$ 为经过 $F(s)$ 滤波后的等价输入干扰估计值；A_F、B_F 和 C_F 为具有合适维数的实数矩阵。

由式 (7.10) 和式 (7.13) 可得扰动补偿后的控制律为

$$u(t) = u_f(t) - \tilde{d}_e(t) \tag{7.14}$$

则图 7.2 所示重复控制系统的设计问题为：设计反馈控制器增益 K_e 和 K_p，以及状态观测器增益 L 和等价输入干扰估计器，使系统在控制律 (7.14) 的作用下稳定，同时具有满意的稳态跟踪和扰动抑制性能。

2. 稳定性分析

令 $r(t) = 0$，由式 (7.6)、式 (7.10)、式 (7.11) 和式 (7.13) 得到闭环系统

$$\dot{x}(t) = \tilde{A}x(t) + \tilde{A}_d x(t-T) + \tilde{B}_d d[u(t)] \tag{7.15}$$

其中

$$\begin{cases} x(t) = \begin{bmatrix} \hat{x}_p^{\mathrm{T}}(t) & x_\delta^{\mathrm{T}}(t) & x_F^{\mathrm{T}}(t) & v^{\mathrm{T}}(t) \end{bmatrix}^{\mathrm{T}} \\ \tilde{A} = \begin{bmatrix} A + BK_p & LC & 0 & BK_e \\ 0 & A - LC & -BC_F & 0 \\ 0 & B_F B^+ LC & A_F + B_F C_F & 0 \\ -\omega_c C & -\omega_c C & 0 & -\omega_c I \end{bmatrix} \\ \tilde{A}_d = \begin{bmatrix} 0 & 0 & 0 & 0 \\ 0 & 0 & 0 & 0 \\ 0 & 0 & 0 & 0 \\ 0 & 0 & 0 & \omega_c I \end{bmatrix}, \quad \tilde{B}_d = \begin{bmatrix} 0 \\ B \\ 0 \\ 0 \end{bmatrix} \end{cases} \tag{7.16}$$

基于以上分析，下面的定理给出系统 (7.15) 全局一致最终有界稳定的充分条件[25]。

定理 7.1　给定截止频率 ω_c，正调节参数 β，如果存在正定对称矩阵 X_1、X_{11}、X_{22}、X_3、X_4、Y_1、Y_2、Y_3 和 Y_4，以及合适维度的矩阵 W_1、W_2 和 W_3，使得线性矩阵不等式

$$\begin{bmatrix} \Phi_{11} & \Phi_{12} \\ \star & \Phi_{22} \end{bmatrix} < 0 \tag{7.17}$$

成立，其中输出矩阵 C 的结构奇异值分解式为 $C = U[S\ 0]V^{\mathrm{T}}$，且

$$\begin{cases} X_2 = V \begin{bmatrix} X_{11} & 0 \\ 0 & X_{22} \end{bmatrix} V^{\mathrm{T}} \\[4mm] \Phi_{11} = \begin{bmatrix} \Xi_{11} & \Xi_{12} & \Xi_{13} \\ \star & \Xi_{22} & 0 \\ \star & \star & \Xi_{33} \end{bmatrix} \\[8mm] \Phi_{12} = \begin{bmatrix} X_1 & 0 & 0 & 0 & 0 & 0 & 0 & 0 \\ 0 & X_2 & 0 & 0 & 0 & 0 & 0 & 0 \\ 0 & 0 & X_3 & 0 & 0 & 0 & 0 & 0 \\ 0 & 0 & 0 & X_4 & 0 & 0 & 0 & 0 \\ 0 & 0 & 0 & 0 & Y_1 & 0 & 0 & 0 \\ 0 & 0 & 0 & 0 & 0 & Y_2 & 0 & 0 \\ 0 & 0 & 0 & 0 & 0 & 0 & Y_3 & 0 \\ 0 & 0 & 0 & 0 & 0 & 0 & 0 & Y_4 \\ 0 & 0 & 0 & 0 & 0 & 0 & 0 & 0 \\ 0 & 0 & 0 & 0 & 0 & 0 & 0 & 0 \\ 0 & 0 & 0 & 0 & 0 & 0 & 0 & 0 \\ 0 & 0 & 0 & 0 & 0 & 0 & 0 & 0 \end{bmatrix} \\[4mm] \Phi_{22} = -\beta I \end{cases} \tag{7.18}$$

$$\begin{cases} \Xi_{11} = \begin{bmatrix} \Theta_{11} & W_2 C & 0 & \Theta_{14} \\ \star & \Theta_{22} & \Theta_{23} & -\omega_c X_2 C^{\mathrm{T}} \\ \star & \star & \Theta_{33} & 0 \\ \star & \star & \star & -2\omega_c X_4 \end{bmatrix} \\[8mm] \Xi_{12} = \mathrm{diag}\{0,\ 0,\ 0,\ \omega_c Y_4\} \\ \Xi_{13} = \mathrm{diag}\{X_1,\ X_2,\ X_3,\ X_4\} \\ \Xi_{22} = \mathrm{diag}\{Y_1,\ Y_2,\ Y_3,\ Y_4\} \\ \Xi_{33} = \mathrm{diag}\{Y_1,\ Y_2,\ Y_3,\ Y_4\} \end{cases} \tag{7.19}$$

$$\begin{cases} \Theta_{11} = AX_1 + BW_1 + X_1 A^{\mathrm{T}} + W_1^{\mathrm{T}} B^{\mathrm{T}} \\ \Theta_{14} = BW_3 - \omega_c X_1 C^{\mathrm{T}} \\ \Theta_{22} = AX_2 - W_2 C + X_2 A^{\mathrm{T}} - C^{\mathrm{T}} W_2^{\mathrm{T}} \\ \Theta_{23} = -BC_F X_3 + C^{\mathrm{T}} W_2^{\mathrm{T}} (B^+)^{\mathrm{T}} B_F^{\mathrm{T}} \\ \Theta_{33} = A_F X_3 + B_F C_F X_3 + X_3 A_F^{\mathrm{T}} + X_3 C_F^{\mathrm{T}} B_F^{\mathrm{T}} \end{cases} \tag{7.20}$$

则系统 (7.15) 全局一致最终有界稳定, 并且反馈控制器增益为

$$K_e = W_3 X_4^{-1}, \quad K_p = W_1 X_1^{-1} \tag{7.21}$$

以及状态观测器的增益为

$$L = W_2 U S X_{11}^{-1} S^{-1} U^{\mathrm{T}} \tag{7.22}$$

证明 构造李雅普诺夫泛函

$$V(t) = V_1(t) + V_2(t) \tag{7.23}$$

其中

$$\begin{cases} V_1(t) = x^{\mathrm{T}}(t) P x(t) \\ P = \mathrm{diag}\,\{P_1,\ P_2,\ P_3,\ P_4\} \\ P_1 = X_1^{-1} > 0, \quad P_2 = X_2^{-1} > 0, \quad P_3 = X_3^{-1} > 0, \quad P_4 = X_4^{-1} > 0 \\ V_2(t) = \int_{t-T}^{t} x^{\mathrm{T}}(s) Q x(s) \mathrm{d}s \\ Q = \mathrm{diag}\,\{Q_1,\ Q_2,\ Q_3,\ Q_4\} \\ Q_1 = Y_1^{-1} > 0, \quad Q_2 = Y_2^{-1} > 0, \quad Q_3 = Y_3^{-1} > 0, \quad Q_4 = Y_4^{-1} > 0 \end{cases} \tag{7.24}$$

考虑闭环系统 (7.15), 其泛函增量为

$$\nabla V(t) = \frac{\mathrm{d}V_1(t)}{\mathrm{d}t} + \frac{\mathrm{d}V_2(t)}{\mathrm{d}t} \tag{7.25}$$

其中

$$\begin{cases} \dfrac{\mathrm{d}V_1(t)}{\mathrm{d}t} = 2x^{\mathrm{T}}(t)\, P \dot{x}(t) \\ \dfrac{\mathrm{d}V_2(t)}{\mathrm{d}t} = x^{\mathrm{T}}(t)\, Q x(t) - x^{\mathrm{T}}(t-\tau)\, Q x(t-\tau) \end{cases} \tag{7.26}$$

进一步得到

$$\nabla V(t) = \eta^{\mathrm{T}}(t) \Omega \eta(t) + 2x^{\mathrm{T}}(t) P B_d d\,[u(t)] \tag{7.27}$$

其中

$$\begin{cases} \eta(t) = \begin{bmatrix} x^{\mathrm{T}}(t) & x^{\mathrm{T}}(t-T) \end{bmatrix}^{\mathrm{T}} \\ \Omega = \begin{bmatrix} \Psi_{11} & \Psi_{12} \\ \star & \Psi_{22} \end{bmatrix} \end{cases} \tag{7.28}$$

$$\begin{cases} \Psi_{11} = \begin{bmatrix} \bar{\Psi}_{11}+Q_1 & \bar{\Psi}_{12} & 0 & \bar{\Psi}_{14} \\ \star & \bar{\Psi}_{22}+Q_2 & \bar{\Psi}_{23} & \bar{\Psi}_{24} \\ \star & \star & \bar{\Psi}_{33}+Q_3 & 0 \\ \star & \star & \star & \bar{\Psi}_{44}+Q_4 \end{bmatrix} \\ \Psi_{12} = \begin{bmatrix} 0 & 0 & 0 & 0 \\ 0 & 0 & 0 & 0 \\ 0 & 0 & 0 & 0 \\ 0 & 0 & 0 & \bar{\Psi}_{48} \end{bmatrix} \\ \Psi_{22} = \mathrm{diag}\left\{ -Q_1, \ -Q_2, \ -Q_3, \ -Q_4 \right\} \end{cases} \tag{7.29}$$

$$\begin{cases} \bar{\Psi}_{11} = P_1 A + P_1 B K_p + A^{\mathrm{T}} P_1 + K_p^{\mathrm{T}} B^{\mathrm{T}} P_1 \\ \bar{\Psi}_{12} = P_1 L C \\ \bar{\Psi}_{14} = P_1 B K_e - \omega_c C^{\mathrm{T}} P_4 \\ \bar{\Psi}_{22} = P_2 A - P_2 L C + A^{\mathrm{T}} P_2 - C^{\mathrm{T}} L^{\mathrm{T}} P_2 \\ \bar{\Psi}_{23} = -P_2 B C_F + C^{\mathrm{T}} L^{\mathrm{T}} \left(B^+ \right)^{\mathrm{T}} B_F^{\mathrm{T}} P_3 \\ \bar{\Psi}_{24} = -\omega_c C^{\mathrm{T}} P \\ \bar{\Psi}_{33} = P_3 A_F + P_3 B_F C_F + A_F^{\mathrm{T}} P_3 + C_F^{\mathrm{T}} B_F^{\mathrm{T}} P_3 \\ \bar{\Psi}_{44} = -2\omega_c P_4 \\ \bar{\Psi}_{48} = \omega_c P_4 \end{cases} \tag{7.30}$$

假定存在一个正实数 γ 使得

$$\Omega < -\gamma I \tag{7.31}$$

成立，由假设 7.1 和式 (7.27) 可得

$$\begin{aligned} \nabla V(t) &\leqslant -\gamma x^{\mathrm{T}}(t) x(t) - \gamma x^{\mathrm{T}}(t-T) x(t-T) + 2 d_M \mu \left\| x(t) \right\| \\ &\leqslant -\gamma \| x(t) \|^2 + 2 d_M \mu \left\| x(t) \right\| \\ &\leqslant -\gamma \left\| x(t) \right\| \left(\left\| x(t) \right\| - \frac{2 d_M \mu}{\gamma} \right) \end{aligned} \tag{7.32}$$

其中

$$\mu = \sqrt{\lambda_{\max}(PB_dB_d^{\mathrm{T}}P^{\mathrm{T}})} \tag{7.33}$$

由此可见，如果 $\|x(t)\| > \dfrac{2d_M\mu}{\gamma}$，则 $\nabla V(t)$ 单调递减，从而系统 (7.15) 全局一致最终有界稳定。

不等式 (7.31) 可写为

$$\Theta = \Omega + \gamma I = \begin{bmatrix} \Lambda_{11} & \Lambda_{12} \\ \star & \Lambda_{22} \end{bmatrix} < 0 \tag{7.34}$$

其中

$$\begin{cases} \Lambda_{11} = \begin{bmatrix} \gamma I & P_1 LC & 0 & \bar{\Psi}_{14} \\ \star & \gamma I & \bar{\Psi}_{23} & -\omega_c C^{\mathrm{T}} P \\ \star & \star & \gamma I & 0 \\ \star & \star & \star & \gamma I \end{bmatrix} \\ \quad + \mathrm{diag}\{\bar{\Psi}_{11}+Q_1,\ \bar{\Psi}_{22}+Q_2,\ \bar{\Psi}_{33}+Q_3,\ \bar{\Psi}_{44}+Q_4\} \\ \Lambda_{12} = \mathrm{diag}\{0,\ 0,\ 0,\ \omega_c P_4\} \\ \Lambda_{22} = \mathrm{diag}\{-Q_1+\gamma I,\ -Q_2+\gamma I,\ -Q_3+\gamma I,\ -Q_4+\gamma I\} \end{cases} \tag{7.35}$$

由于矩阵 $\Theta < 0$ 不是线性矩阵不等式，根据定义 3.10 和引理 3.5，存在

$$\bar{X}_2 = USX_{11}S^{-1}U^{\mathrm{T}} \tag{7.36}$$

使得

$$CX_2 = \bar{X}_2 C \tag{7.37}$$

并且

$$\bar{X}_2^{-1} = USX_{11}^{-1}S^{-1}U^{\mathrm{T}} \tag{7.38}$$

由 Schur 补引理 3.4 可知，$\Theta < 0$ 等价于线性矩阵不等式

$$\begin{bmatrix} \Pi_{11} & \Pi_{12} \\ \star & \Pi_{22} \end{bmatrix} < 0 \tag{7.39}$$

其中

$$
\begin{cases}
\Pi_{11} = \begin{bmatrix} \tilde{\Pi}_{11} & \tilde{\Pi}_{12} & \tilde{\Pi}_{13} \\ \star & \tilde{\Pi}_{22} & 0 \\ \star & \star & \tilde{\Pi}_{33} \end{bmatrix} \\
\Pi_{12} = \begin{bmatrix}
\gamma I & 0 & 0 & 0 & 0 & 0 & 0 & 0 \\
0 & \gamma I & 0 & 0 & 0 & 0 & 0 & 0 \\
0 & 0 & \gamma I & 0 & 0 & 0 & 0 & 0 \\
0 & 0 & 0 & \gamma I & 0 & 0 & 0 & 0 \\
0 & 0 & 0 & 0 & \gamma I & 0 & 0 & 0 \\
0 & 0 & 0 & 0 & 0 & \gamma I & 0 & 0 \\
0 & 0 & 0 & 0 & 0 & 0 & \gamma I & 0 \\
0 & 0 & 0 & 0 & 0 & 0 & 0 & \gamma I \\
0 & 0 & 0 & 0 & 0 & 0 & 0 & 0 \\
0 & 0 & 0 & 0 & 0 & 0 & 0 & 0 \\
0 & 0 & 0 & 0 & 0 & 0 & 0 & 0 \\
0 & 0 & 0 & 0 & 0 & 0 & 0 & 0
\end{bmatrix} \\
\Pi_{22} = -\gamma I
\end{cases} \tag{7.40}
$$

$$
\begin{cases}
\tilde{\Pi}_{11} = \begin{bmatrix}
\bar{\Pi}_{11} & P_1 LC & 0 & \bar{\Pi}_{14} \\
\star & \bar{\Pi}_{22} & \bar{\Pi}_{23} & -\omega_c C^{\mathrm{T}} P_4 \\
\star & \star & \bar{\Pi}_{33} & 0 \\
\star & \star & \star & -2\omega_c P_4
\end{bmatrix} \\
\tilde{\Pi}_{12} = \mathrm{diag}\{0,\ 0,\ 0,\ \bar{\Pi}_{48}\} \\
\tilde{\Pi}_{13} = \mathrm{diag}\{Q_1,\ Q_2,\ Q_3,\ Q_4\} \\
\tilde{\Pi}_{22} = \tilde{\Pi}_{33} = -\mathrm{diag}\{Q_1,\ Q_2,\ Q_3,\ Q_4\}
\end{cases} \tag{7.41}
$$

$$
\begin{cases}
\bar{\Pi}_{11} = P_1 A + P_1 B K_p + A^{\mathrm{T}} P_1 + K_p^{\mathrm{T}} B^{\mathrm{T}} P_1 \\
\bar{\Pi}_{14} = P_1 B K_e - \omega_c C^{\mathrm{T}} P_4 \\
\bar{\Pi}_{22} = P_2 A - P_2 LC + A^{\mathrm{T}} P_2 - C^{\mathrm{T}} L^{\mathrm{T}} P_2 \\
\bar{\Pi}_{23} = -P_2 B C_F + C^{\mathrm{T}} L^{\mathrm{T}} (B^+)^{\mathrm{T}} B_F^{\mathrm{T}} P_3 \\
\bar{\Pi}_{33} = P_3 A_F + P_3 B_F C_F + A_F^{\mathrm{T}} P_3 + C_F^{\mathrm{T}} B_F^{\mathrm{T}} P_3 \\
\bar{\Pi}_{48} = \omega_c P_4
\end{cases} \tag{7.42}
$$

定义

$$
\beta = 1/\gamma \tag{7.43}
$$

在式 (7.39) 的两边分别左乘、右乘对角矩阵 $\mathrm{diag}\{X_1,\ X_2,\ X_3,\ X_4,\ Y_1,\ Y_2,\ Y_3,$ $Y_4,\ Y_1,\ Y_2,\ Y_3,\ Y_4,\ \beta I,\ \beta I,\ \beta I,\ \beta I,\ \beta I,\ \beta I,\ \beta I,\ \beta I\}$，可得到线性矩阵不等式 (7.17)。 $\qquad\qquad\square$

3. 控制器设计

根据定理 7.1，下面给出图 7.2 中重复控制器、状态观测器和等价输入干扰估计器参数的设计算法。

算法 7.1 具有执行器非线性的重复控制系统控制器设计算法。

步骤 1 选择低通滤波器 $q(s)$ 的截止频率 ω_c；

步骤 2 设计等价输入干扰估计器的低通滤波器 $F(s)$；

步骤 3 选择调节参数 β 使线性矩阵不等式 (7.17) 成立；

步骤 4 由式 (7.21) 计算反馈控制器增益 K_e 和 K_p；

步骤 5 由式 (7.22) 计算状态观测器增益 L。

4. 数值仿真与分析

假设非线性被控对象 (7.4) 的系数矩阵为

$$A = \begin{bmatrix} -2 & 3 \\ 4 & -5 \end{bmatrix}, \quad B = \begin{bmatrix} 4 \\ 1 \end{bmatrix}, \quad C = \begin{bmatrix} 5 & 0 \end{bmatrix} \tag{7.44}$$

-7.2749 和 0.2749 为系统的两个极点，-5.5700 为系统的零点。由此可知，该系统不稳定。

考虑对周期参考输入

$$r(t) = \sin 5t + \sin 10t \tag{7.45}$$

的跟踪问题。

参考输入周期 $T = 0.4\pi$ s，选择低通滤波器 $q(s)$ 的截止频率 $\omega_c = 50\mathrm{rad/s}$，并且 $F(s)$ 的状态方程系数为

$$A_F = -100, \quad B_F = 100, \quad C_F = 1 \tag{7.46}$$

在 6.4.1 节和 6.4.2 节中，等价输入干扰估计器中的低通滤波器 $F(s) = b/(s+a)$ 必须满足 a 大于 b 的条件才能保证闭环系统镇定，这里将其扩展至 $a = b$ 的情况。

选取调节参数为

$$\beta = 1.122 \times 10^8 \tag{7.47}$$

对应的反馈控制器增益为

$$K_e = 271.7029, \quad K_p = \begin{bmatrix} -61.5937 & -0.2739 \end{bmatrix} \tag{7.48}$$

以及状态观测器的增益为

$$L = \begin{bmatrix} 26381 \\ 19198 \end{bmatrix} \tag{7.49}$$

选取死区参数

$$r_- = -0.5, \quad r_+ = 0.4 \tag{7.50}$$

仿真结果如图 7.3 所示，由此可知，经过 1 个周期后，系统输出便进入稳定状态且具有满意的控制性能。

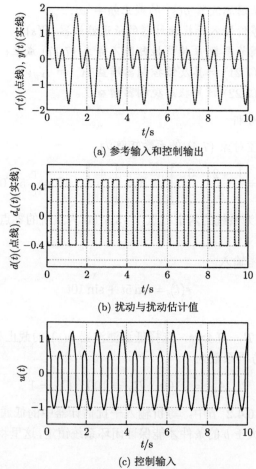

(a) 参考输入和控制输出

(b) 扰动与扰动估计值

(c) 控制输入

图 7.3　存在死区特性时的重复控制系统仿真结果

7.2.3　具有时变非线性的二维重复控制系统设计

针对一类时变非线性重复控制系统，首先采用一个等价总扰动来等效时变非线性和外界扰动对系统输出的影响，然后设计广义等价输入干扰估计器估计并补偿该等价扰动低频部分对系统的影响。与 6.4.2 节改进型等价输入干扰估计器相比，广义等价输入干扰估计器解除了对状态观测器矩阵列满秩的要求，具有更好的扰动抑制性能。

1. 问题描述

考虑如图 7.4 所示的重复控制系统，包括被控对象、状态观测器、双通道重复控制器、反馈控制器和广义等价输入干扰估计器。被控对象为一类时变非线性系统

$$\begin{cases} \dot{x}_p(t) = Ax_p(t) + Bu(t) + F_f f[x_p(t),t] + B_d d(t) \\ y(t) = Cx_p(t) \end{cases} \tag{7.51}$$

其中，$x_p(t) \in \mathbb{R}^n$ 为状态变量；$u(t) \in \mathbb{R}^p$ 为控制输入；$y(t) \in \mathbb{R}^q$ 为控制输出；$f[x_p(t),t] \in \mathbb{R}^{n_f}$ 为考虑了系统参数摄动和未建模动态等影响的未知时变非线性；$d(t) \in \mathbb{R}^{n_d}$ 为未知的外界扰动；A、B、C、F_f 和 B_d 为具有合适维数的实数矩阵，

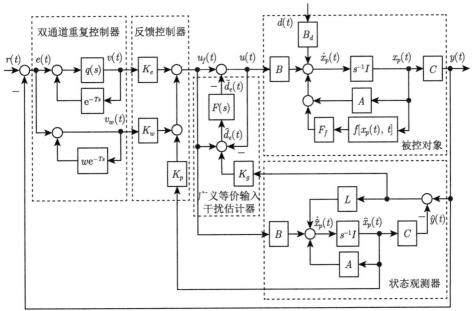

图 7.4 基于广义等价输入干扰估计器的时变非线性重复控制系统

$f[x_p(t),t]$ 和 $d(t)$ 满足如下假设。

假设 7.2 对任意 $t \geqslant 0$，$x(t)$、$z(t) \in \mathbb{R}^n$，非线性函数 $f[\cdot,t]$ 满足

$$f[0,t] = 0, \quad \|f[x(t),t] - f[z(t),t]\| \leqslant \|U[x(t) - z(t)]\| \tag{7.52}$$

其中，U 为已知的常数矩阵。

假设 7.3　$\|d(t)\| \leqslant d_M$，其中 d_M 为已知的正实数。

针对被控对象 (7.51)，构造全维状态观测器 (7.6)，并定义重构状态误差 (7.7)，得到状态误差方程

$$\dot{x}_\delta(t) = (A - LC)x_\delta(t) + B[u(t) - u_f(t)] + F_f f[x_p(t), t] + B_d d(t) \quad (7.53)$$

双通道重复控制器中低通滤波器 $q(s)$ 在前向通道时的状态空间模型为

$$\begin{cases} \dot{v}(t) = -\omega_c v(t) + \omega_c v(t - T) + \omega_c e(t) \\ v_w(t) = w v_w(t - T) + e(t) \end{cases} \quad (7.54)$$

其中，$v(t)$ 和 $v_w(t)$ 为双通道重复控制器的输出；$e(t)$ $[= r(t) - y(t)]$ 为重复控制系统的跟踪误差；ω_c 为低通滤波器 $q(s)$ 的截止频率；T 为参考输入的周期；$w \in [0, 1)$ 为双通道重复控制器的参数，这里低通滤波器 $q(s)$ 的滤波作用从第 1 个周期开始。

注释 7.1　双通道重复控制器具有基本和改进型重复控制器的优点，其中新增正反馈回路的增益 K_w 直接关系到跟踪误差的收敛性，参数 w 作为一个调节参数可以调节控制和学习行为，当 $w = 0$ 时，双通道重复控制器简化为改进型重复控制器，因此，很容易进行两种方法的仿真对比。

基于状态观测器重构的状态反馈建立线性控制律

$$u_f(t) = K_e v(t) + K_w v_w(t) + K_p \hat{x}_p(t) \quad (7.55)$$

其中，K_e 和 K_w 为重复控制器的增益；K_p 为状态观测器重构的状态反馈增益。

广义等价输入干扰估计值为

$$\hat{d}_e(t) = K_g C x_\delta(t) + u_f(t) - u(t) \quad (7.56)$$

其中，K_g 为广义等价输入干扰估计器的增益。

由式 (7.7)、式(7.12)、式(7.13) 和式 (7.55) 可得扰动补偿后的控制律为

$$u(t) = u_f(t) - \tilde{d}_e(t) \quad (7.57)$$

则图 7.4 所示重复控制系统的设计问题为：设计反馈控制器增益 K_e、K_w 和 K_p，以及状态观测器增益 L 和广义等价输入干扰估计器增益 K_g，使系统在控制律 (7.57) 的作用下稳定，同时具有满意的稳态跟踪和扰动抑制性能。

2. 二维混合模型

通过"提升"方法，将图 7.4 所示的重复控制系统等距同构投射到二维空间，得到二维混合模型和二维控制律

$$\begin{cases} \dot{x}(k,\tau) = \tilde{A}x(k,\tau) + \tilde{B}u_f(k,\tau) + \tilde{A}_d x(k-1,\tau) + \tilde{F}_f f[x_p(k,\tau),(k,\tau)] \\ \qquad\quad + \tilde{B}_d d(k,\tau) + \tilde{H}_r r(k,\tau) \\ v_w(k,\tau) = -\tilde{C}x(k,\tau) + w v_w(k-1,\tau) + r(k,\tau) \end{cases}$$

$$(7.58a)$$

$$\begin{aligned} u_f(k,\tau) &= \tilde{K}_p x_p(k,\tau) + K_e v(k,\tau) - K_p x_\delta(k,\tau) \\ &\quad + w K_w v_w(k-1,\tau) + K_w r(k,\tau) \end{aligned}$$

$$(7.58b)$$

其中

$$\begin{cases} x(k,\tau) = \begin{bmatrix} x_p^{\mathrm{T}}(k,\tau) & v^{\mathrm{T}}(k,\tau) & x_\delta^{\mathrm{T}}(k,\tau) & x_F^{\mathrm{T}}(k,\tau) \end{bmatrix}^{\mathrm{T}} \\ \tilde{A} = \begin{bmatrix} A & 0 & 0 & -BC_F \\ -\omega_c C & -\omega_c I & 0 & 0 \\ 0 & 0 & A-LC & -BC_F \\ 0 & 0 & B_F K_g C & A_F + B_F C_F \end{bmatrix}, \quad \tilde{A}_d = \begin{bmatrix} 0 & 0 & 0 & 0 \\ 0 & \omega_c I & 0 & 0 \\ 0 & 0 & 0 & 0 \\ 0 & 0 & 0 & 0 \end{bmatrix} \\ \tilde{B} = \begin{bmatrix} B \\ 0 \\ 0 \\ 0 \end{bmatrix}, \quad \tilde{F}_f = \begin{bmatrix} F_f \\ 0 \\ F_f \\ 0 \end{bmatrix}, \quad \tilde{B}_d = \begin{bmatrix} B_d \\ 0 \\ B_d \\ 0 \end{bmatrix}, \quad \tilde{H}_r = \begin{bmatrix} 0 \\ \omega_c I \\ 0 \\ 0 \end{bmatrix} \\ \tilde{C} = \begin{bmatrix} C & 0 & 0 & 0 \end{bmatrix}, \quad \tilde{K}_p = K_p - K_w C \end{cases}$$

$$(7.59)$$

由此可见, 图 7.4 所示的重复控制系统设计问题等价为: 设计二维控制律增益, 使二维混合系统 (7.58) 稳定, 同时具有满意的稳态跟踪性能和扰动抑制性能。

3. 稳定性分析

将二维控制律 (7.58b) 代入二维混合模型 (7.58a), 得到二维闭环系统

$$\begin{cases} \begin{bmatrix} \dot{x}(k,\tau) \\ v_w(k,\tau) \end{bmatrix} = \begin{bmatrix} \tilde{A}_{cl} & \tilde{B}_w \\ -\tilde{C} & w \end{bmatrix} \begin{bmatrix} x(k,\tau) \\ v_w(k-1,\tau) \end{bmatrix} + \begin{bmatrix} \tilde{A}_d & 0 \\ 0 & 0 \end{bmatrix} \begin{bmatrix} x(k-1,\tau) \\ v_w(k-2,\tau) \end{bmatrix} \\ \qquad\qquad + \begin{bmatrix} h_r(k,\tau) \\ r(k,\tau) \end{bmatrix} + \begin{bmatrix} \tilde{F}_f \\ 0 \end{bmatrix} f[x_p(k,\tau),(k,\tau)] + \begin{bmatrix} \tilde{B}_d \\ 0 \end{bmatrix} d(k,\tau) \\ y(k,\tau) = \begin{bmatrix} \tilde{C} & 0 \end{bmatrix} \begin{bmatrix} x(k,\tau) \\ v_w(k-1,\tau) \end{bmatrix} \end{cases}$$

$$(7.60)$$

其中

$$
\begin{cases}
\tilde{A}_{cl} = \begin{bmatrix} A + B\tilde{K}_p & BK_e & -BK_p & -BC_F \\ -\omega_c C & -\omega_c I & 0 & 0 \\ 0 & 0 & A - LC & -BC_F \\ 0 & 0 & B_F K_g C & A_F + B_F C_F \end{bmatrix}, \quad \tilde{B}_w = \begin{bmatrix} wBK_w \\ 0 \\ 0 \\ 0 \end{bmatrix} \\[4mm]
h_r(k, \tau) = \begin{bmatrix} BK_w r(k, \tau) \\ \omega_c r(k, \tau) \\ 0 \\ 0 \end{bmatrix}
\end{cases}
$$

$$(7.61)$$

由式 (7.60) 可知，反馈控制律增益 $\{K_e, K_w, K_p\}$ 和状态观测器以及广义等价输入干扰估计器增益 $\{L, K_g\}$ 分散在矩阵 $\tilde{A}_{cl}$ 中。为了降低闭环控制系统设计的保守性，这里将分开设计 $\{K_e, K_w, K_p\}$ 和 $\{L, K_g\}$。

下面的引理用来推导系统稳定性条件。

引理 7.1 [26]　设 H 和 E 为具有合适维数的实矩阵，对任意 $g_1(t) \in \mathbb{R}^n$、$g_2(t) \in \mathbb{R}^n$ 以及正数 ε，不等式

$$
2g_1^{\mathrm{T}}(t) H E g_2(t) \leqslant \varepsilon^{-1} g_1^{\mathrm{T}}(t) H H^{\mathrm{T}} g_1(t) + \varepsilon g_2^{\mathrm{T}}(t) E^{\mathrm{T}} E g_2(t) \tag{7.62}
$$

成立。

下面的定理给出系统 (7.60) 渐近稳定的充分条件 [27]。

定理 7.2　给定截止频率 ω_c 和 $w \in [0, 1)$，正调节参数 χ、γ 和 μ，反馈控制律增益 $\{K_e, K_w, K_p\}$，如果存在正数 $\{\varepsilon_1, \cdots, \varepsilon_5\}$，正定对称矩阵 P、Q 和 R，以及具有合适维数的矩阵 W_1，使得线性矩阵不等式

$$
\begin{bmatrix}
\Phi_{11} & \mu P\tilde{A}_d & \Phi_{13} & -\tilde{C}^{\mathrm{T}} R & \mu P\tilde{F}_f & \mu P\tilde{B}_d & \tilde{C}^{\mathrm{T}} R & 0 & \mu P & \varepsilon_1 \tilde{U}^{\mathrm{T}} \\
\star & -Q & 0 & 0 & 0 & 0 & 0 & 0 & 0 & 0 \\
\star & \star & \Phi_{33} & 0 & 0 & 0 & 0 & wR & 0 & 0 \\
\star & \star & \star & -R & 0 & 0 & 0 & 0 & 0 & 0 \\
\star & \star & \star & \star & -\varepsilon_1 & 0 & 0 & 0 & 0 & 0 \\
\star & \star & \star & \star & \star & -\varepsilon_2 & 0 & 0 & 0 & 0 \\
\star & \star & \star & \star & \star & \star & -\varepsilon_3 & 0 & 0 & 0 \\
\star & \star & \star & \star & \star & \star & \star & -\varepsilon_4 & 0 & 0 \\
\star & \star & \star & \star & \star & \star & \star & \star & -\varepsilon_5 & 0 \\
\star & \star & \star & \star & \star & \star & \star & \star & \star & -\varepsilon_1
\end{bmatrix} < 0
$$

$$(7.63)$$

成立, 其中

$$
\begin{cases}
\varPhi_{11} = \mu P \tilde{A}_L + \mu \tilde{A}_L^{\mathrm{T}} P - \mu \tilde{W}_1 \tilde{C}_L - \mu \tilde{C}_L^{\mathrm{T}} \tilde{W}_1^{\mathrm{T}} + Q \\
\varPhi_{13} = \mu P \tilde{B}_w - w \tilde{C}^{\mathrm{T}} R \\
\varPhi_{33} = (w^2 - 1) R \\
\tilde{A}_L = \begin{bmatrix} A + B\tilde{K}_p & BK_e & -BK_p & -BC_F \\ -\omega_c C & -\omega_c I & 0 & 0 \\ 0 & 0 & A & -BC_F \\ 0 & 0 & 0 & A_F + B_F C_F \end{bmatrix}, \quad \tilde{U} = \begin{bmatrix} U \\ 0 \\ 0 \\ 0 \end{bmatrix} \\
\tilde{C}_L = \begin{bmatrix} 0 & 0 & C & 0 \end{bmatrix}, \quad \tilde{W}_1 = \begin{bmatrix} 0 \\ W_1 \end{bmatrix} \\
P = \begin{bmatrix} P_1 & 0 \\ \star & P_2 \end{bmatrix}, \quad P_1 = \begin{bmatrix} P_{111} & P_{112} \\ \star & P_{122} \end{bmatrix}, \quad P_2 = \begin{bmatrix} \chi P_{211} & P_{212} \\ \star & \gamma P_{222} \end{bmatrix}
\end{cases}
\tag{7.64}
$$

则系统 (7.60) 有界输入有界输出稳定, 特别地, 当 $r(t) = 0$ 和 $d(t) = 0$ 时, 系统 (7.60) 渐近稳定, 并且状态观测器和广义等价输入干扰估计器的增益为

$$
L = \begin{bmatrix} I_n & 0 \end{bmatrix} P_2^{-1} W_1, \quad K_g = -B_F^{-1} \begin{bmatrix} 0 & I \end{bmatrix} P_2^{-1} W_1
\tag{7.65}
$$

证明 构造二维李雅普诺夫泛函

$$
V(k, \tau) = V_1(k, \tau) + V_2(k, \tau) + V_3(k, \tau) + V_4(k, \tau)
\tag{7.66}
$$

其中

$$
\begin{cases}
V_1(k, \tau) = x^{\mathrm{T}}(k, \tau) \mu P x(k, \tau), \ P > 0 \\
V_2(k, \tau) = \displaystyle\int_{\tau-T}^{\tau} x^{\mathrm{T}}(k, s) Q x(k, s) \mathrm{d}s, \ Q > 0 \\
V_3(k, \tau) = \displaystyle\int_{\tau-T}^{\tau} v_w^{\mathrm{T}}(k, s) R v_w(k, s) \mathrm{d}s, \ R > 0 \\
V_4(k, \tau) = \varepsilon_1 \displaystyle\int_0^{\tau} \left\{ \|U x_p(k, s)\|^2 - \|f[x_p(k, s), (k, s)]\|^2 \right\} \mathrm{d}s, \ \varepsilon_1 > 0
\end{cases}
\tag{7.67}
$$

考虑闭环系统 (7.60), 由式 (7.52) 可得其泛函增量为

$$
\begin{aligned}
& \nabla V(k, \tau) \\
& \leqslant 2\mu x^{\mathrm{T}}(k, \tau) P \dot{x}(k, \tau) - x^{\mathrm{T}}(k-1, \tau) Q x(k-1, \tau) - v_w^{\mathrm{T}}(k-1, \tau) R v_w(k-1, \tau) \\
& \quad + v_w^{\mathrm{T}}(k, \tau) R v_w(k, \tau) + \varepsilon_1 \left\{ \|U x_p(k, \tau)\|^2 - \|f[x_p(k, \tau), (k, \tau)]\|^2 \right\} \\
& \quad + x^{\mathrm{T}}(k, \tau) Q x(k, \tau)
\end{aligned}
$$

$$
\begin{aligned}
&\leqslant 2\mu x^{\mathrm{T}}(k,\tau)P(\tilde{A}_L-\tilde{L}\tilde{C}_L)x(k,\tau)+2\mu x^{\mathrm{T}}(k,\tau)P\tilde{A}_d x(k-1,\tau)\\
&\quad+2\mu x^{\mathrm{T}}(k,\tau)P\hat{B}_{cl}v_w(k-1,\tau)+x^{\mathrm{T}}(k,\tau)Qx(k,\tau)-x^{\mathrm{T}}(k-1,\tau)Qx(k-1,\tau)\\
&\quad+\varepsilon_1\|Ux_p(k,\tau)\|^2+\frac{\mu^2}{\varepsilon_1}x^{\mathrm{T}}(k,\tau)P\tilde{F}_f\tilde{F}_f^{\mathrm{T}}Px(k,\tau)+\varepsilon_2 d^{\mathrm{T}}(k,\tau)d(k,\tau)\\
&\quad+\frac{\mu^2}{\varepsilon_2}x^{\mathrm{T}}(k,\tau)P\tilde{B}_d\tilde{B}_d^{\mathrm{T}}Px(k,\tau)+\varepsilon_3 r^{\mathrm{T}}(k,\tau)r(k,\tau)+\frac{1}{\varepsilon_3}x^{\mathrm{T}}(k,\tau)\bar{C}^{\mathrm{T}}R^{\mathrm{T}}R\bar{C}x(k,\tau)\\
&\quad+\varepsilon_4 r^{\mathrm{T}}(k,\tau)r(k,\tau)+\frac{1}{\varepsilon_4}w^2 v_w^{\mathrm{T}}(k-1,\tau)R^{\mathrm{T}}Rv_w(k-1,\tau)+\varepsilon_5 h_r^{\mathrm{T}}(k,\tau)h_r(k,\tau)\\
&\quad+\frac{\mu^2}{\varepsilon_5}x^{\mathrm{T}}(k,\tau)PPx(k,\tau)+(w^2-1)v_w^{\mathrm{T}}(k-1,\tau)Rv_w(k-1,\tau)+r^{\mathrm{T}}(k,\tau)Rr(k,\tau)\\
&\quad+x^{\mathrm{T}}(k,\tau)\tilde{C}^{\mathrm{T}}R\tilde{C}x(k,\tau)-wx^{\mathrm{T}}(k,\tau)\tilde{C}^{\mathrm{T}}Rv_w(k-1,\tau)\\
&\leqslant \eta^{\mathrm{T}}(k,\tau)\Xi\eta(k,\tau)+\varepsilon_2 d^{\mathrm{T}}(k,\tau)d(k,\tau)+(\varepsilon_3+\varepsilon_4)r^{\mathrm{T}}(k,\tau)r(k,\tau)\\
&\quad+\varepsilon_5 h_r^{\mathrm{T}}(k,\tau)h_r(k,\tau)+r^{\mathrm{T}}(k,\tau)Rr(k,\tau)
\end{aligned}
\tag{7.68}
$$

其中

$$
\left\{
\begin{aligned}
&\eta(k,\tau)=\begin{bmatrix} x^{\mathrm{T}}(k,\tau) & x^{\mathrm{T}}(k-1,\tau) & v_w^{\mathrm{T}}(k-1,\tau)\end{bmatrix}^{\mathrm{T}}\\
&\Xi=\begin{bmatrix} \Xi_{11} & P\tilde{A}_d & P\tilde{B}_w-w\tilde{C}^{\mathrm{T}}R\\ \star & -Q & 0\\ \star & \star & (w^2-1)R+\dfrac{1}{\varepsilon_4}w^2 R^{\mathrm{T}}R\end{bmatrix}
\end{aligned}
\right.
\tag{7.69}
$$

$$
\left\{
\begin{aligned}
&\Xi_{11}=\mu P\tilde{A}_L+\mu \tilde{A}_L^{\mathrm{T}}P-\mu P\tilde{L}\bar{C}_L-\mu\tilde{C}_L^{\mathrm{T}}\tilde{L}^{\mathrm{T}}P+Q+\varepsilon_1\tilde{U}^{\mathrm{T}}\tilde{U}\\
&\qquad+\frac{\mu^2}{\varepsilon_1}P\tilde{F}_f\tilde{F}_f^{\mathrm{T}}P+\frac{\mu^2}{\varepsilon_2}P\tilde{B}_d\tilde{B}_d^{\mathrm{T}}P+\frac{1}{\varepsilon_3}\tilde{C}^{\mathrm{T}}R^{\mathrm{T}}R\tilde{C}+\frac{\mu^2}{\varepsilon_5}PP+\tilde{C}^{\mathrm{T}}R\tilde{C}\\
&\tilde{L}=\begin{bmatrix} 0\\ \bar{L}\end{bmatrix},\quad \bar{L}=\begin{bmatrix} L\\ -B_F K_g\end{bmatrix}
\end{aligned}
\right.
\tag{7.70}
$$

可见，如果 $\Xi<0$ 且参考输入 $r(t)\in L_2[0,\infty)$，外界扰动 $d(t)\in L_2[0,\infty)$，则系统 (7.60) 有界输入有界输出稳定。特别地，当 $r(t)=0$ 和 $d(t)=0$ 时，系统渐近稳定。

定义

$$
\tilde{W}_1=P\tilde{L},\quad W_1=P_2\bar{L}
\tag{7.71}
$$

其中

$$\tilde{W}_1 = \begin{bmatrix} 0 \\ W \end{bmatrix} \tag{7.72}$$

由 Schur 补引理 3.4 可知，$\Xi < 0$ 等价于线性矩阵不等式 (7.63)。 □

为了设计反馈控制器的增益 $\{K_e, K_w, K_p\}$，考虑理想情况，即广义等价输入干扰估计器完全补偿时变非线性和外界扰动对系统输出的影响，可得系统的一个简化子系统和线性控制律

$$\begin{cases} \dot{x}_p(k,\tau) = Ax_p(k,\tau) + Bu(k,\tau) \\ \dot{v}(k,\tau) = -\omega_c v(k,\tau) + \omega_c v(k-1,\tau) - \omega_c Cx_p(k,\tau) \\ v_w(k,\tau) = wv_w(k-1,\tau) - Cx_p(k,\tau) \end{cases} \tag{7.73a}$$

$$u(k,\tau) = K_e v(k,\tau) + K_w v_w(k,\tau) + K_p x_p(k,\tau) \tag{7.73b}$$

基于以上分析，下面的定理给出理想子系统 (7.73) 渐近稳定的充分条件[27]。

定理 7.3 对于定理 7.2 中给定的截止频率 ω_c 和 $w \in [0,1)$，正调节参数 α 和 β，如果存在正定对称矩阵 X、Y 和 Z，以及具有合适维数的矩阵 W_2 和 W_3，使得线性矩阵不等式

$$\begin{bmatrix} \Phi_{11} & \alpha\hat{A}_d X & \beta w\hat{B}W_3 - w\alpha X\hat{C}^{\mathrm{T}} & -\alpha X\hat{C}^{\mathrm{T}} \\ \star & -Y & 0 & 0 \\ \star & \star & \beta(w^2-1)Z & 0 \\ \star & \star & \star & -\beta Z \end{bmatrix} < 0 \tag{7.74}$$

成立，其中

$$\begin{cases} \Phi_{11} = \alpha\hat{A}X + \alpha X\hat{A}^{\mathrm{T}} + \alpha\hat{B}W_2 + \alpha W_2^{\mathrm{T}}\hat{B}^{\mathrm{T}} + Y \\ \hat{A} = \begin{bmatrix} A & 0 \\ -\omega_c C & -\omega_c I \end{bmatrix}, \ \hat{B} = \begin{bmatrix} B \\ 0 \end{bmatrix}, \ \hat{A}_d = \begin{bmatrix} 0 & 0 \\ 0 & \omega_c I \end{bmatrix}, \ \hat{C} = \begin{bmatrix} C & 0 \end{bmatrix} \end{cases} \tag{7.75}$$

则系统 (7.73) 渐近稳定，并且反馈控制器增益为

$$K_e = W_2 X^{-1}[\ 0 \quad I\ ]^{\mathrm{T}}, \ K_w = W_3 Z^{-1}, \ K_p = K_w C + W_2 X^{-1}[\ I_n \quad 0\ ]^{\mathrm{T}} \tag{7.76}$$

证明 构造二维李雅普诺夫泛函

$$V(k,\tau) = V_1(k,\tau) + V_2(k,\tau) + V_3(k,\tau) \tag{7.77}$$

其中

$$
\begin{cases}
V_1(k,\tau) = x^{\mathrm T}(k,\tau)(\alpha X)^{-1}x(k,\tau), \quad X > 0 \\
V_2(k,\tau) = \displaystyle\int_{\tau-T}^{\tau} x^{\mathrm T}(k,s)Y^{-1}x(k,s)\mathrm ds, \quad Y > 0 \\
V_3(k,\tau) = \displaystyle\int_{\tau-T}^{\tau} v_w^{\mathrm T}(k,s)(\beta Z)^{-1}v_w(k,s)\mathrm ds, \quad Z > 0 \\
x(k,\tau) = [\ x_p^{\mathrm T}(k,\tau) \quad v^{\mathrm T}(k,\tau)\ ]^{\mathrm T}
\end{cases}
\tag{7.78}
$$

定理 7.3 的证明与定理 7.2 的证明类似，所以这里省略。　　　　　　□

在实际系统中，时变非线性使得分离定理不再适用，即无法得到理想子系统 (7.73)。但是，通过分离设计 $\{K_e,\ K_w,\ K_p\}$ 和 $\{L,\ K_g\}$ 可以降低系统设计的保守性。下面说明基于定理 7.3 设计的 $\{K_e,\ K_w,\ K_p\}$ 是确保定理 7.2 成立的合理性[27]。

定理 7.2 中线性矩阵不等式 (7.63) 成立的一个必要条件是不等式

$$
\begin{bmatrix}
\Phi_{11} & \mu P\bar A_d & \Phi_{13} & -\bar C^{\mathrm T}R \\
\star & -Q & 0 & 0 \\
\star & \star & \Phi_{33} & 0 \\
\star & \star & \star & -R
\end{bmatrix} < 0
\tag{7.79}
$$

成立，在式 (7.79) 的两边分别左乘、右乘对角矩阵 $\mathrm{diag}\{(\mu P)^{-1},\ (\mu P)^{-1},\ R^{-1},\ R^{-1}\}$ 得到

$$
\begin{bmatrix}
\tilde\Phi_{11} & \tilde A_d(\mu P)^{-1} & \tilde\Phi_{13} & -(\mu P)^{-1}\tilde C^{\mathrm T} \\
\star & -(\mu P)^{-1}Q(\mu P)^{-1} & 0 & 0 \\
\star & \star & \tilde\Phi_{33} & 0 \\
\star & \star & 0 & R^{-1}
\end{bmatrix} < 0
\tag{7.80}
$$

其中

$$
\begin{cases}
\tilde\Phi_{11} = \tilde A_{cl}(\mu P)^{-1} + (\mu P)^{-1}\tilde A_{cl}^{\mathrm T} + (\mu P)^{-1}Q(\mu P)^{-1} \\
\tilde\Phi_{13} = \tilde B_w R^{-1} - w(\mu P)^{-1}\tilde C^{\mathrm T} \\
\tilde\Phi_{33} = (w^2 - 1)R^{-1}
\end{cases}
\tag{7.81}
$$

在式 (7.80) 的两边分别左乘、右乘矩阵 $\Upsilon^{\mathrm T}$ 和 Υ，并设

$$
(\mu P)^{-1} = \mathrm{diag}\{\alpha X, S\}, \quad (\mu P)^{-1}Q(\mu P)^{-1} = \begin{bmatrix} Y & S \\ \star & S \end{bmatrix}, \quad R^{-1} = \beta Z
\tag{7.82}
$$

其中

$$\begin{cases} S = \mu \begin{bmatrix} \chi P_{211} & P_{212} \\ \star & \gamma P_{222} \end{bmatrix} \\ \varUpsilon = \begin{bmatrix} I_{n+1} & 0 & 0 & 0 & 0 & 0 \\ 0 & 0 & I_{n+1} & 0 & 0 & 0 \\ 0 & 0 & 0 & 0 & 1 & 0 \\ 0 & 0 & 0 & 0 & 0 & 1 \\ 0 & I_{n+1} & 0 & 0 & 0 & 0 \\ 0 & 0 & 0 & I_{n+1} & 0 & 0 \end{bmatrix} \end{cases} \tag{7.83}$$

由此可见，式 (7.74) 左边矩阵与上述矩阵左上方 $n+1$ 行、$n+1$ 列的子矩阵相同，即定理 7.3 是定理 7.2 的一个必要条件。

4. 控制器设计

选取性能评价指标函数

$$J = \frac{1}{2} \sum_{k=0}^{9} \int_{kT}^{(k+1)T} e^2(t)\mathrm{d}t \tag{7.84}$$

评价调节参数对系统性能的影响。

根据定理 7.2 和定理 7.3，下面给出图 7.4 中重复控制器、状态观测器和广义等价输入干扰估计器参数的设计算法。

算法 7.2 基于广义等价输入干扰估计器的时变非线性重复控制系统控制器设计算法。

步骤 1 选择低通滤波器 $q(s)$ 的截止频率 ω_c 和双通道重复控制器参数 w；

步骤 2 设计广义等价输入干扰估计器的低通滤波器 $F(s)$；

步骤 3 选择调节参数 χ、γ、μ、α 和 β 使线性矩阵不等式 (7.63) 和式 (7.74) 成立，并以这组参数为中心扩大各参数范围得到调节参数范围；

步骤 4 基于选定的参数范围和系统性能评价指标，利用网格搜索算法寻找使闭环系统 (7.60) 性能最优的调节参数；

步骤 5 由式 (7.65) 计算状态观测器和广义等价输入干扰估计器的增益 $\{L, K_g\}$；

步骤 6 由式 (7.76) 计算反馈控制器增益 $\{K_e, K_w, K_p\}$。

注释 7.2 线性系统不会改变信号的频率成分，但是时变非线性会使系统产生与外界信号频率不同的低频和高频信号成分，为了保证系统的控制性能，还需要分析系统对这些信号的处理能力。图 7.4 所示重复控制系统可以看成线性和非线性部分的串联，基于描述函数分析方法[28]，线性部分能够压制或过滤时变非线性带来的高频信号成分。也就是说，如果广义等价输入干扰估计器能够估计时变非线性带来的低频信号成分，就能在一定程度上确保系统对非线性和扰动的抑制性能。

注释 7.3　与基本等价输入干扰方法相比，这里所提方法一方面没有引入矩阵可交换约束条件，降低了系统设计的保守性 (详细分析请参考 6.4.2 节)；另一方面实现了 $\{K_e,\ K_w,\ K_p\}$ 和 $\{L,\ K_g\}$ 的分步求解，虽然多计算了一个线性矩阵不等式，但是降低了闭环系统稳定性条件的保守性。此外，设计算法中充分考虑了反馈控制器、状态观测器和广义等价输入干扰估计器增益的相互作用关系，能够优化重复控制系统的综合性能。

5. 数值仿真与分析

假设非线性被控对象 (7.51) 的系数矩阵为

$$
\begin{cases}
A = \begin{bmatrix} 0 & 1 \\ -1 & -1 \end{bmatrix},\ B = \begin{bmatrix} 0 \\ 1 \end{bmatrix},\ B_d = \begin{bmatrix} 1 \\ 1.2 \end{bmatrix},\ C = \begin{bmatrix} 1 & 1 \end{bmatrix} \\
F_f = \begin{bmatrix} 0.7 & 0 \\ 0 & 0.8 \end{bmatrix},\ f\,[x(t),t] = \begin{bmatrix} x_2(t)\sin 10t \\ x_1(t)\sin 15t \end{bmatrix},\ U = \begin{bmatrix} 1 & 0 \\ 0 & 1 \end{bmatrix}
\end{cases}
\tag{7.85}
$$

考虑对周期参考输入

$$
r(t) = \begin{cases}
|2t + 0.5| - 0.5, & 0 \leqslant t \leqslant 0.5\text{s} \\
|2t - 2| - 2, & 0.5 < t \leqslant 2\text{s} \\
r(t - 2), & t > 2\text{s}
\end{cases}
\tag{7.86}
$$

的跟踪问题以及对外界扰动

$$
d(t) = 8\sin 1.5\pi t + 8\tanh(t - 8) - 8\tanh(t - 4),\quad 2 \leqslant t \leqslant 10\text{s}
\tag{7.87}
$$

的抑制问题。参考输入和外界扰动如图 7.5 所示。

参考输入周期 $T = 2\text{s}$，选择低通滤波器 $q(s)$ 的截止频率 $\omega_c = 100\text{rad/s}$，双通道重复控制器参数 $w = 0.9999$，并且 $F(s)$ 的状态方程系数为

$$
A_F = -100,\quad B_F = 100,\quad C_F = 1
\tag{7.88}
$$

调节参数 χ、γ、μ、α 和 β 的搜索范围以及搜索步长为

$$
\begin{cases}
\chi = 1,\ \gamma \in [1 \times 10^{-7}\quad 5 \times 10^{-7}],\ \mu \in [0.01\quad 0.05] \\
\alpha \in [0.1\quad 0.5],\ \beta \in [0.015\quad 0.025] \\
\Delta\chi = 0,\ \Delta\gamma = 0.01,\ \Delta\mu = 1 \times 10^{-7},\ \Delta\alpha = 0.1,\ \Delta\beta = 0.001
\end{cases}
\tag{7.89}
$$

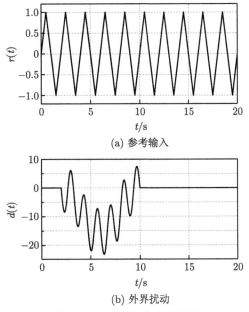

图 7.5　参考输入和外界扰动

控制增益 K_e 过大会放大系统的测量噪声，进而恶化系统的控制性能。在应用网格搜索算法优化调节参数时，限制 K_e 取值不大于 1.5×10^3。基于性能评价指标函数 (7.84)，最终选取调节参数为

$$\chi = 1, \quad \gamma = 1 \times 10^{-7}, \quad \mu = 0.01, \quad \alpha = 0.3, \quad \beta = 0.021 \tag{7.90}$$

对应的反馈控制器、状态观测器和广义等价输入干扰估计器增益分别为

$$\begin{cases} K_e = 1.2541 \times 10^3, \ K_w = 2.1621, \ K_p = \begin{bmatrix} -18.2237 & -15.2257 \end{bmatrix} \\ L = \begin{bmatrix} -13.3160 \\ 50.0849 \end{bmatrix}, \ K_g = 3.4059 \times 10^2 \end{cases} \tag{7.91}$$

此时最优的性能评价指标函数值为

$$J = 5.4769 \times 10^{-5} \tag{7.92}$$

仿真结果如图 7.6 所示，由此可知，非线性重复控制系统的最大瞬态跟踪误差为 1.4185×10^{-2}，稳态跟踪误差为 2.6525×10^{-4}，并且外界扰动和不确定性在系统输出端被抑制到 9.4456×10^{-4}，系统具有满意的跟踪控制性能和扰动抑制性能。

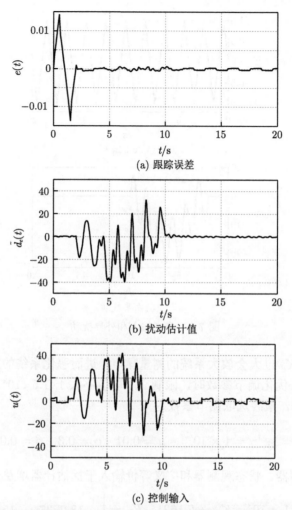

图 7.6　基于广义等价输入干扰估计器的时变非线性重复控制系统仿真结果

计算系统线性部分的传递函数 $G_L(s)$，即时变非线性 $F_f f\,[x(t),t]$ 的输出端到其输入端的传递函数 $G_L(s)$，得到

$$G_L(s) = [sI - A + G_1(s) - G_2(s)G_3(s)]^{-1} \qquad (7.93)$$

其中

$$\begin{cases} G_1(s) = B\,[G_{\text{MRC}}(s) + G_{\text{GEID}}(s)]\,C \\ G_2(s) = B\,[K_p + G_{\text{GEID}}(s)]\,C \\ G_3(s) = [sI - (A + BK_p) + LC]^{-1}\,[-BG_{\text{MRC}}(s)C + LC] \end{cases} \qquad (7.94)$$

$$\begin{cases} G_{\text{MRC}}(s) = \dfrac{K_e q(s)}{1 - q(s)\mathrm{e}^{-Ts}} + \dfrac{K_w}{1 - w\mathrm{e}^{-Ts}} \\ G_{\text{GEID}}(s) = \dfrac{B_F}{s - A_F - B_F} K_g \end{cases} \tag{7.95}$$

将时变非线性 $F_f f[x(t),t]$ 看成一个高频信号发生器,通过 $CG_L(s)$ 的幅频特性说明线性部分对高频成分信号的抑制特性。由于 $CG_L(s)$ 中两个传递函数的幅频特性相似,下面仅画出第一项的幅频特性曲线。由图 7.7 可知,系统具有很好的低通特性。

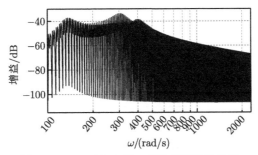

图 7.7 $CG_L(s)$ 中第一项的幅频特性曲线

为了检验这里所提方法在实际应用中的效果,将有限带宽的白噪声 (信噪比为 26dB) 加入到系统输出端,仿真结果如图 7.8 所示,由此可知,该方法具有很好的噪声抑制性能。

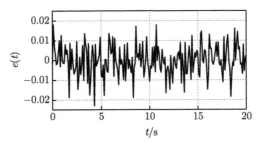

图 7.8   考虑测量噪声时重复控制系统的跟踪误差

在 6.3.3 节中详细分析和比较了广义等价输入干扰估计器与广义扩张状态观测器。下面探究这两种方法对不匹配扰动的估计和补偿性能。通过网格搜索算法寻找最小化性能评价指标函数 (7.84) 的最优补偿控制增益 K_d,搜索范围和搜索步长分别为 $[-5, 5]$ 和 0.1,最终得到

$$K_d = 1.3, \quad J = 1.5116 \times 10^{-3} \tag{7.96}$$

在相同条件下,这里所提方法获得的性能评价指标函数值为 1.5526×10^{-7}。两种方法的输出响应曲线如图 7.9 所示,由此可知,这里所提方法具有更好的鲁棒性。在广义扩张状态观测器中,由于时变非线性和外界扰动不满足匹配条件,所以无论如何设计补偿控制增益 K_d 都无法消除通道 B_d 和 B 对状态观测器的不良影响。相反,广义等价输入干扰估计器没有将上述扰动的估计值引入状态观测器,也就是说广义等价输入干扰估计器的估计性能不会直接影响状态观测器的动态,鲁棒性更强。对于不满足假设 6.2 的不匹配扰动,广义等价输入干扰估计器具有更好的抑制性能。

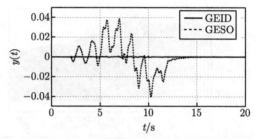

图 7.9　基于 GEID 估计器和 GESO 方法的输出比较

文献 [29] 考虑一类时不变状态相关非线性系统的二维重复控制,下面通过与其进行对比分析,说明这里所提方法的有效性。

考虑对周期参考输入

$$r(t) = \sin 2\pi t \tag{7.97}$$

的跟踪问题,并选取时变非线性

$$F_f f\left[x(t), t\right] = 0.1 \sin 2x(t) \tag{7.98}$$

令 $B_d = 0$,选择性能评价指标函数 (7.84)、控制参数 (7.88) 和调节参数的搜索范围以及步长 (7.89)。基于定理 7.2 和定理 7.3 并应用网格搜索算法,最终选取调节参数

$$\chi = 1, \quad \gamma = 1\times 10^{-7}, \quad \mu = 0.01, \quad \alpha = 1, \quad \beta = 1 \tag{7.99}$$

对应的反馈控制器、状态观测器和广义等价输入干扰估计器增益分别为

$$\begin{cases} K_e = 5.2846 \times 10^3, \ K_w = 0.5189, \ K_p = \begin{bmatrix} -43.9765 & -31.7439 \end{bmatrix} \\ L = \begin{bmatrix} 0.0088 \\ 25.6445 \end{bmatrix}, \ K_g = 4.2314 \times 10^2 \end{cases} \tag{7.100}$$

此时最优的性能评价指标函数值为

$$J = 2.9974 \times 10^{-5} \tag{7.101}$$

文献 [29] 方法的性能指标为 1.5324×10^{-5}，是这里所提方法的 1.9560 倍。两种方法的跟踪误差对比结果如图 7.10 所示，由此可知，这里所提方法具有明显的优越性。此外，文献 [29] 方法在系统分析和设计中需要满足矩阵可交换条件，具有较大保守性。

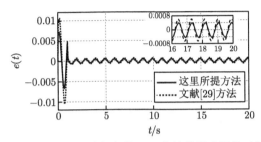

图 7.10　这里所提方法与文献 [29] 方法的跟踪误差对比结果

7.3　基于 T-S 模糊模型的重复控制

T-S 模糊模型可以对一般的非线性系统进行线性化处理，实现非线性系统动态特性的有效逼近。针对线性化后的子系统，可以直接应用二维重复控制理论来研究非线性系统的重复控制，因此 T-S 模糊模型广泛应用于非线性重复控制系统的分析与综合。

7.3.1　T-S 模糊模型

T-S 模糊模型[30] 是由日本学者于 1985 年提出的，在任何凸紧集内，它能够以任意精度逼近任意光滑的非线性函数[31-33]。这一结论从理论上保证了 T-S 模糊模型可以用来表示实际工程中的非线性动态特性。目前，建立 T-S 模糊模型主要有两种方法：输入-输出数据法和扇形非线性法。前者主要基于系统的输入输出数据，并运用系统辨识算法得到 T-S 模糊模型。后者主要适用于非线性系统数学模型已知的情形，基于局部扇形非线性近似的思想获得 T-S 模糊模型。一般地，T-S 模糊模型的模糊规则描述如下。

模糊规则 i：如果 $z_1(t)$ 是 F_{1i}，$z_2(t)$ 是 F_{2i}，$\cdots$，$z_p(t)$ 是 F_{pi}，则

$$\begin{cases} \dot{x}_p(t) = A_i x_p(t) + B_i u(t) \\ y(t) = C_i x_p(t) \end{cases} \tag{7.102}$$

其中，$z(t) = [z_1(t),\ z_2(t),\ \cdots,\ z_p(t)]$ 为前件变量，一般是状态变量或者时间的函数；$F_{mi}\ (m = 1, 2, \cdots, p;\ i = 1, 2, \cdots, r)$ 为模糊集，p 为前件变量数，r 为模糊规则数；$x_p(t) \in \mathbb{R}^n$ 为状态变量；$u(t) \in \mathbb{R}^p$ 为控制输入；$y(t) \in \mathbb{R}^q$ 为控制输出；A_i、B_i 和 C_i 为具有合适维数的实数矩阵。

通过单点模糊化、乘积推理和中心加权去模糊化，T-S 模糊系统 (7.102) 的全局模型为

$$
\begin{cases}
\dot{x}_p(t) = \displaystyle\sum_{i=1}^{r} h_i\left[z(t)\right] \left[A_i x_p(t) + B_i u(t)\right] \\[4mm]
y(t) = \displaystyle\sum_{i=1}^{r} h_i\left[z(t)\right] C_i x_p(t)
\end{cases}
\tag{7.103}
$$

其中

$$
h_i\left[z(t)\right] = \frac{\sigma_i\left[z(t)\right]}{\displaystyle\sum_{i=1}^{r} \sigma_i\left[z(t)\right]}, \quad \sigma_i\left[z(t)\right] = \prod_{m=1}^{p} F_{mi}\left[z(t)\right]
\tag{7.104}
$$

$F_{mi}\left[z(t)\right]$ 为变量 $z(t)$ 关于模糊集 F_{mi} 的隶属度函数；$h_i\left[z(t)\right]$ 为第 i 条模糊规则规范化后的隶属度函数，并且对于任意的 t 和 $i = 1, 2, \cdots, r$ 满足

$$
\sum_{i=1}^{r} h_i\left[z(t)\right] = 1, \quad 0 \leqslant h_i\left[z(t)\right] \leqslant 1
\tag{7.105}
$$

T-S 模糊模型为应用线性系统理论来研究非线性系统控制问题搭建了桥梁，自提出以来就受到了极大的关注，被广泛用于处理各种非线性系统的镇定和跟踪控制问题[34-36]。在二维非线性重复控制设计中，借助 T-S 模糊模型，可以使二维重复控制理论直接应用于复杂的非线性系统控制问题中，简化系统的设计问题。

7.3.2　基于 T-S 模糊模型的二维重复控制系统设计

针对一般的非线性系统，首先利用 T-S 模糊模型进行线性化处理；然后利用"提升"方法，建立基于 T-S 模糊模型的重复控制系统二维混合模型，获得能够调节控制和学习行为的二维控制律；基于二维系统理论和李雅普诺夫稳定性理论，推导出系统在线性矩阵不等式约束下的稳定性条件，并给出控制器设计算法；最后通过调节稳定性条件中的调节参数，实现控制和学习行为的优先调节，从而改善系统的暂态性能，提高系统的跟踪能力。

1. 问题描述

考虑如图 7.11 所示的重复控制系统 (7.102)，包括被控对象、双通道重复控制器和模糊反馈控制器。

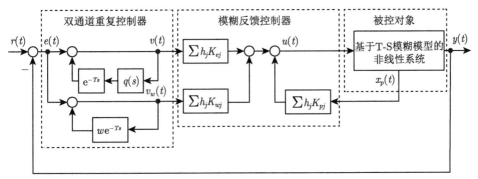

图 7.11　基于 T-S 模糊模型的重复控制系统

双通道重复控制器的状态空间模型为

$$\begin{cases} \dot{v}(t) = -\omega_c v(t) + \omega_c v(t-T) + \omega_c e(t) + \dot{e}(t) \\ v_w(t) = w v_w(t-T) + e(t) \end{cases} \tag{7.106}$$

其中, $v(t)$ 和 $v_w(t)$ 为双通道重复控制器的输出; $e(t)\ [= r(t) - y(t)]$ 为重复控制系统的跟踪误差; ω_c 为低通滤波器的截止频率; T 为参考输入的周期; $w \in [0, 1)$ 为双通道重复控制器的参数。

利用并行分布补偿策略建立模糊控制律。

模糊规则 j: 如果 $z_1(t)$ 是 F_{1j}, $z_2(t)$ 是 F_{2j}, $\cdots$, $z_p(t)$ 是 F_{pj}, 则

$$u(t) = K_{ej} v(t) + K_{wj} v_w(t) + K_{pj} x_p(t) \tag{7.107}$$

其中, K_{ej} 和 K_{wj} 为重复控制器的增益; K_{pj} 为状态反馈增益。系统的全局反馈控制律为

$$u(t) = \sum_{j=1}^{r} h_j\,[z(t)]\,[K_{ej} v(t) + K_{wj} v_w(t) + K_{pj} x_p(t)] \tag{7.108}$$

则图 7.11 所示重复控制系统的设计问题为:设计反馈控制器增益 K_{ej}、K_{wj} 和 K_{pj}, 使系统在控制律 (7.108) 的作用下稳定, 同时具有满意的稳态跟踪和动态响应性能。

2. 二维混合模型

为了简化计算和方便控制器设计, 系统满足如下假设[37,38]。

假设 7.4

$$C_1 = C_2 = \cdots = C_i = C \tag{7.109}$$

令 $r(t) = 0$, 得到图 7.11 所示重复控制系统的二维混合模型和二维控制律:

$$
\begin{cases}
\dot{x}(k,\tau) = \sum_{i=1}^{r} h_i\left[z(k,\tau)\right]\left[\bar{A}x(k,\tau) + \bar{A}_d x(k-1,\tau) + \bar{B}u(k,\tau)\right] \\
v_w(k,\tau) = \sum_{i=1}^{r} h_i\left[z(k,\tau)\right]\left[\bar{C}x(k,\tau) + wv_w(k-1,\tau)\right]
\end{cases}
\tag{7.110a}
$$

$$
u(k,\tau) = \sum_{j=1}^{r} h_j\left[z(k,\tau)\right]\left\{\begin{bmatrix} F_{pj} & F_{ej} \end{bmatrix} x(k,\tau) + wF_{wj}v_w(k-1,\tau)\right\}
\tag{7.110b}
$$

其中

$$
\begin{cases}
x(k,\tau) = \begin{bmatrix} x_p^{\mathrm{T}}(k,\tau) & v^{\mathrm{T}}(k,\tau) \end{bmatrix}^{\mathrm{T}} \\
\bar{A} = \begin{bmatrix} A_i & 0 \\ -\omega_c C - CA_i & -\omega_c I \end{bmatrix}, \quad \bar{A}_d = \begin{bmatrix} 0 & 0 \\ 0 & \omega_c I \end{bmatrix} \\
\bar{B} = \begin{bmatrix} B_i \\ -CB_i \end{bmatrix}, \quad \bar{C} = \begin{bmatrix} -C & 0 \end{bmatrix}
\end{cases}
\tag{7.111}
$$

反馈控制律增益与二维控制律增益满足

$$
F_{pj} = K_{pj} - K_{wj}C, \quad F_{ej} = K_{ej}, \quad F_{wj} = K_{wj}
\tag{7.112}
$$

由此可见, 图 7.11 所示的重复控制系统设计问题等价为: 设计二维控制律增益 F_{pj}、F_{ej} 和 F_{wj}, 使二维混合系统 (7.110) 稳定, 同时具有满意的控制和学习性能。

3. 稳定性分析

将二维控制律 (7.110b) 代入二维混合模型 (7.110a), 得到二维闭环系统

$$
\begin{bmatrix} \dot{x}(k,\tau) \\ v_w(k,\tau) \end{bmatrix} = \begin{bmatrix} \tilde{A} & \tilde{B} \\ \tilde{C} & wI \end{bmatrix} \begin{bmatrix} x(k,\tau) \\ v_w(k-1,\tau) \end{bmatrix} + \begin{bmatrix} \tilde{A}_d & 0 \\ 0 & 0 \end{bmatrix} \begin{bmatrix} x(k-1,\tau) \\ v_w(k-2,\tau) \end{bmatrix}
\tag{7.113}
$$

其中

$$
\begin{cases}
\tilde{A} = \sum_{j=1}^{r}\sum_{i=1}^{r} h_i\left[z(k,\tau)\right] h_j\left[z(k,\tau)\right] \begin{bmatrix} A_i + B_i F_{pj} & B_i F_{ej} \\ -\omega_c C - CA_i - CB_i F_{pj} & -\omega_c I - CB_i F_{ej} \end{bmatrix} \\
\tilde{B} = \sum_{j=1}^{r}\sum_{i=1}^{r} h_i\left[z(k,\tau)\right] h_j\left[z(k,\tau)\right] \begin{bmatrix} wB_i F_{wj} \\ -wCB_i F_{wj} \end{bmatrix}, \quad \tilde{C} = \begin{bmatrix} -C & 0 \end{bmatrix} \\
\tilde{A}_d = \begin{bmatrix} 0 & 0 \\ 0 & \omega_c I \end{bmatrix}
\end{cases}
\tag{7.114}
$$

基于以上分析, 下面的定理给出系统 (7.113) 渐近稳定的充分条件[39]。

定理 7.4 给定截止频率 ω_c, 正调节参数 α、β、γ 和 w, 如果存在正定对称矩阵 X_1、X_2、Y_1 和 Y_2, 以及具有合适维数的矩阵 W_{1j}、W_{2j} 和 W_{3j}, 对于 $1 \leqslant i \leqslant j \leqslant r$, 使得线性矩阵不等式

$$\begin{cases} \Phi_{ii} < 0 \\ \Phi_{ij} + \Phi_{ji} < 0 \end{cases} \tag{7.115}$$

成立, 其中

$$\begin{cases} \Phi_{ij} = \begin{bmatrix} \Phi_{11}^{ij} & \Phi_{12}^{ij} & 0 & 0 & \Phi_{15}^{ij} & \alpha X_1 & 0 & \Phi_{18}^{ij} \\ \star & \Phi_{22}^{ij} & 0 & \gamma\omega_c Y_2 & \Phi_{25}^{ij} & 0 & \beta X_2 & 0 \\ \star & \star & -Y_1 & 0 & 0 & 0 & 0 & 0 \\ \star & \star & \star & -\gamma Y_2 & 0 & 0 & 0 & 0 \\ \star & \star & \star & \star & \Phi_{55}^{ij} & 0 & 0 & 0 \\ \star & \star & \star & \star & \star & -Y_1 & 0 & 0 \\ \star & \star & \star & \star & \star & \star & -\gamma Y_2 & 0 \\ \star & \star & \star & \star & \star & \star & \star & -\gamma Y_2 \end{bmatrix} \\ \Phi_{11}^{ij} = \alpha(A_i X_1 + B_i W_{1j}) + \alpha(A_i X_1 + B_i W_{1j})^{\mathrm{T}} \\ \Phi_{12}^{ij} = -\alpha X_1(\omega_c C + CA_i)^{\mathrm{T}} - \alpha(CB_i W_{1j})^{\mathrm{T}} + \beta B_i W_{2j} \\ \Phi_{15}^{ij} = -\alpha w X_1 C^{\mathrm{T}} + \gamma w B_i W_{3j} \\ \Phi_{18}^{ij} = -\alpha X_1 C^{\mathrm{T}} \\ \Phi_{22}^{ij} = -\beta(2\omega_c X_2 + CB_i W_{2j} + W_{2j}^{\mathrm{T}} B_i^{\mathrm{T}} C^{\mathrm{T}}) \\ \Phi_{25}^{ij} = -w CB_i W_{3j} \\ \Phi_{55}^{ij} = \gamma(w^2 - 1)Y_2 \end{cases} \tag{7.116}$$

则系统 (7.113) 渐近稳定, 并且模糊二维控制律增益为

$$F_{pj} = W_{1j} X_1^{-1}, \quad F_{ej} = W_{2j} X_2^{-1}, \quad F_{wj} = W_{3j} Y_2^{-1} \tag{7.117}$$

证明 构造二维李雅普诺夫泛函

$$V(k, \tau) = V_1(k, \tau) + V_2(k, \tau) + V_3(k, \tau) \tag{7.118}$$

其中

$$
\begin{cases}
V_1(k,\tau) = x^{\mathrm{T}}(k,\tau)Px(k,\tau) \\[2mm]
P = \mathrm{diag}\left\{\dfrac{1}{\alpha}P_1,\ \dfrac{1}{\beta}P_2\right\}, \quad P_1 = X_1^{-1} > 0, \quad P_2 = X_2^{-1} > 0 \\[2mm]
V_2(k,\tau) = \displaystyle\int_{\tau-T}^{\tau} x^{\mathrm{T}}(k,s)Qx(k,s)\mathrm{d}s \\[2mm]
Q = \mathrm{diag}\left\{Q_1,\ \dfrac{1}{\gamma}Q_2\right\}, \quad Q_1 = Y_1^{-1} > 0, \quad Q_2 = Y_2^{-1} > 0 \\[2mm]
V_3(k,\tau) = \dfrac{1}{\gamma}v_w^{\mathrm{T}}(k-1,\tau)Q_2 v_w(k-1,\tau)
\end{cases}
\tag{7.119}
$$

考虑闭环系统 (7.113)，其泛函增量为

$$
\nabla V(k,\tau) = \frac{\mathrm{d}V_1(k,\tau)}{\mathrm{d}\tau} + \frac{\mathrm{d}V_2(k,\tau)}{\mathrm{d}\tau} + \Delta V_3(k,\tau)
\tag{7.120}
$$

其中

$$
\begin{cases}
\dfrac{\mathrm{d}V_1(k,\tau)}{\mathrm{d}\tau} = \eta^{\mathrm{T}}(k,\tau)
\begin{bmatrix}
2P\tilde{A} & P\tilde{A}_d & P\tilde{B} \\
\star & 0 & 0 \\
\star & \star & 0
\end{bmatrix}
\eta(k,\tau) \\[6mm]
\dfrac{\mathrm{d}V_2(k,\tau)}{\mathrm{d}\tau} = \eta^{\mathrm{T}}(k,\tau)
\begin{bmatrix}
Q & 0 & 0 \\
\star & -Q & 0 \\
\star & \star & 0
\end{bmatrix}
\eta(k,\tau) \\[6mm]
\Delta V_3(k,\tau) = \eta^{\mathrm{T}}(k,\tau)
\begin{bmatrix}
\dfrac{1}{\gamma}\tilde{C}^{\mathrm{T}}Q_2\tilde{C} & 0 & \dfrac{1}{\gamma}\tilde{C}^{\mathrm{T}}Q_2 w \\
\star & 0 & 0 \\
\star & 0 & \dfrac{1}{\gamma}Q_2(w^2-1)
\end{bmatrix}
\eta(k,\tau) \\[6mm]
\eta(k,\tau) = \begin{bmatrix} x^{\mathrm{T}}(k,\tau) & x^{\mathrm{T}}(k-1,\tau) & v_w^{\mathrm{T}}(k-1,\tau) \end{bmatrix}^{\mathrm{T}}
\end{cases}
\tag{7.121}
$$

进一步得到

$$
\nabla V(k,\tau) = \sum_{j=1}^{r}\sum_{i=1}^{r} h_i\left[z(k,\tau)\right] h_j\left[z(k,\tau)\right] \eta^{\mathrm{T}}(k,\tau)\,\varXi_{ij}\,\eta(k,\tau)
\tag{7.122}
$$

其中

$$\begin{cases} \Xi_{ij} = \begin{bmatrix} \Xi_{11}^{ij} & P\tilde{A}_d & P\tilde{B} + \dfrac{1}{\gamma}\tilde{C}^{\mathrm{T}}Q_2 w \\ \star & -Q & 0 \\ \star & \star & \dfrac{1}{\gamma}Q_2(w^2-1) \end{bmatrix} \\ \Xi_{11}^{ij} = 2P\tilde{A} + \dfrac{1}{\gamma}\tilde{C}^{\mathrm{T}}Q_2\tilde{C} + Q \end{cases} \tag{7.123}$$

式 (7.122) 可以表示为

$$\sum_{i=1}^{r}\sum_{j=1}^{r} h_i\left[z(k,\tau)\right] h_j\left[z(k,\tau)\right] \eta^{\mathrm{T}}(k,\tau)\Xi_{ij}\eta(k,\tau)$$

$$= \sum_{i=1}^{r} h_i^2\left[z(k,\tau)\right] \eta^{\mathrm{T}}(k,\tau)\Xi_{ii}\eta(k,\tau)$$

$$+ \sum_{i=1}^{r}\sum_{i<j}^{r} h_i\left[z(k,\tau)\right] h_j\left[z(k,\tau)\right]\eta^{\mathrm{T}}(k,\tau)(\Xi_{ij}+\Xi_{ji})\eta(k,\tau) \tag{7.124}$$

由此可见, 如果 $\Xi_{ii}<0$ 和 $\Xi_{ij}+\Xi_{ji}<0$, 则 $V(k,\tau)$ 在区间 $[kT,\ (k+1)T]$, $k\in\mathbb{Z}_+$ 内单调递减, 从而系统 (7.113) 渐近稳定。由 Schur 补引理 3.4 可知, $\Xi_{ij}<0$ 等价于线性矩阵不等式

$$\Xi_{ij} = \begin{bmatrix} \Xi_{11}^{ij} & \Xi_{12}^{ij} & 0 & 0 & \Xi_{15}^{ij} & Q_1 & 0 & -C^{\mathrm{T}} \\ \star & \Xi_{22}^{ij} & 0 & \dfrac{1}{\beta}\omega_c P_2 & \Xi_{25}^{ij} & 0 & \dfrac{1}{\gamma}Q_2 & 0 \\ \star & \star & -Q_1 & 0 & 0 & 0 & 0 & 0 \\ \star & \star & \star & -\dfrac{1}{\gamma}Q_2 & 0 & 0 & 0 & 0 \\ \star & \star & \star & \star & \Xi_{55}^{ij} & 0 & 0 & 0 \\ \star & \star & \star & \star & \star & -Q_1 & 0 & 0 \\ \star & \star & \star & \star & \star & \star & -\dfrac{1}{\gamma}Q_2 & 0 \\ \star & \star & \star & \star & \star & \star & \star & -\gamma Q_2^{-1} \end{bmatrix} < 0 \tag{7.125}$$

其中

$$
\begin{cases}
\Xi_{11}^{ij} = \dfrac{1}{\alpha} P_1(A_i + B_i F_{pj}) + \dfrac{1}{\alpha}(A_i + B_i F_{pj})^{\mathrm{T}} P_1 \\[2mm]
\Xi_{12}^{ij} = \dfrac{1}{\alpha} P_1 B_i F_{ej} - \dfrac{1}{\beta}\omega_c C^{\mathrm{T}} P_2 - \dfrac{1}{\beta} A_i^{\mathrm{T}} C^{\mathrm{T}} P_2 - \dfrac{1}{\beta} F_{pj}^{\mathrm{T}} B_i^{\mathrm{T}} C^{\mathrm{T}} P_2 \\[2mm]
\Xi_{15}^{ij} = \dfrac{1}{\alpha} w P_1 B_i F_{wj} - \dfrac{1}{\gamma} w C^{\mathrm{T}} Q_2 \\[2mm]
\Xi_{22}^{ij} = -\dfrac{2}{\beta}\omega_c P_2 - \dfrac{1}{\beta} P_2 C B_i F_{ej} - \dfrac{1}{\beta}(C B_i F_{ej})^{\mathrm{T}} P_2 \\[2mm]
\Xi_{25}^{ij} = -\dfrac{1}{\beta} w P_2 C B_i F_{wj} \\[2mm]
\Xi_{55}^{ij} = \dfrac{1}{\gamma}(w^2 - 1) Q_2
\end{cases}
\tag{7.126}
$$

定义

$$
W_{1j} = F_{pj} X_1^{-1}, \quad W_{2j} = F_{ej} X_2^{-1}, \quad W_{3j} = F_{wj} Y_2^{-1}
$$

在式 (7.125) 的两边分别左乘、右乘对角矩阵 $\mathrm{diag}\,\{\alpha X_1,\ \beta X_2,\ Y_1,\ \gamma Y_2,\ \gamma Y_2,\ Y_1,\ \gamma Y_2, I\}$，得到线性矩阵不等式 (7.115)。 □

4. 控制器设计

根据定理 7.4，下面给出图 7.11 中模糊反馈控制器参数的设计算法。

算法 7.3 基于 T-S 模糊模型的重复控制系统控制器设计算法。

步骤 1 选择低通滤波器的截止频率 ω_c；

步骤 2 选择调节参数 α、β、γ 和 w 使线性矩阵不等式 (7.115) 成立；

步骤 3 由式 (7.117) 计算二维控制律增益 F_{pj}、F_{ej} 和 F_{wj}；

步骤 4 由式 (7.112) 计算反馈控制器增益 K_{ej}、K_{wj} 和 K_{pj}。

5. 数值仿真与分析

这里针对蔡氏电路 (Chua's circuit) 进行电压控制[40,41]，其系统的状态空间模型为

$$
\begin{cases}
\dot{x}_{p1}(t) = -\sigma_1\{x_{p1}(t) - x_{p2}(t) + f[x_{p1}(t)]\} + u_1(t) \\[1mm]
\dot{x}_{p2}(t) = x_{p1}(t) - x_{p2}(t) + x_{p3}(t) + u_2(t) \\[1mm]
\dot{x}_{p3}(t) = -\sigma_2 x_{p2}(t) + u_3(t) \\[1mm]
y_p(t) = x_{p1}(t)
\end{cases}
\tag{7.127}
$$

其中，$\sigma_1 = 10$，$\sigma_2 = 14.87$，$d = 1.8$；$x_{p1}(t)$ 和 $x_{p2}(t)$ 分别为蔡氏电路的两个电压，$x_{p3}(t)$ 为蔡氏电路的电流；$f[x_{p1}(t)] = g_b x_{p1}(t) + 0.5(g_a - g_b)[|x_{p1}(t) + 1| - |x_{p1}(t) - 1|]$ 为系统的非线性项，这里 $g_a = -1.27$，$g_b = -0.68$。上述非线性系统可以用具有两个规则的 T-S 模糊模型进行描述，线性子系统的系数矩阵为

$$
\begin{cases}
A_1 = \begin{bmatrix} \sigma_1(d-1) & \sigma_1 & 0 \\ 1 & -1 & 1 \\ 0 & -\sigma_2 & 0 \end{bmatrix}, \ A_2 = \begin{bmatrix} -\sigma_1(d+1) & \sigma_1 & 0 \\ 1 & -1 & 1 \\ 0 & -\sigma_2 & 0 \end{bmatrix} \\[4mm]
B_1 = B_2 = \begin{bmatrix} 1 & 0 & 0 \\ 0 & 1 & 0 \\ 0 & 0 & 1 \end{bmatrix}, \ C = \begin{bmatrix} 1 & 0 & 0 \end{bmatrix}
\end{cases} \tag{7.128}
$$

其中，$x_p(t) = \begin{bmatrix} x_{p1}(t) & x_{p2}(t) & x_{p3}(t) \end{bmatrix}^{\mathrm{T}}$ 为状态变量；$u(t) = \begin{bmatrix} u_1(t) & u_2(t) & u_3(t) \end{bmatrix}^{\mathrm{T}}$ 为控制输入；$x_{p1}(t)$ 为模糊前件变量。模糊集的隶属度函数为

$$
\begin{cases}
h_1[x_{p1}(t)] = \begin{cases} \dfrac{1}{2} \left\{ 1 - \dfrac{f[x_{p1}(t)]}{\mathrm{d}x_{p1}(t)} \right\}, & x_{p1}(t) \neq 0 \\[4mm] \dfrac{1}{2} \left(1 - \dfrac{g_a}{d} \right), & x_{p1}(t) = 0 \end{cases} \\[8mm]
h_2[x_{p1}(t)] = 1 - h_1[x_{p1}(t)]
\end{cases} \tag{7.129}
$$

考虑对周期参考输入

$$
r(t) = 0.5 \sin \pi t + \sin 0.5\pi t \tag{7.130}
$$

的跟踪问题。

参考输入周期 $T = 4\mathrm{s}$，选择低通滤波器的截止频率 $\omega_c = 100\mathrm{rad/s}$。这里通过对比 3 个不同参数组合的仿真结果来说明双通道重复控制器中 w 对系统性能的调节作用：

$$
\alpha = 40, \quad \beta = 0.001, \quad \gamma = 1, \quad w = 0 \tag{7.131a}
$$

$$
\alpha = 40, \quad \beta = 0.001, \quad \gamma = 1, \quad w = 0.2 \tag{7.131b}
$$

$$
\alpha = 40, \quad \beta = 0.001, \quad \gamma = 1, \quad w = 0.7 \tag{7.131c}
$$

仿真结果如图 7.12 所示，由此可知，对于不同的 w，经过 2 个周期后，系统输出便进入稳定状态，因此参数 w 主要影响学习行为，进而影响系统的跟踪性能。此外，式 (7.131b) 参数对应的跟踪误差比式 (7.131a) 收敛要快，说明双通道重复控制器具有更好的周期信号跟踪性能。相比之下，当 $w = 0.2$ 时，非线性重复控制系统具有最优的控制效果。

选择 $w = 0.2$，通过 3 个不同参数组合的仿真结果来说明其他参数对系统性能的调节作用：

$$
\alpha = 30, \quad \beta = 0.01, \quad \gamma = 0.1, \quad w = 0.2 \tag{7.132a}
$$

$$
\alpha = 40, \quad \beta = 0.01, \quad \gamma = 1, \quad w = 0.2 \tag{7.132b}
$$

$$\alpha = 40, \quad \beta = 0.001, \quad \gamma = 1, \quad w = 0.2 \tag{7.132c}$$

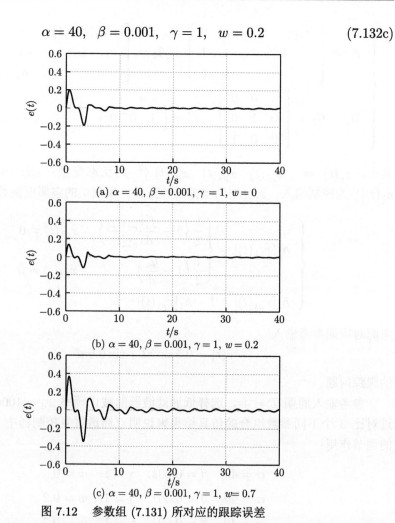

(a) $\alpha = 40, \beta = 0.001, \gamma = 1, w = 0$

(b) $\alpha = 40, \beta = 0.001, \gamma = 1, w = 0.2$

(c) $\alpha = 40, \beta = 0.001, \gamma = 1, w = 0.7$

图 7.12　参数组 (7.131) 所对应的跟踪误差

　　仿真结果如图 7.13 所示，由此可知，不同参数组合对系统控制和学习性能的调节作用不同。

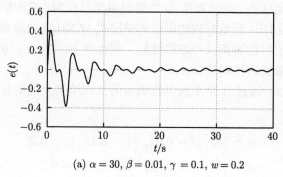

(a) $\alpha = 30, \beta = 0.01, \gamma = 0.1, w = 0.2$

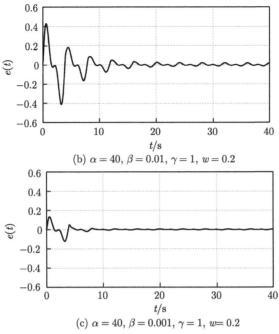

(b) $\alpha = 40$, $\beta = 0.01$, $\gamma = 1$, $w = 0.2$

(c) $\alpha = 40$, $\beta = 0.001$, $\gamma = 1$, $w = 0.2$

图 7.13 参数组 (7.132) 所对应的跟踪误差

最终选取调节参数

$$\alpha = 40, \quad \beta = 0.001, \quad \gamma = 1, \quad w = 0.2 \tag{7.133}$$

对应的模糊反馈控制器增益为

$$\begin{cases} K_{e1} = \begin{bmatrix} 287.7037 \\ 477.1813 \\ 0.0000 \end{bmatrix}, \quad K_{e2} = \begin{bmatrix} 287.7037 \\ 477.1813 \\ 0.0000 \end{bmatrix} \\ K_{w1} = \begin{bmatrix} 30.0472 \\ 0.0000 \\ 0.0000 \end{bmatrix}, \quad K_{w2} = \begin{bmatrix} 30.0472 \\ 0.0000 \\ 0.0000 \end{bmatrix} \\ K_{p1} = \begin{bmatrix} -26.0726 & -5.0199 & 0.0000 \\ -126.3846 & -0.3598 & 6.9350 \\ 0.0000 & 6.9350 & -1.3598 \end{bmatrix} \\ K_{p2} = \begin{bmatrix} 9.9274 & -5.0199 & 0.0000 \\ -126.3846 & -0.3598 & 6.9350 \\ 0.0000 & 6.9350 & -1.3598 \end{bmatrix} \end{cases} \tag{7.134}$$

系统的初始状态 $x_p(0) = \begin{bmatrix} 0.2 & 0.5 & 1 \end{bmatrix}^{\mathrm{T}}$，因此跟踪误差的初始值为 0.2。仿真结果如图 7.14 所示，由此可知，经过 2 个周期后，系统输出便进入稳定状态，稳态误差以较快的速度收敛。

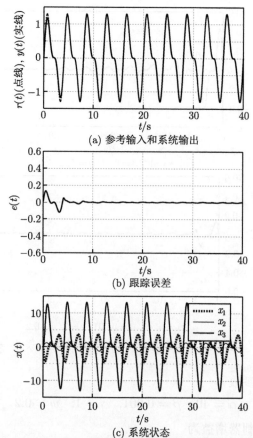

图 7.14　基于 T-S 模糊模型的重复控制系统仿真结果

7.3.3　基于 T-S 模糊模型的重复控制系统控制和学习行为优化设计

7.3.2 节利用李雅普诺夫泛函中的调节参数优先调节控制和学习行为，调节参数与系统控制性能密切相关。但是，调节参数与系统性能关系复杂，参数整定困难。双通道重复控制器中的低通滤波器混淆了控制和学习行为，使得试凑法获得的参数具有一定的主观性，难以实现这两种行为的最优调节，限制了系统性能的进一步提高。而粒子群优化 (particle swarm optimization, PSO) 算法结构简单，易于实现和计算能力强，可用于解决控制系统参数优化问题，所以这里将二维重复控制系统设计问题转化为受稳定性条件约束的控制器参数优化问题，利用粒子群优化算法求解最优的反馈控制器。

1. 问题描述

考虑如图 7.11 所示的非线性重复控制系统，系统结构与 7.3.2 节相同，这里的设计问题为：设计合适的调节参数 $\{\alpha, \beta, \gamma, w\}$，使非线性重复控制系统获得最优的控制和学习性能。

2. 二维混合模型

二维混合模型与 7.3.2 节相同，因此直接得到非线性重复控制系统的二维混合模型 (7.110a) 和二维控制律 (7.110b)。

3. 稳定性分析

与 7.3.2 节相比，参数 w 直接参与控制和学习行为的调节，因此令 $\gamma = 1$，减少线性矩阵不等式中调节参数的个数，从而简化控制器参数优化问题。

基于以上分析，下面的定理给出系统 (7.113) 渐近稳定的充分条件[42]。

定理 7.5 给定截止频率 ω_c，正调节参数 α、β 和 w，如果存在正定对称矩阵 X_1、X_2、Y_1 和 Y_2，以及具有任意合适维数的矩阵 W_{1j}、W_{2j} 和 W_{3j}，对于 $1 \leqslant i \leqslant j \leqslant r$，使得线性矩阵不等式

$$\begin{cases} \Phi_{ii} < 0 \\ \Phi_{ij} + \Phi_{ji} < 0 \end{cases} \tag{7.135}$$

成立，其中

$$\begin{cases} \Phi_{ij} = \begin{bmatrix} \Phi_{11}^{ij} & \Phi_{12}^{ij} & 0 & 0 & \Phi_{15}^{ij} & \alpha X_1 & 0 & \Phi_{18}^{ij} \\ \star & \Phi_{22}^{ij} & 0 & \omega_c Y_2 & \Phi_{25}^{ij} & 0 & \beta X_2 & 0 \\ \star & \star & -Y_1 & 0 & 0 & 0 & 0 & 0 \\ \star & \star & \star & -Y_2 & 0 & 0 & 0 & 0 \\ \star & \star & \star & \star & \Phi_{55}^{ij} & 0 & 0 & 0 \\ \star & \star & \star & \star & \star & -Y_1 & 0 & 0 \\ \star & \star & \star & \star & \star & \star & -Y_2 & 0 \\ \star & \star & \star & \star & \star & \star & \star & -Y_2 \end{bmatrix} \\ \Phi_{11}^{ij} = \alpha(A_i X_1 + B_i W_{1j}) + \alpha(A_i X_1 + B_i W_{1j})^{\mathrm{T}} \\ \Phi_{12}^{ij} = -\alpha X_1(\omega_c C + C A_i)^{\mathrm{T}} - \alpha(C B_i W_{1j})^{\mathrm{T}} + \beta B_i W_{2j} \\ \Phi_{15}^{ij} = -\alpha w X_1 C^{\mathrm{T}} + w B_i W_{3j} \\ \Phi_{18}^{ij} = -\alpha X_1 C^{\mathrm{T}} \\ \Phi_{22}^{ij} = -\beta \left[2\omega_c X_2 + C B_i W_{2j} + (C B_i W_{2j})^{\mathrm{T}} \right] \\ \Phi_{25}^{ij} = -w C B_i W_{3j} \\ \Phi_{55}^{ij} = (w^2 - 1) Y_2 \end{cases} \tag{7.136}$$

则系统 (7.113) 渐近稳定，并且模糊二维控制律增益为

$$F_{pj} = W_{1j} X_1^{-1}, \quad F_{ej} = W_{2j} X_2^{-1}, \quad F_{wj} = W_{3j} Y_2^{-1} \tag{7.137}$$

证明　令 $\gamma = 1$，则二维李雅普诺夫泛函 (7.118) 等价于

$$V(k,\tau) = V_1(k,\tau) + V_2(k,\tau) + V_3(k,\tau) \tag{7.138}$$

其中

$$
\begin{cases}
V_1(k,\tau) = x^{\mathrm{T}}(k,\tau)Px(k,\tau) \\
P = \mathrm{diag}\left\{\dfrac{1}{\alpha}P_1,\ \dfrac{1}{\beta}P_2\right\}, \quad P_1 = X_1^{-1} > 0, \quad P_2 = X_2^{-1} > 0 \\
V_2(k,\tau) = \displaystyle\int_{\tau-T}^{\tau} x^{\mathrm{T}}(k,s)Qx(k,s)\mathrm{d}s \\
Q = \mathrm{diag}\{Q_1,\ Q_2\}, \quad Q_1 = Y_1^{-1} > 0, \quad Q_2 = Y_2^{-1} > 0 \\
V_3(k,\tau) = v_w^{\mathrm{T}}(k-1,\tau)Q_2 v_w(k-1,\tau)
\end{cases}
\tag{7.139}
$$

定理 7.5 的证明与定理 7.4 的证明类似，所以这里省略。　　　　　　□

注释 7.4　采用调节参数 α、β 和 w 分别调整式 (7.135) 中 X_1、X_2 和 Y_2 的权重，进而调整模糊二维控制律增益 F_{pj}、F_{ej} 和 F_{wj}，实现控制和学习行为的优先调节。与 7.2.3 节 5 个调节参数和 7.3.2 节 4 个调节参数相比，这里所提方法使用更少的调节参数，简化了系统设计过程。

注释 7.5　线性矩阵不等式的计算复杂度取决于不等式的数量和大小，以及决策变量的数量，通常采用决策变量的数量 N_d 衡量线性矩阵不等式的计算复杂度。在定理 7.5 中，$N_d = n^2 + n + q^2 + q + (np + 2pq)r$，即计算复杂度与系统维数 $\{n, p, q\}$ 和模糊规则数量 r 有关。这里采用一般李雅普诺夫泛函推导基于线性矩阵不等式的稳定性条件，计算复杂度与 N_d 中模糊规则的数量 r 成正比，而不与其二次幂或更高次幂成正比，因此在构造李雅普诺夫泛函时需要考虑计算复杂度和设计结果保守性的折中。

4. 控制器设计与优化

根据定理 7.5，下面给出图 7.11 中模糊反馈控制器参数的设计算法。

算法 7.4　基于 T-S 模糊模型的重复控制系统控制器设计算法。

步骤 1　选择低通滤波器的截止频率 ω_c；

步骤 2　选择调节参数 α、β 和 w 使线性矩阵不等式 (7.135) 成立；

步骤 3　由式 (7.117) 计算模糊二维控制律增益 F_{pj}、F_{ej} 和 F_{wj}；

步骤 4　由式 (7.112) 计算反馈控制律增益 K_{ej}、K_{wj} 和 K_{pj}。

工程上，一般选择低通滤波器的截止频率满足 $\omega_c \geqslant 10\omega_r$，其中 ω_r 是周期信号的最高频率。上述控制器设计算法的关键在于步骤 2，即如何设计最优的调节参数 $\{\alpha, \beta, w\}$，使系统稳定且具有满意的控制性能。

粒子群优化算法是一种元启发式的智能优化算法，调节参数少，很少或不做

任何假设和能大范围搜索最优解，能很好处理非线性优化问题[43,44]，所以这里利用粒子群优化算法来选择最优的调节参数 $\{\alpha,\ \beta,\ w\}$。

选择性能评价指标函数

$$J_i^\iota = \frac{1}{2}\sum_{k=1}^{\rho}\int_{kT}^{(k+1)T}(e_i^\iota)^2(t)\mathrm{d}t \tag{7.140}$$

作为粒子群优化算法的适应度函数，其中 ρ 为周期数，$e_i^\iota(t)$ 为第 i 组调节参数对应的跟踪误差。

粒子群优化算法中调节参数的速度和位置更新规则为

$$\begin{cases} \sigma_i^\iota = bv_i^{\iota-1} + c_1 o_1(\chi_{p\text{best}_i}^{\iota-1} - \chi_i^{\iota-1}) + c_2 o_2(\chi_{g\text{best}}^{\iota-1} - \chi_i^{\iota-1}) \\ \chi_i^\iota = \chi_i^{\iota-1} + \sigma_i^\iota \end{cases} \tag{7.141}$$

其中，$\chi_i = [\alpha_i,\ \beta_i,\ w_i]$ 和 σ_i 分别为第 i 组调节参数的当前位置和速度；ι 为迭代次数；$\chi_{p\text{best}_i}$ 为第 i 组调节参数的个体最优值；$\chi_{g\text{best}}$ 为所有调节参数的全局最优值；b 为惯性权重；c_1 和 c_2 为加速因子；o_1 和 o_2 为分布在 $[0,\ 1)$ 区间的随机数。

下面给出基于 T-S 模糊模型的重复控制系统控制和学习优化算法 (图 7.15)，其中 $J_{p\text{best}_i}^\iota$ 为第 i 组参数组合的个体最优适应度值，$J_{g\text{best}}^\iota$ 为所有调节参数组合的全局最优适应度值，J_{set} 为控制性能的期望值，n 为参数组合的数目。在优化过程中，线性矩阵不等式 (7.135) 作为算法的约束条件，保证了所得的最优调节参数组合能使闭环系统 (7.113) 稳定。

算法 7.5 基于 T-S 模糊模型的重复控制系统控制和学习行为优化算法。

步骤 1   设定期望性能指标 J_{set}，选择 ω_c 和 ρ，粒子群优化算法参数 n、b、c_1 和 c_2 以及合适的搜索区间；

步骤 2   设定初始值 $i=1$，$\iota=1$，$J_{g\text{best}}^\iota = +\infty$；

步骤 3   在搜索区间内随机产生粒子 χ_i^ι；

步骤 4   若不满足线性矩阵不等式 (7.135)，则返回步骤 3；

步骤 5   由式 (7.140) 计算 J_i^ι，令 $\chi_{p\text{best}_i}^\iota = \chi_i^\iota$，$J_{p\text{best}_i}^\iota = J_i^\iota$；

步骤 6   若满足 $J_{p\text{best}_i}^\iota \leqslant J_{g\text{best}}^\iota$，则令 $\chi_{g\text{best}}^\iota = \chi_{p\text{best}_i}^\iota$，$J_{g\text{best}}^\iota = J_{p\text{best}_i}^\iota$；

步骤 7   设 $i=i+1$；

步骤 8   若满足 $i \leqslant n$，则返回步骤 3；

步骤 9   设 $\iota = \iota+1$，$i=1$；

步骤 10   由式 (7.141) 计算 χ_i^ι；

步骤 11   若不满足线性矩阵不等式 (7.135)，则返回步骤 10；

步骤 12   由式 (7.140) 计算 J_i^ι；

步骤 13   若满足 $J_i^\iota \leqslant J_{p\text{best}_i}^\iota$，则令 $\chi_{p\text{best}_i}^\iota = \chi_i^\iota$，$J_{p\text{best}_i}^\iota = J_i^\iota$；

步骤 14　若满足 $J_{pbest_i}^{\iota} \leqslant J_{gbest}^{\iota}$，则令 $\chi_{gbest}^{\iota} = \chi_{pbest_i}^{\iota}$，$J_{gbest}^{\iota} = J_{pbest_i}^{\iota}$；

步骤 15　设 $i = i+1$；

步骤 16　若满足 $i \leqslant n$，则返回步骤 10；

步骤 17　若不满足 $J_{gbest}^{\iota} \leqslant J_{set}$，则返回步骤 9；

步骤 18　输出 χ_{gbest}^{ι}、J_{gbest}^{ι}，结束。

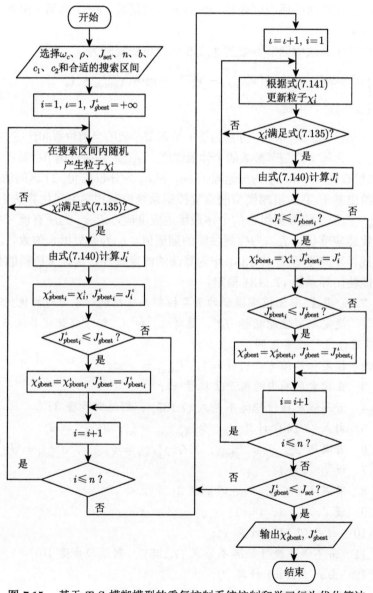

图 7.15　基于 T-S 模糊模型的重复控制系统控制和学习行为优化算法

注释 7.6 与文献 [37] 的试凑法相比, 粒子群优化算法可以同时优化调节参数组合, 使系统获得更好的控制和学习性能。文献 [45] 采用网格搜索算法进行参数优化, 该算法需要遍历网格上所有调节参数, 计算量大。此外, 它最优解的精度在很大程度上依赖搜索步长, 只能找到次优解。与之相比, 粒子群优化算法更加高效。

5. 数值仿真与分析

仿真实例 1 考虑非线性系统

$$
\begin{cases}
\begin{bmatrix} \dot{x}_1(t) \\ \dot{x}_2(t) \end{bmatrix} = f(t) \begin{bmatrix} x_1(t) \\ x_2(t) \end{bmatrix} + \begin{bmatrix} 1 \\ 0 \end{bmatrix} u(t) \\
y(t) = 0.4 x_1(t)
\end{cases}
\tag{7.142}
$$

其中

$$
f(t) = \begin{bmatrix} 0 & 1 \\ -10 + 0.8 \sin x_1(t) & -7 + 0.4 \sin x_1(t) \end{bmatrix}
\tag{7.143}
$$

上述非线性系统可以用具有两个规则的 T-S 模糊模型进行描述, 线性子系统的系数矩阵为

$$
\begin{cases}
A_1 = \begin{bmatrix} 0 & 1 \\ 0.8D - 10 & 0.4D - 7 \end{bmatrix}, \quad B_1 = B_2 = \begin{bmatrix} 1 \\ 0 \end{bmatrix} \\
A_2 = \begin{bmatrix} 0 & 1 \\ 0.8d - 10 & 0.4d - 7 \end{bmatrix}, \quad C = \begin{bmatrix} 0.4 & 0 \end{bmatrix}
\end{cases}
\tag{7.144}
$$

其中, $x_p(t) = \begin{bmatrix} x_1(t) & x_2(t) \end{bmatrix}^{\mathrm{T}}$ 为状态变量, 模糊集的隶属度函数为

$$
\begin{cases}
h_1[x_1(t)] = \dfrac{\sin x_1(t) - d}{D - d} \\
h_2[x_1(t)] = 1 - h_1[x_1(t)], \quad D = 1, \quad d = -1
\end{cases}
\tag{7.145}
$$

考虑对周期参考输入

$$
r(t) = \sin \pi t + 0.5 \sin 2\pi t + 0.5 \sin 3\pi t
\tag{7.146}
$$

的跟踪问题。

参考输入周期 $T = 2\mathrm{s}$, 选择低通滤波器的截止频率 $\omega_c = 100\mathrm{rad/s}$ 和粒子群优化算法的参数以及搜索区间为

$$\begin{cases} w \in [0,\ 1),\quad \alpha \in (1,\ 100),\quad \beta \in (0,\ 1),\quad \rho = 19 \\ n = 20,\quad b = 0.7,\quad c_1 = 1.5,\quad c_2 = 2,\quad J_{\text{set}} = 10^{-3} \end{cases} \tag{7.147}$$

由算法 7.5 选择最优的调节参数

$$\alpha = 61.47,\quad \beta = 1.62 \times 10^{-4},\quad w = 0.5147 \tag{7.148}$$

对应的模糊反馈控制器增益为

$$\begin{cases} K_{e1} = 609.1956,\quad K_{e2} = 609.8815 \\ K_{w1} = 118.6435,\quad K_{w2} = 118.7068 \\ K_{p1} = \begin{bmatrix} 4.8344 & 1.6930 \end{bmatrix},\quad K_{p2} = \begin{bmatrix} 4.9470 & 2.0263 \end{bmatrix} \end{cases} \tag{7.149}$$

此时最优的性能评价指标函数值为

$$J = 2.284 \times 10^{-4} \tag{7.150}$$

　　系统的初始状态设为 $x_p(0) = \begin{bmatrix} 0.1 & 0.2 \end{bmatrix}^{\mathrm{T}}$，仿真结果如图 7.16 所示。由此可知，经过 1 个周期后，系统输出便进入稳定状态，最大的瞬态跟踪误差小于 0.04，稳态跟踪误差小于 3×10^{-3}，瞬态响应中最大的控制输入与稳态下的几乎相同，表明系统在瞬态和稳态下均具有满意的周期信号跟踪性能。

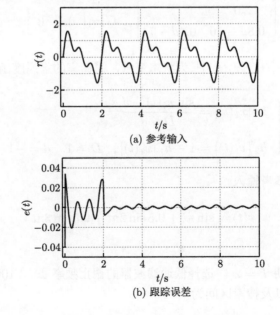

(a) 参考输入

(b) 跟踪误差

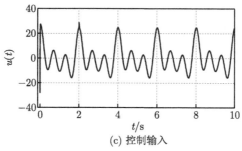

(c) 控制输入

图 7.16 实例 1 的仿真结果

仿真实例 2 针对蔡氏电路 (7.127) 的电压控制系统，考虑对周期参考输入

$$r(t) = 0.5 \sin \pi t + \sin 0.5\pi t \tag{7.151}$$

的跟踪问题。

参考输入周期 $T = 4\mathrm{s}$，选择低通滤波器的截止频率 $\omega_c = 100\mathrm{rad/s}$。除了 $\rho = 9$ 外，粒子群优化算法的参数搜索范围与式 (7.147) 相同，由算法 7.5 选择最优的调节参数：

$$\alpha = 49.94, \quad \beta = 1.06 \times 10^{-4}, \quad w = 0.2302 \tag{7.152}$$

对应的模糊反馈控制器增益为

$$\begin{cases} K_{e1} = \begin{bmatrix} 1.1619 \times 10^3 \\ 1.3378 \times 10^3 \\ 0.5071 \times 10^3 \end{bmatrix}, \quad K_{e2} = \begin{bmatrix} -5.1753 \times 10^3 \\ 7.6750 \times 10^3 \\ 0.5071 \times 10^3 \end{bmatrix} \\ K_{w1} = \begin{bmatrix} 15.2783 \\ 15.2782 \\ -0.0000 \end{bmatrix}, \quad K_{w2} = \begin{bmatrix} 15.2784 \\ 15.2782 \\ -0.0000 \end{bmatrix} \end{cases} \tag{7.153}$$

$$\begin{cases} K_{p1} = \begin{bmatrix} -23.1605 & -23.6795 & -3.6171 \\ -19.3010 & -18.5389 & 3.3178 \\ -9.0090 & -2.0740 & -1.3595 \end{bmatrix} \\ K_{p2} = \begin{bmatrix} 170.6217 & 142.8597 & -3.6171 \\ -185.8401 & -176.3211 & 3.3178 \\ -9.0089 & -2.0739 & -1.3595 \end{bmatrix} \end{cases} \tag{7.154}$$

此时最优的性能评价指标函数值为

$$J = 3.104 \times 10^{-4} \tag{7.155}$$

系统的初始状态设为 $x_p(0) = [0\ \ 0\ \ 0.2]^\mathrm{T}$，仿真结果如图 7.17 所示。由此可知，经过 1 个周期后，系统输出便进入稳定状态，最大的瞬态跟踪误差小于 0.025，稳态跟踪误差小于 3×10^{-3}，系统的输出以较快速度跟踪外部参考输入。

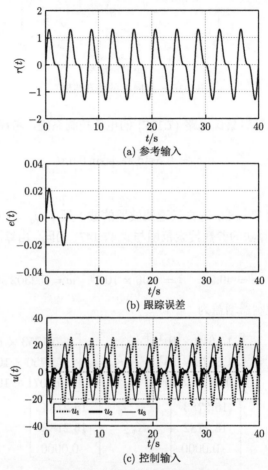

(a) 参考输入

(b) 跟踪误差

(c) 控制输入

图 7.17　实例 2 的仿真结果

实例 1 和实例 2 的仿真结果表明，这里所提方法在第 1 周期的跟踪误差非常小 (在实例 1 中，$|e_{\max}/r_{\max}| \times 100\% = 3.1\%$；在实例 2 中，$|e_{\max}/r_{\max}| \times 100\% = 1.6\%$)，这表明该方法能使闭环系统具有满意的控制效果。两个实例的跟踪误差都在第 2 个周期收敛，表明系统仅需要 1 个学习周期，即学习速度非常快。

下面与文献 [38] 和 7.3.2 节的方法进行对比，验证这里所提方法的优越性。

文献 [38] 采用状态观测器估计系统的状态，为了公平地对比，假设系统的状态可以获取，因此直接采用状态进行反馈，系统的结构如图 7.18 所示。

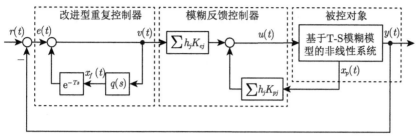

图 7.18 文献 [38] 的重复控制系统

模糊反馈控制器增益为

$$
\begin{cases}
K_{e1} = \begin{bmatrix} 12.0488 \\ -4.1436 \\ -3.1565 \end{bmatrix}, \quad K_{e2} = \begin{bmatrix} 12.0593 \\ -4.1511 \\ -3.1756 \end{bmatrix} \\[6pt]
K_{p1} = \begin{bmatrix} -7.1344 & -8.3824 & 1.7543 \\ -12.6856 & -19.5363 & 5.6610 \\ -6.6059 & 1.4077 & -0.8690 \end{bmatrix} \\[6pt]
K_{p2} = \begin{bmatrix} 2.0228 & -5.8400 & 1.3387 \\ -12.5124 & -19.8978 & 5.7659 \\ -4.8503 & 1.8073 & -0.9340 \end{bmatrix}
\end{cases}
\tag{7.156}
$$

文献 [38] 对实例 2 的仿真结果如图 7.19 所示, 由此可知, 经过 5 个周期后, 系统输出才进入稳定状态, 系统的跟踪误差收敛缓慢且稳态跟踪误差较大。

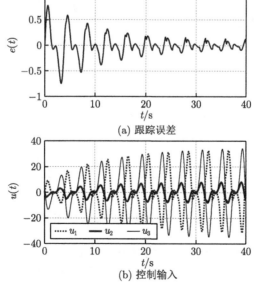

(a) 跟踪误差

(b) 控制输入

图 7.19 文献 [38] 对实例 2 的仿真结果

　　7.3.2 节方法的仿真结果如图 7.20 所示，由此可知，经过 2 个周期后，系统输出进入稳定状态，但该方法所得的瞬态和稳态跟踪误差都较大。

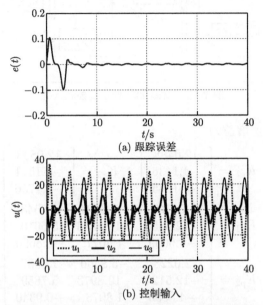

图 7.20　　7.3.2 节方法对实例 2 的仿真结果

　　文献 [38] 和 7.3.2 节的方法分别采用改进型和双通道重复控制器，由两者仿真结果可知，7.3.2 节方法在相对较小的控制输入下，跟踪误差收敛速度更快，并且稳态跟踪误差更小，这说明双通道重复控制器优于改进型重复控制器。

　　三种方法的跟踪误差对比如图 7.21 所示。

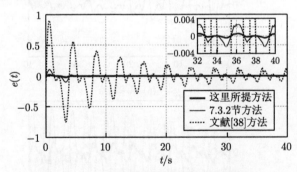

图 7.21　　不同方法的跟踪误差对比结果

　　由此可知，这里所提方法中 J 为 3.104×10^{-4}，而文献 [38] 方法为 0.8458，是这里所提方法的约 2000 倍；7.3.2 节方法为 6.8×10^{-3}，是这里所提方法的约 20 倍。文献 [38] 方法在 $t > 0$ 时最大的瞬态跟踪误差为 0.8，是这里所提方法的约 32 倍；而 7.3.2 节方法为 0.11，是这里所提方法的约 4.4 倍。文献 [38] 方法的稳态跟踪误差为 0.15，是这里所提方法的约 50 倍；而 7.3.2 节方法为 0.004，是这里所提方法的约 1.33 倍。这里所提方法的稳定时间是 4s，分别是文献 [38] 方法的约 1/8 和 7.3.2 节方法的约 1/2。对比三种方法的控制输入，这里所提方法的峰峰值为 52，文献 [38] 方法为 69，而 7.3.2 节方法为 60。综上所述，这里所提方法可以找到最优的调节参数组合，使系统具有最优的控制和学习性能。

7.3.4 基于多阶段变区间粒子群优化算法的 T-S 模糊系统重复控制

7.3.3 节中调节参数相互影响且与性能评价指标函数关系不明朗，使得该优化问题不是一个简单的凸优化问题，传统粒子群优化算法由于无法动态调节惯性权重和搜索速度容易陷入局部最优，所以这里提出一种多阶段变区间粒子群优化算法来寻找最优调节参数，进一步提高非线性重复控制系统的控制和学习性能。

1. 问题描述

考虑如图 7.11 所示的非线性重复控制系统，系统结构与 7.3.2 节相同，设计问题、二维混合模型和稳定性分析与 7.3.3 节相同，所以省略相关的描述，进一步优化设计二维控制器。

2. 二维控制器优化设计

与 7.3.3 节优化算法相比，这里增加了一个表示优化区间潜力的变量 M，从而避免陷入局部最优，其基本思想为：如果迭代 M 次后，最优调节参数组对应的性能评价指标函数值变化很小甚至不变，则认为该优化区间不具有优化潜力，这时以当前最优调节参数为中心扩大搜索区间继续优化，直到找到满足系统性能指标的调节参数。

下面给出基于 T-S 模糊模型的重复控制系统控制和学习优化算法[46]，其中 m 表示无效优化的次数，σ 表示粒子群优化算法的运行次数，$\chi_{pbest_i}^{\sigma}$ 为第 σ 次优化中第 i 组调节参数的个体最优值，χ_{gbest}^{σ} 为第 σ 次优化中所有调节参数的全局最优值，$J_{pbest_i}^{\iota,\sigma}$ 为第 σ 次优化中第 i 组参数组合的个体最优适应度值，$J_{gbest}^{\iota,\sigma}$ 为第 σ 次优化中所有调节参数组合的全局最优适应度值。

算法 7.6 基于多阶段变区间粒子群优化算法的控制器参数优化算法。

步骤 1 设定 J_{set}，令 $\sigma = 0$，选择 ω_c 和 ρ，粒子群优化算法参数 n、b、c_1、c_2 以及合适的搜索区间；

步骤 2 设 $\sigma = \sigma + 1$；

步骤 3 若满足 $\sigma < 2$，令 $\iota = 0$ 和 $m = 0$，进入步骤 5；

步骤 4 设 $\alpha \in (\alpha_{\sigma} - \Delta\alpha,\ \alpha_{\sigma} + \Delta\alpha)$、$\beta \in (0.1\beta_{\sigma},\ 10\beta_{\sigma})$ 和 $w \in [w_{\sigma} - \Delta w,\ w_{\sigma} + \Delta w)$，其中 $(\alpha_{\sigma},\ \beta_{\sigma},\ w_{\sigma})$ 为第 σ 次粒子群优化得到的调节参数；

步骤 5　在搜索区间内随机产生 n 个满足矩阵不等式 (7.135) 的 χ_i,同时由式 (7.140) 计算 J_i^ι,更新 χ_{pbest_i}、χ_{gbest}、$J_{pbest_i}^{\iota,\sigma}$ 和 $J_{gbest}^{\iota,\sigma}$;

步骤 6　若满足 $\iota < 1$,则进入步骤 9;

步骤 7　计算 $\Delta J_{gbest} = J_{gbest}^{\iota-1,\sigma} - J_{gbest}^{\iota,\sigma}$;

步骤 8　若满足 $\Delta J_{gbest} \leqslant k J_{gbest}^{\iota,\sigma}$,其中 k 为变化率,则令 $m = m+1$,否则令 $m = 0$;

步骤 9　若满足 $m > M$,则返回步骤 2;

步骤 10　在线性矩阵不等式 (7.135) 成立的前提下,根据式 (7.141) 更新调节参数组合,同时更新 χ_{pbest_i}、χ_{gbest}、$J_{pbest_i}^{\iota,\sigma}$ 和 $J_{gbest}^{\iota,\sigma}$;

步骤 11　设 $\iota = \iota + 1$;

步骤 12　若不满足 $J_{pbest}^{\iota,\sigma} < J_{set}$,返回步骤 6;

步骤 13　输出 $\chi_{gbest}^{\iota,\sigma}$ 和 $J_{gbest}^{\iota,\sigma}$,结束。

注释 7.7　参数 M 的选取主要依靠经验,由于 7.3.3 节的粒子群优化算法可以看作这里所提算法的一部分,所以该算法可以找到更优的调节参数 $\{\alpha, \beta, w\}$。

3. 数值仿真与分析

这里针对两个永磁同步电机组成的旋转速度控制系统,其中一个电机为被控对象,另一个电机产生非线性,它们通过刚性联轴器连接,系统的机械运动方程为

$$J\frac{d\omega(t)}{dt} = -B_v\omega(t) + \tau_e(t) - f(t) \tag{7.157}$$

其中,$\omega(t)$ 为被控电机的角速度;$\tau_e(t)$ 为电磁转矩;J 为转动惯量;B_v 为摩擦系数;$f(t) = 0.5J\omega(t)\sin\omega(t)$ 为非线性项。上述非线性系统可以用具有两个规则的 T-S 模糊模型进行描述,线性子系统的系数矩阵为

$$\begin{cases} A_1 = -8.738, & B_1 = 2272, & C = 1 \\ A_2 = -7.738, & B_2 = 2272 \end{cases} \tag{7.158}$$

其中,$x_p(t) = \omega(t)$ 为状态变量;$u(t) = \tau_e(t)$ 为控制输入;$y(t) = \omega(t)$ 为控制输出。模糊集的隶属度函数为

$$\begin{cases} h_1[x_p(t)] = \dfrac{1 + \sin x_p(t)}{2} \\ h_2[x_p(t)] = 1 - h_1[x_p(t)] \end{cases} \tag{7.159}$$

考虑对周期参考输入

$$r(t) = 13\sin\pi t + 12\sin 2\pi t \tag{7.160}$$

的跟踪问题。

参考输入周期 $T = 2\mathrm{s}$，选择低通滤波器的截止频率 $\omega_c = 100\mathrm{rad/s}$，多阶段变区间粒子群优化算法的搜索区间和初始化参数设置为

$$\begin{cases} \alpha \in (1,\ 100), \quad \beta \in (0,\ 10), \quad w \in [0,\ 1) \\ J_{\mathrm{set}} = 0.2, \quad k = 0.2, \quad M = 40 \\ b = 0.7, \quad c_1 = c_2 = 2.05 \\ n = 30, \quad \rho = 9, \quad \Delta\alpha = 10, \quad \Delta w = 0.05 \end{cases} \tag{7.161}$$

由算法 7.6 选择最优的调节参数：

$$\alpha = 32.5282, \quad \beta = 1 \times 10^{-5}, \quad w = 0.1646 \tag{7.162}$$

对应的模糊反馈控制器增益为

$$\begin{cases} K_{e1} = 1.2138, \quad K_{e2} = 1.2138 \\ K_{w1} = 0.0637, \quad K_{w2} = 0.0060 \\ K_{p1} = -1.6215 \times 10^{-4}, \quad K_{p2} = -2.9215 \times 10^{-4} \end{cases} \tag{7.163}$$

此时最优的性能评价指标函数值为

$$J = 0.1042 \tag{7.164}$$

仿真结果如图 7.22 所示，由此可知，经过 1 个周期后，系统转速便进入稳定状态，最大的瞬态跟踪误差为 6.377×10^{-2}，稳态跟踪误差小于 4×10^{-3}。

下面与 7.3.2 节方法和 7.3.3 节方法进行对比，验证这里所提方法的优越性。

7.3.2 节方法的仿真结果如图 7.23 所示，由此可知，经过 2 个周期后，系统转速便进入稳定状态，最大的瞬态跟踪误差为 1.754，稳态跟踪误差为 0.0969，此时性能评价指标函数值为 $J = 52.6819$。

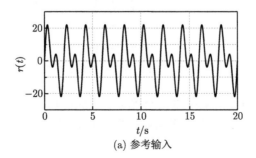

(a) 参考输入

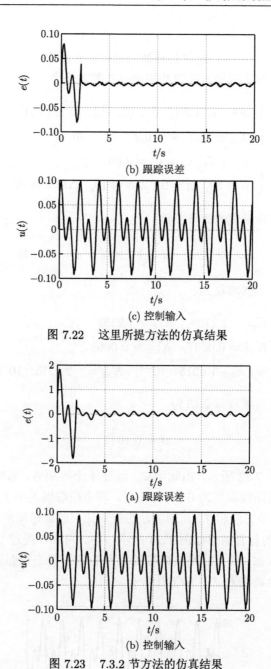

(b) 跟踪误差

(c) 控制输入

图 7.22　这里所提方法的仿真结果

(a) 跟踪误差

(b) 控制输入

图 7.23　7.3.2 节方法的仿真结果

7.3.3 节方法的仿真结果如图 7.24 所示，由此可知，经过 1 个周期后，系统转速便进入稳定状态，最大的瞬态跟踪误差为 0.4892，稳态跟踪误差为 2.394×10^{-2}，此时性能评价指标函数值为 $J = 3.8235$。

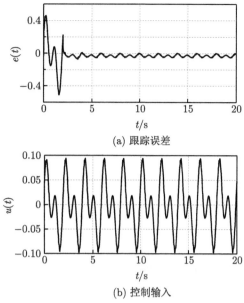

(a) 跟踪误差

(b) 控制输入

图 7.24 7.3.3 节方法的仿真结果

7.3.3 节方法和这里所提方法收敛过程如图 7.25 所示。由此可知, 7.3.3 节方法在迭代大约 120 次后陷入局部最优。然而, 这里所提方法连续迭代约 40 次后 (点 A), $J_{g\text{best}}$ 变化很小, 算法自动更新了搜索区间, 并且重新开始优化, 进而找到了最优的调节参数。

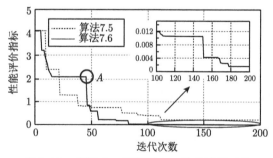

图 7.25 算法 7.5 和算法 7.6 收敛速度对比

三种方法的跟踪误差对比如图 7.26 所示。由此可知, 这里所提方法的 J 为 0.1042, 而 7.3.2 节方法为 52.6819, 是这里所提方法的约 505 倍; 7.3.3 节方法为 3.8235, 是这里所提方法的约 36.69 倍。7.3.2 节方法最大的瞬态跟踪误差为 1.754, 是这里所提方法的约 27 倍; 而 7.3.3 节方法为 0.4892, 是这里所提方法的约 7.67 倍。7.3.2 节方法的稳态跟踪误差为 0.0969, 是这里所提方法的约 24.22 倍;

而 7.3.3 节方法为 2.394×10^{-2}，是这里所提方法的约 5.99 倍。综上所述，这里所提方法系统的最大的瞬态跟踪误差、稳态跟踪误差和性能评价指标函数值都减小了一个数量级，表明了该方法的优越性。

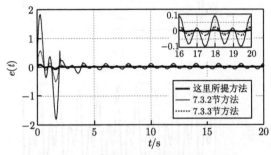

图 7.26　三种方法跟踪误差对比结果

7.4　基于 T-S 模糊模型的重复控制系统扰动抑制

针对一般非线性重复控制系统的扰动抑制问题，首先建立基于 T-S 模型的重复控制系统，在此基础上，构建模糊等价输入干扰估计器来抑制非周期扰动；然后利用分离定理将系统分解为两个子系统，并且推导出它们的稳定性条件，基于该稳定性条件进行模糊反馈控制器、状态观测器、模糊等价输入干扰估计器的设计，使非线性系统具有满意的周期跟踪和扰动抑制性能。

1. 问题描述

考虑如图 7.27 所示的重复控制系统，包括被控对象、状态观测器、改进型重复控制器、模糊反馈控制器和模糊广义等价输入干扰估计器。被控对象为受外界扰动的非线性系统，利用 T-S 模糊模型线性化后的系统为

$$\begin{cases} \dot{x}_p(t) = \sum_{i=1}^{r} h_i\left[z(t)\right]\left[A_i x_p(t) + B_i u(t) + B_{di}d(t)\right] \\ y(t) = C x_p(t) \end{cases} \tag{7.165}$$

其中，$x_p(t) \in \mathbb{R}^n$ 为状态变量；$u(t) \in \mathbb{R}^p$ 为控制输入；$y(t) \in \mathbb{R}^q$ 为控制输出；$d(t) \in \mathbb{R}^{n_d}$ 为未知的外界扰动；A_i、B_i、C 和 B_{di} 为具有合适维数的实数矩阵。

针对被控对象 (7.165)，构造模糊全维状态观测器

$$\begin{cases} \dot{\hat{x}}_p(t) = \sum_{i=1}^{r} h_i\left[z(t)\right]\left\{A_i \hat{x}_p(t) + B_i u_f(t) + L_i\left[y(t) - \hat{y}(t)\right]\right\} \\ \hat{y}(t) = C\hat{x}_p(t) \end{cases} \tag{7.166}$$

其中，$\hat{x}_p(t) \in \mathbb{R}^n$ 为观测器的状态变量，用于估计 $x_p(t)$；$u_f(t) \in \mathbb{R}^p$ 为观测器输入；$\hat{y}(t) \in \mathbb{R}^q$ 为观测器输出；L_i 为观测器增益。

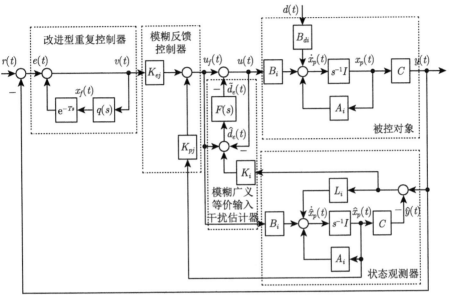

图 7.27　基于模糊等价输入干扰估计器的重复控制系统

由式 (7.7)、式 (7.165) 和式 (7.166) 推导出状态误差方程

$$\dot{x}_\delta(t) = \sum_{i=1}^{r} h_i[z(t)] \left\{ (A_i - L_i C) x_\delta(t) + B_i [u(t) - u_f(t)] + B_{di} d(t) \right\} \quad (7.167)$$

改进型重复控制器的状态空间模型为

$$\begin{cases} \dot{x}_f(t) = -\omega_c x_f(t) + \omega_c x_f(t-T) + \omega_c e(t) \\ v(t) = e(t) + x_f(t-T) \end{cases} \quad (7.168)$$

其中，$x_f(t)$ 为低通滤波器的状态变量；$v(t)$ 为重复控制器的输出；$e(t)$ $[= r(t) - y(t)]$ 为重复控制系统的跟踪误差；ω_c 为低通滤波器 $q(s)$ 的截止频率；T 为参考输入的周期。

基于并行分布补偿策略，利用状态观测器重构的状态反馈建立模糊控制律

$$u_f(t) = \sum_{j=1}^{r} h_j [z(t)] \left[K_{ej} v(t) + K_{pj} \hat{x}_p(t) \right] \quad (7.169)$$

其中，K_{ej} 为重复控制器的增益；K_{pj} 为状态观测器重构的状态反馈增益。

基于广义等价输入干扰估计器 (7.56)，构造模糊广义等价输入干扰估计器，其干扰估计值为

$$\hat{d}_e(t) = \sum_{i=1}^{r} h_i \left[z(t) \right] \left\{ K_i \left[y(t) - \hat{y}(t) \right] + u_f(t) - u(t) \right\} \tag{7.170}$$

其中，K_i 为模糊广义等价输入干扰估计器的增益。

由式 (7.13) 和式 (7.169) 可得扰动补偿后的控制律为

$$u(t) = u_f(t) - \tilde{d}_e(t) \tag{7.171}$$

则图 7.27 所示重复控制系统的设计问题为：对于给定的截止频率 ω_c，设计模糊反馈控制器增益 K_{ej} 和 K_{pj}，以及状态观测器增益 L_i 和模糊广义等价输入干扰估计器增益 K_i，使系统在控制律 (7.169) 的作用下稳定，同时具有满意的稳态跟踪和扰动抑制性能。

2. 二维混合模型

令 $r(t) = 0$ 和 $d(t) = 0$，根据分离定理，图 7.27 等价为图 7.28，子系统 1 和子系统 2 独立设计。

子系统 1 的状态空间模型为

$$\dot{x}_1(k,\tau) = \sum_{j=1}^{r} \sum_{i=1}^{r} h_i \left[z(k,\tau) \right] h_j \left[z(k,\tau) \right] \left[A^{ij} x_1(k,\tau) + \tilde{A}^{ij} x_1(k-1,\tau) \right] \tag{7.172}$$

其中

$$\begin{cases} x_1(k,\tau) = \begin{bmatrix} x_p^{\mathrm{T}}(k,\tau) & x_f^{\mathrm{T}}(k,\tau) \end{bmatrix}^{\mathrm{T}} \\ A^{ij} = \begin{bmatrix} A_i + B_i(K_{pj} - K_{ej}C) & 0 \\ -\omega_c C & -\omega_c I \end{bmatrix}, \quad \tilde{A}^{ij} = \begin{bmatrix} 0 & B_i K_{ej} \\ 0 & \omega_c I \end{bmatrix} \end{cases} \tag{7.173}$$

子系统 2 的状态空间模型为

$$\dot{x}_2(k,\tau) = \sum_{i=1}^{r} h_i \left[z(k,\tau) \right] \left[\bar{A}^i x_2(k,\tau) \right] \tag{7.174}$$

其中

$$\begin{cases} x_2(k,\tau) = \begin{bmatrix} x_\delta^{\mathrm{T}}(k,\tau) & x_F^{\mathrm{T}}(k,\tau) \end{bmatrix}^{\mathrm{T}} \\ \bar{A}^i = \begin{bmatrix} A_i - L_i C & -B_i C_F \\ B_F K_i C & A_F + B_F C_F \end{bmatrix} \end{cases} \tag{7.175}$$

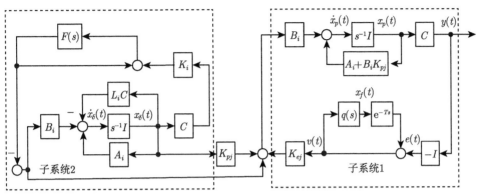

图 7.28 图 7.27 的等价系统 $(r(t) = 0, d(t) = 0)$

3. 稳定性分析

基于以上分析，下面的定理给出子系统 (7.172) 渐近稳定的充分条件[47]。

定理 7.6 给定截止频率 ω_c，正调节参数 α 和 β，如果存在正定对称矩阵 X_1、X_2、Y_1 和 Y_2，以及具有合适维数的矩阵 W_{1j} 和 W_{2j}，对于 $1 \leqslant i \leqslant j \leqslant r$，使得线性矩阵不等式

$$\begin{cases} \Phi^{ii} < 0 \\ \Phi^{ij} + \Phi^{ji} < 0 \end{cases} \tag{7.176}$$

成立，其中

$$\begin{cases} \Phi^{ij} = \begin{bmatrix} \Phi_{11}^{ij} & \Phi_{12}^{ij} & 0 & \Phi_{14}^{ij} \\ \star & \Phi_{22}^{ij} & 0 & \Phi_{24}^{ij} \\ \star & \star & \Phi_{33}^{ij} & 0 \\ \star & \star & \star & \Phi_{44}^{ij} \end{bmatrix} \\[2mm] \Phi_{11}^{ij} = \alpha A_i X_1 + \alpha X_1^{\mathrm{T}} A_i^{\mathrm{T}} + Y_1 + \alpha B_i W_{1j} + \alpha W_{1j}^{\mathrm{T}} B_i^{\mathrm{T}} \\ \Phi_{12}^{ij} = -\alpha \omega_c X_1^{\mathrm{T}} C^{\mathrm{T}} \\ \Phi_{14}^{ij} = \beta B_i W_{2j} \\ \Phi_{22}^{ij} = -\beta \omega_c X_2 - \beta \omega_c X_2^{\mathrm{T}} - Y_2 \\ \Phi_{24}^{ij} = \beta \omega_c X_2 \\ \Phi_{33}^{ij} = -Y_1 \\ \Phi_{44}^{ij} = -Y_2 \end{cases} \tag{7.177}$$

则子系统 (7.172) 渐近稳定，并且模糊控制器增益为

$$K_{ej} = W_{2j} X_2^{-1}, \quad K_{pj} = W_{1j} X_1^{-1} + K_{ej} C \tag{7.178}$$

证明　构造二维李雅普诺夫泛函

$$V(k,\tau) = V_1(k,\tau) + V_2(k,\tau) \tag{7.179}$$

其中

$$\begin{cases} V_1(k,\tau) = x_1^{\mathrm{T}}(k,\tau)Px_1(k,\tau) \\ P = \mathrm{diag}\left\{\dfrac{1}{\alpha}P_1, \dfrac{1}{\beta}P_2\right\}, \quad P_1 = X_1^{-1} > 0, \quad P_2 = X_2^{-1} > 0 \\ V_2(k,\tau) = \displaystyle\int_{\tau-T}^{\tau} x_1^{\mathrm{T}}(k,s)Qx_1(k,s)\mathrm{d}s \\ Q = \mathrm{diag}\{Q_1, Q_2\}, \quad Q_1 = Y_1^{-1} > 0, \quad Q_2 = Y_2^{-1} > 0 \end{cases} \tag{7.180}$$

考虑闭环系统 (7.172)，其泛函增量为

$$\nabla V(k,\tau) = \sum_{j=1}^{r}\sum_{i=1}^{r} h_i[z(k,\tau)] h_j[z(k,\tau)] \left\{\frac{\mathrm{d}V_1(k,\tau)}{\mathrm{d}\tau} + \frac{\mathrm{d}V_2(k,\tau)}{\mathrm{d}\tau}\right\} \tag{7.181}$$

其中

$$\begin{cases} \dfrac{\mathrm{d}V_1(k,\tau)}{\mathrm{d}\tau} = \eta^{\mathrm{T}}(k,\tau) \begin{bmatrix} PA^{ij} + (A^{ij})^{\mathrm{T}}P^{\mathrm{T}} & P\tilde{A}^{ij} \\ \star & 0 \end{bmatrix} \eta(k,\tau) \\[3mm] \dfrac{\mathrm{d}V_2(k,\tau)}{\mathrm{d}\tau} = \eta^{\mathrm{T}}(k,\tau) \begin{bmatrix} Q & 0 \\ 0 & -Q \end{bmatrix} \eta(k,\tau) \\[3mm] \eta(k,\tau) = \begin{bmatrix} x_1^{\mathrm{T}}(k,\tau) & x_1^{\mathrm{T}}(k-1,\tau) \end{bmatrix}^{\mathrm{T}} \end{cases} \tag{7.182}$$

进一步得到

$$\nabla V(k,\tau) = \sum_{j=1}^{r}\sum_{i=1}^{r} h_i[z(k,\tau)] h_j[z(k,\tau)] \left\{\eta^{\mathrm{T}}(k,\tau)\Xi\eta(k,\tau)\right\} \tag{7.183}$$

其中

$$\Xi = \begin{bmatrix} PA^{ij} + (A^{ij})^{\mathrm{T}}P^{\mathrm{T}} + Q & P\tilde{A}^{ij} \\ \star & -Q \end{bmatrix} \tag{7.184}$$

由此可见，如果 $\Xi < 0$，则 $V(k,\tau)$ 在区间 $[kT, (k+1)T]$，$k \in \mathbb{Z}_+$ 内单调递减，从而子系统 (7.172) 渐近稳定。

定义

$$W_{1j} = (K_{pj} - K_{ej}C)X_1, \quad W_{2j} = K_{ej}X_2 \tag{7.185}$$

在式 (7.183) 两边分别左乘、右乘对角矩阵 $\mathrm{diag}\{\alpha X_1, \beta X_2, \alpha X_1, \beta X_2\}$，则可以得到线性矩阵不等式 (7.176)。　　□

下面的定理给出子系统 (7.174) 渐近稳定的充分条件[47]。

定理 7.7 给定正调节参数 γ 和 μ，如果存在正定对称矩阵 S_1 和 S_2，以及具有合适维数的矩阵 N_{1i} 和 N_{2i}，对于 $1 \leqslant i \leqslant r$，使得线性矩阵不等式

$$\Phi^i < 0 \tag{7.186}$$

成立，其中

$$\begin{cases} \Phi^i = \begin{bmatrix} \Phi_{11}^i & \Phi_{12}^i \\ \star & \Phi_{22}^i \end{bmatrix} \\ \Phi_{11}^i = \gamma S_1 A_i + \gamma A_i^{\mathrm{T}} S_1 - \gamma N_{1i} C - \gamma C^{\mathrm{T}} N_{1i}^{\mathrm{T}} \\ \Phi_{12}^i = -\gamma S_1 B_i C_F + \mu C^{\mathrm{T}} N_{2i}^{\mathrm{T}} \\ \Phi_{22}^i = \mu S_2 (A_F + B_F C_F) + \mu (A_F + B_F C_F)^{\mathrm{T}} S_2 \end{cases} \tag{7.187}$$

则子系统 (7.174) 渐近稳定，并且模糊观测器和等价输入干扰估计器的增益分别为

$$L_i = S_1^{-1} N_{1i}, \quad K_i = B_F^{-1} S_2^{-1} N_{2i} \tag{7.188}$$

证明 构造二维李雅普诺夫泛函

$$V(k, \tau) = V_1(k, \tau) \tag{7.189}$$

其中

$$\begin{cases} V_1(k, \tau) = x_2^{\mathrm{T}}(k, \tau) S x_2(k, \tau) \\ S = \mathrm{diag}\{\gamma S_1, \ \mu S_2\}, \quad S_1 > 0, \ S_2 > 0 \end{cases} \tag{7.190}$$

考虑闭环系统 (7.174)，其泛函增量为

$$\nabla V(k, \tau) = \sum_{i=1}^{r} h_i[z(t)] \frac{\mathrm{d} V_1(k, \tau)}{\mathrm{d}\tau} \tag{7.191}$$

其中

$$\frac{\mathrm{d} V_1(k, \tau)}{\mathrm{d}\tau} = x_2^{\mathrm{T}}(k, \tau) \Xi x_2(k, \tau) \tag{7.192}$$

进一步得到

$$\nabla V(k, \tau) = \sum_{i=1}^{r} h_i[z(t)] \left[x_2^{\mathrm{T}}(k, \tau) \Xi x_2(k, \tau) \right] \tag{7.193}$$

其中

$$\Xi = S \bar{A}^i + (\bar{A}^i)^{\mathrm{T}} S^{\mathrm{T}} \tag{7.194}$$

定义

$$N_{1i} = S_1 L_i, \quad N_{2i} = S_2 \bar{L}_i, \quad \bar{L}_i = B_F K_i \tag{7.195}$$

即可得到线性矩阵不等式 (7.176)。□

下面与一般的模糊等价输入干扰估计器进行对比，验证这里所提方法的优越性，其干扰估计值为

$$\hat{d}_e(t) = \sum_{i=1}^{r} h_i\left[z(t)\right]\left\{B_i^+ L_i\left[y(t) - \hat{y}(t)\right] + u_f(t) - u(t)\right\} \tag{7.196}$$

这时子系统 2 的状态空间模型为

$$\dot{x}_2(k,\tau) = \sum_{i=1}^{r} h_i\left[z(t)\right]\left[\hat{A}^i x_2(k,\tau)\right] \tag{7.197}$$

其中

$$\hat{A}^i = \begin{bmatrix} A_i - L_i C & -B_i C_F \\ B_F B_i^+ L_i C & A_F + B_F C_F \end{bmatrix} \tag{7.198}$$

下面的推论给出子系统 (7.197) 渐近稳定的充分条件[47]。

推论 7.1　给定正调节参数 θ 和 φ，如果存在正定对称矩阵 Z_{11}、Z_{22} 和 Z_2，以及具有合适维数的矩阵 D_{1i}，对于 $1 \leqslant i \leqslant r$，使得线性矩阵不等式

$$\Xi^i < 0 \tag{7.199}$$

成立，其中输出矩阵 C 的结构奇异值分解式为 $C = U[S\ 0]V^{\mathrm{T}}$，且

$$\begin{cases} Z_1 = V \begin{bmatrix} Z_{11} & 0 \\ 0 & Z_{22} \end{bmatrix} V^{\mathrm{T}} \\[4mm] \Xi^i = \begin{bmatrix} \Xi_{11}^i & \Xi_{12}^i \\ \star & \Xi_{22}^i \end{bmatrix} \\[4mm] \Xi_{11}^i = \theta A_i Z_1 + \theta Z_1^{\mathrm{T}} A_i^{\mathrm{T}} - \theta D_{1i} C - \theta C^{\mathrm{T}} D_{1i}^{\mathrm{T}} \\[2mm] \Xi_{12}^i = -\varphi B_i C_F Z_2 + \theta C^{\mathrm{T}} D_{1i}^{\mathrm{T}}(B_i^+)^{\mathrm{T}} B_F^{\mathrm{T}} \\[2mm] \Xi_{22}^i = \varphi(A_F + B_F C_F)Z_2 + \varphi Z_2^{\mathrm{T}}(A_F + B_F C_F)^{\mathrm{T}} \end{cases} \tag{7.200}$$

则子系统 (7.197) 渐近稳定，并且模糊观测器增益为

$$L_i = D_{1i} U S Z_{11}^{-1} S^{-1} U^{\mathrm{T}} \tag{7.201}$$

4. 控制器设计

根据定理 7.6 和定理 7.7，下面给出图 7.27 中模糊状态反馈控制器、模糊观测器和模糊等价输入干扰估计器参数的设计算法。

算法 7.7 基于模糊等价输入干扰估计器的重复系统控制器设计算法。

步骤 1 选择低通滤波器 $q(s)$ 的截止频率 ω_c；

步骤 2 设计模型等价输入干扰估计器的低通滤波器 $F(s)$；

步骤 3 调节参数 α、β、γ 和 μ，使线性矩阵不等式 (7.176) 和 (7.186) 成立；

步骤 4 由式 (7.178) 和式 (7.188) 计算模糊状态反馈控制器增益 K_{ej} 和 K_{pj}、模糊观测器增益 L_i 以及模糊等价输入干扰估计器增益 K_i。

5. 数值仿真与分析

考虑用具有两个规则的 T-S 模糊模型描述的非线性系统，线性子系统的系数矩阵为

$$\begin{cases} A_1 = \begin{bmatrix} 6 & 10 \\ 0 & -14.87 \end{bmatrix}, & A_2 = \begin{bmatrix} -26 & 10 \\ 0 & -14.87 \end{bmatrix} \\ B_1 = \begin{bmatrix} 1 \\ 1 \end{bmatrix}, & B_2 = \begin{bmatrix} 1 \\ 1 \end{bmatrix}, \quad C = \begin{bmatrix} 1 & 0 \end{bmatrix} \end{cases} \tag{7.202}$$

模糊集的隶属度函数为

$$\begin{cases} h_1[x_{p1}(t)] = \dfrac{1}{1 + e^{-2x_{p1}(t)}} \\ h_2[x_{p1}(t)] = 1 - h_1[x_{p1}(t)] \end{cases} \tag{7.203}$$

考虑对周期参考输入

$$r(t) = \sin 0.5\pi t + 0.5\sin \pi t \tag{7.204}$$

的跟踪问题以及对外界扰动

$$d(t) = 1.5\sin 1.5\pi t + 3\cos 2t + 1.5\tanh(t-4) \tag{7.205}$$

的抑制问题。

参考输入周期 $T = 4\text{s}$，选择低通滤波器 $q(s)$ 的截止频率 $\omega_c = 100\text{rad/s}$，并且 $F(s)$ 的状态方程系数为

$$A_F = -101, \quad B_F = 100, \quad C_F = 1 \tag{7.206}$$

选取调节参数为

$$\alpha = 100, \quad \beta = 3 \tag{7.207}$$

由算法 7.7 得到模糊反馈控制器增益分别为

$$\begin{cases} K_{e1} = 581.9664, \quad K_{e2} = 581.9664 \\ K_{p1} = \begin{bmatrix} -803.7853 & 15.1496 \end{bmatrix}, \quad K_{p2} = \begin{bmatrix} -771.4955 & 14.8598 \end{bmatrix} \end{cases} \tag{7.208}$$

选取调节参数

$$\mu = 0.0001, \quad \gamma = 1 \tag{7.209}$$

对应的模糊观测器和广义等价输入干扰估计器增益为

$$\begin{cases} K_1 = 45.5576, \quad K_2 = 45.5576 \\ L_1 = \begin{bmatrix} 22.5764 \\ 324.4565 \end{bmatrix}, \quad L_2 = \begin{bmatrix} -9.4236 \\ 324.4565 \end{bmatrix} \end{cases} \tag{7.210}$$

仿真结果如图 7.29 所示, 由此可知, 经过 5 个周期后, 系统输出便进入稳定状态, 稳态跟踪误差为 0.07, 扰动估计的最大误差为 0.05, 表明这里所提方法在存在外界扰动的情况下仍具有良好的跟踪性能。

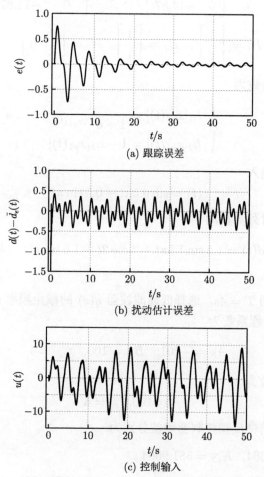

(a) 跟踪误差

(b) 扰动估计误差

(c) 控制输入

图 7.29　基于模糊等价输入干扰估计器的重复系统仿真结果

下面与推论 7.1 进行对比，验证这里所提方法的优越性。

选取调节参数

$$\theta = 0.005, \quad \varphi = 150 \tag{7.211}$$

对应的模糊观测器增益为

$$L_1 = \begin{bmatrix} 281.9689 \\ -268.8010 \end{bmatrix}, \quad L_2 = \begin{bmatrix} 265.3188 \\ -252.4115 \end{bmatrix} \tag{7.212}$$

两种方法的对比结果如图 7.30 所示，由此可知，这里所提方法的系统最大扰动估计误差为 0.05，推论 7.1 设计的系统为 1.5，因此这里所提方法对非周期扰动抑制具有明显的优势。

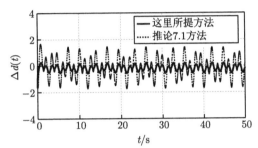

图 7.30　这里所提方法和推论 7.1 方法的对比结果

7.5　本章小结

本章首先介绍了非线性系统的重复控制和扰动抑制问题；然后针对一类特殊的非线性，即非线性可以分解为线性系统和非线性项的组合，利用估计与补偿的思想，消除非线性项对系统的影响，进行重复控制系统设计；随后针对一般的非线性系统，采用 T-S 模糊模型将非线性系统进行线性化处理，利用粒子群优化算法进行非线性重复控制系统优化设计，实现控制和学习行为的优先调节；最后针对非周期扰动，结合模糊等价输入干扰估计器，提出了基于 T-S 模糊模型的重复控制系统扰动抑制方法。

参 考 文 献

[1] Ye D, Xiao Y, Sun Z W, et al. Neural network-based finite-time attitude tracking control of spacecraft with angular velocity sensor failures and actuator saturation. IEEE Transactions on Industrial Electronics, 2021, 69(4): 4129-4136

[2] Liu D C, Liu Z, Philip Chen C L, et al. Distributed adaptive neural fixed-time tracking control of multiple uncertain mechanical systems with actuation dead zones. IEEE Transactions on Systems, Man, and Cybernetics: Systems, 2021, https://doi.org/10.1109/TSMC.2021.3075967

[3] Hara S, Omata T, Nakano M. Synthesis of repetitive control systems and its applications. Proceedings of the 24th IEEE Conference on Decision and Control, Fort Lauderdale, 1985: 1387-1392

[4] Ma C C H. Stability robustness of repetitive control systems with zero phase compensation. IEEE/ASME Journal of Dynamic Systems, Measurement, and Control, 1990, 112(3): 320-324

[5] Lin Y H, Chung C C, Hung T H. On robust stability of nonlinear repetitive control system: Factorization approach. Proceedings of the American Control Conference, Boston, 1991: 2646-2647

[6] Omata T, Hara S, Nakano M. Nonlinear repetitive control with application to trajectory control of manipulators. Journal of Robotic Systems, 1987, 4(5): 631-652

[7] Alleyne A, Pomykalski M. Control of a class of nonlinear systems subject to periodic exogenous signals. IEEE Transactions on Control Systems Technology, 2000, 8(2): 279-284

[8] Ghosh J, Paden B. Nonlinear repetitive control. IEEE Transactions on Automatic Control, 2000, 45(5): 949-954

[9] Hu A P, Sadegh N. Nonlinear non-minimum phase output tracking via output redefinition and learning control. Proceedings of the American Control Conference, Arlington, 2001: 4264-4269

[10] Hu A P, Sadegh N. Application of a recursive minimum-norm learning controller to precision motion control of an underactuatedmechanical system. Proceedings of the American Control Conference, Boston, 2004: 3776-3781

[11] Lee S J, Tsao T C. Repetitive learning of backstepping controlled nonlinear electrohydraulic material testing system. Control Engineering Practice, 2004, 12(11): 1393-1408

[12] Rabah R, Sklyar G M, Rezounenko A V. Stability analysis of neutral type systems in Hilbert space. Journal of Differential Equations, 2005, 214(2): 391-428

[13] Quan Q, Yang D, Cai K Y. Linear matrix inequality approach for stability analysis of linear neutral systems in a critical case. IET Control Theory & Applications, 2010, 4(7): 1290-1297

[14] Tripathi V K, Yogi S C, Kamath A K, et al. A disturbance observer-based intelligent finite-time sliding mode flight controller design for an autonomous quadrotor. IEEE Systems Journal, 2021, https://doi.org/10.1109/JSYST.2021.3078826

[15] Yang C, Wang Y, Toumi K. Hierarchical anti-disturbance control of a piezoelectric stage via combined disturbance observer and error-based ADRC. IEEE Transactions on Industrial Electronics, 2021, 69(5): 5060-5070

[16] Li J, Du J L, Philip Chen C L. Command-filtered robust adaptive NN control with the prescribed performance for the 3-D trajectory tracking of tnderactuated AUVs. IEEE Transactions on Neural Networks and Learning Systems, 2021, https://doi.org/10.1109/TNNLS.2021.3082407

[17] Dang T V, Wang W J, Luoh L. Adaptive observer design for the uncertain Takagi-Sugeno fuzzy system with output disturbance. IET Control Theory & Applications, 2012, 6(10): 1351-1366

[18] Xu B, Zhang L, Ji W. Improved non-singular fast terminal sliding mode control with disturbance observer for PMSM. IEEE Transactions on Transportation Electrification, 2021, 7(4): 2753-2762

[19] Dexin G. Nonlinear systems feedback linearization optimal zero-state-error control under disturbances compensation. Indonesian Journal of Electrical Engineering and Computer Science, 2012, 10(6): 1349-1356

[20] Shahruz S M. Performance enhancement of a class of nonlinear systems by disturbance observers. IEEE/ASME Transactions on Mechatronics, 2000, 5(3): 319-323

[21] 韩京清, 王伟. 非线性跟踪-微分器. 系统科学与数学, 1994, 14(2): 177-183

[22] 韩京清. 一类不确定对象的扩张状态观测器. 控制与决策, 1995, 10(1): 85-88

[23] Han J. From PID to active disturbance rejection control. IEEE Transactions on Industrial Electronics, 2009, 56(3): 900-906

[24] She J H, Fang M, Ohyama Y, et al. Improving disturbance-rejection performance based on an equivalent-input-disturbance approach. IEEE Transactions on Industrial Electronics, 2008, 55(1): 380-389

[25] Chen W J, Wu J D, She J H. Design of compensator for input dead zone of actuator nonlinearities. Journal of Advanced Computational Intelligence and Intelligent Informatics, 2013, 17(6): 805-812

[26] Wang Y Y, Xie L H, de Souza C E. Robust control of a class of uncertain nonlinear systems. Systems & Control Letters, 1992, 19(2): 139-149

[27] Yu P, Liu K Z, She J H, et al. Robust disturbance rejection for repetitive control systems with time-varying nonlinearities. International Journal of Robust and Nonlinear Control, 2019, 29: 1597-1612

[28] Slotine J J E, Li W. Applied Nonlinear Control. Englewood Cliffs: Prentice Hall, 1991

[29] Zhou L, She J H, Zhou S W, et al. Compensation for state-dependent nonlinearity in a modified repetitive control system. International Journal of Robust and Nonlinear Control, 2018, 28: 213-226

[30] Takagi T, Sugeno M. Fuzzy identification of systems and its applications to modeling and control. IEEE Transactions on Systems, Man, and Cybernetics, 1985, 15(1): 116-132

[31] Cau S G, Rees N W, Feng G. Stability analysis and design for a class of continuous-time fuzzy control systems. International Journal of Control, 1996, 64(6): 1069-1087

[32] Cao S G, Rees N W, Feng G. Analysis and design for a class of complex control systems, Part I: Fuzzy modelling and identification. Automatica, 1997, 33(6): 1017-1028

[33] Cao S G, Rees N W, Feng G. Analysis and design for a class of complex control systems, Part II: Fuzzy controller design. Automatica, 1997, 33(6): 1029-1039

[34] Zheng Y, Chen G. Fuzzy impulsive control of chaotic systems based on TS fuzzy model. Chaos, Solitons & Fractals, 2009, 39(4): 2002-2011

[35] Lam H, Leung F H. Stability Analysis of Fuzzy-Model-Based Control Systems: Linear-Matrix-Inequality Approach. Berlin: Springer, 2010

[36] Koo G B, Park J B, Joo Y H. Decentralized sampled-data fuzzy observer design for nonlinear interconnected systems. IEEE Transactions on Fuzzy Systems, 2016, 24(3): 661-674

[37] Wang Y C, Wang R, Xie X P, et al. Observer-based H_∞ fuzzy control for modified repetitive control systems. Neurocomputing, 2018, 286: 141-149

[38] Wang Y C, Zheng L F, Zhang H G, et al. Fuzzy observer-based repetitive tracking control for nonlinear systems. IEEE Transactions on Fuzzy Systems, 2020, 28(10): 2401-2415

[39] Zhang M L, Wu M, Chen L F, et al. Design of modified repetitive controller for T-S fuzzy systems. Journal of Advanced Computational Intelligence and Intelligent Informatics, 2019, 23(3): 602-610

[40] Zheng Y, Chen G R. Fuzzy impulsive control of chaotic systems based on TS fuzzy model. Chaos, Solitons & Fractals, 2009, 39(4): 2002-2011

[41] Koo G B, Park J B, Joo Y H. Decentralized sampled-data fuzzy observer design for nonlinear interconnected system. IEEE Transactions on Fuzzy Systems, 2016, 24(3): 661-674

[42] Zhang M L, Wu M, Chen L F, et al. Optimization of control and learning actions for repetitive-control system based on Takagi-Sugeno fuzzy model. International Journal of Systems Science, 2020, 51(15): 3030-3043

[43] Kennedy J, Eberhart R. Particle swarm optimization. Proceedings of the International Conference on Neural Networks, Perth, 1995: 1942-1948

[44] Poli R, Kennedy J, Blackwell T. Particle swarm optimization. Swarm Intelligence, 2007, 1(1): 33-57

[45] Zhou L, She J H, Zhou S. Robust H_∞ control of an observer-based repetitive-control system. Journal of the Franklin Institute, 2018, 355(12): 4952-4969

[46] Wang Y B, Zhang M L, Wu M, et al. Repetitive control based on multi-stage PSO algorithm with variable intervals for T-S fuzzy systems. Journal of Advanced Computational Intelligence and Intelligent Informatics, 2021, 25(2): 162-169

[47] Tian S N, Wu M, Zhang M L, et al. Disturbance rejection of two-dimensional repetitive control system based on T-S fuzzy model. Proceedings of the 59th IEEE Conference on Decision and Control, Jeju Island, 2020: 6094-6099

索　引